机械工业出版社高水平学术著作出版基金项目

先进焊接技术系列

焊接结构设计与实践

李向伟　王　苹　方　吉　赵尚超　编著

机 械 工 业 出 版 社

本书从焊接结构设计强度评估、工艺性评估等方面为设计人员提供了有益的参考。书中先介绍了焊接结构设计的基础知识；然后阐述了焊接结构设计时所涉及的指导原则、焊接接头质量对承载性能的影响、焊接残余应力与变形控制等；通过大量工程实例，指导设计人员开展焊接结构设计；最后研究了搅拌摩擦焊机理及抗疲劳性能。通过对本书的学习，可以吸取作者的设计经验，有效提升焊接结构设计人员的能力与水平，进而促进产品设计质量的提升。

本书可作为广大工程技术人员的参考书，也可作为高校学生学习焊接结构设计相关知识的教材。

图书在版编目（CIP）数据

焊接结构设计与实践/李向伟等编著. —北京：机械工业出版社，2023.3

（先进焊接技术系列）

ISBN 978-7-111-72542-8

Ⅰ.①焊… Ⅱ.①李… Ⅲ.①焊接结构-结构设计 Ⅳ.①TG404

中国国家版本馆 CIP 数据核字（2023）第 010569 号

机械工业出版社（北京市百万庄大街 22 号 邮政编码 100037）
策划编辑：吕德齐 责任编辑：吕德齐
责任校对：郑 婕 陈 越 封面设计：鞠 杨
责任印制：张 博
三河市骏杰印刷有限公司印刷
2023 年 7 月第 1 版第 1 次印刷
169mm×239mm · 13.25 印张 · 271 千字
标准书号：ISBN 978-7-111-72542-8
定价：59.00 元

电话服务 网络服务
客服电话：010-88361066 机 工 官 网：www.cmpbook.com
010-88379833 机 工 官 博：weibo.com/cmp1952
010-68326294 金 书 网：www.golden-book.com
封底无防伪标均为盗版 机工教育服务网：www.cmpedu.com

前 言

在刚刚从事焊接结构设计时，对焊接结构的一些基本设计方法并不十分理解。例如，采用对接焊结构形式时，在重要的部位焊缝余高经常要通过打磨的方法去除，而去除材料会减小截面尺寸，影响承载能力，为什么还要去除呢？又如，在一次设计过程中结构强度不能满足标准要求，我认为最简单的方法就是选用强度更高的材料，但外方专家指出替换材料并不能提高焊缝区域的疲劳强度，当时还有很多有经验的设计师提出了质疑，但外方专家也没有给出合理的解释，只说标准中就是这样说明的。现在回想，当时对焊接结构设计的认知确实非常肤浅，这其中重要的原因就是缺少对焊接结构设计理论知识的系统学习，缺乏实践经验。可想而知，当时设计出的产品也很难令人放心。

随着理论的更新与技术的发展，现在的设计师们已经具有了更好的学习条件，也具备了更扎实的理论基础。上述两个问题如果能正确回答，说明您在焊接结构设计方面有着良好的基础；如果不能也没关系，因为焊接结构的设计是理论与实践相结合的一门学科，要求设计师既要打好理论基础，又要积累实践经验。当前，青年设计师已经成为这一领域的主力军。受客观条件所限，有些设计师实践经验较少，有可能考虑问题不系统全面，这显然会影响产品的源头设计质量，从以往产品质量问题的发生，也反映出这个问题。

庄子说："且夫水之积也不厚，则其负大舟也无力。"技术创新的过程就是"水涨船高"的过程。性能、品质更优良的产品，往往依靠具有更高技术水平的设计师来研发。而设计师要想提高能力与水平，必然要不断增长知识和经验。只有设计师的"内功"提高了，开发出产品的质量、技术性能才会更好。这是一个"化无形为有形"的自然过程。同时，理论指导实践，实践检验理论，实践经验也是设计过程中的宝贵财富，只要在理论上、方法上、实践上进行全面而系统的学习与积淀，就能更有效地提升设计师们的能力与水平，这样所研发出的产品技术更先进、品质更优良。

焊接结构设计所涉及的产品领域繁多、学科知识广泛。本书从焊接结构设计的基本知识入手，介绍焊接结构设计时所涉及的基本原理和方法，从焊接结构设计的强度评估、工艺性评估等方面为设计人员提供有益的参考，并通过工程实例的介绍，使理论与实践相结合，指导设计人员开展焊接结构的设计，提升设计人员的能力与水平，进一步促进产品设计质量的提高，这也是编著本书的基本出发点。

非常感谢国际焊接学会专家董平沙教授在本书编写过程中给予的指导，同时也要感谢大连交通大学兆文忠教授提出的宝贵建议。

由于作者水平所限，有引用或编写不当之处，敬请读者批评指正。

李向伟

目 录

第1章

概 述

从事焊接结构设计的工程技术人员要考虑许多与设计相关的技术问题，如结构是否合理，强度、刚度能否满足要求，工艺性、经济性是否良好，焊接后变形情况如何等问题，这些问题要求焊接结构设计师不但要有较好的理论基础，还要有丰富的实践经验，这样设计出的产品才能不出问题或少出问题。因此从事焊接结构设计的工程技术人员首先要有良好的理论基础作为指导，还要尽可能参考一些成熟的设计经验，在满足产品性能要求的同时，要认真考虑设计过程中产品的可靠性、安全性、工艺性、可维护性、经济性等问题，这样研发出的产品才能更加优良。

1.1 从实例谈起

为了便于理解，下面先从两个焊接结构的设计实例谈起。

实例一：如何选择结构形式，为什么？

如图 1-1 所示，受垂向载荷作用的组焊梁，有三种结构形式可以选择，应如何选择，为什么？

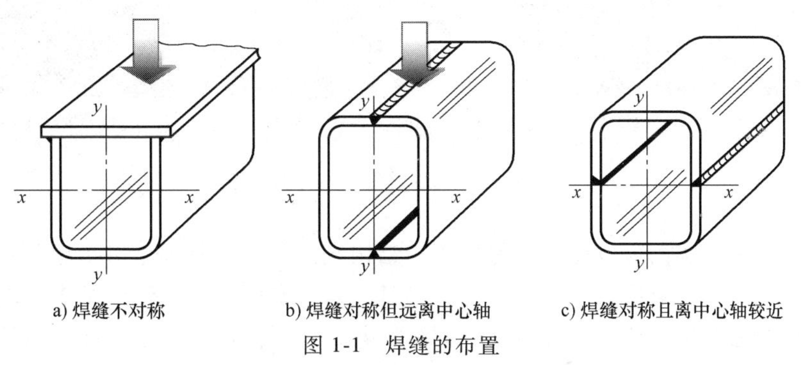

a) 焊缝不对称　　b) 焊缝对称但远离中心轴　　c) 焊缝对称且离中心轴较近

图 1-1　焊缝的布置

从焊接工艺来分析，图 1-1 中三种方案工艺性相似，但图 1-1a 所示方案焊接接头没有保证相对于中心轴的对称性，这样焊接后受残余应力的影响，会有一定的焊接变形，而图 1-1b、c 所示方案保证了对称性要求，焊接后变形较小。因此图 1-1a

所示方案可以淘汰。

从受力来分析，在受垂向载荷作用下图 1-1c 所示方案焊缝的受力在中心轴上，应力较小，符合焊缝应尽可能布置在应力较小的区域这一设计指导原则，因此综合分析图 1-1c 所示方案较优。

从这个实例可以看到，有些焊接结构的设计只要从原理出发，不需要计算就能确定哪种方案是较好的设计方案。要综合考虑结构的受力情况及焊接工艺的影响，这也是焊接结构设计要考虑的两条重要指导原则：一是良好的工艺性要求，尽可能小的焊接变形；二是良好的结构强度要求，尽可能小的应力集中。

实例二：奇怪的焊接形式是为什么？

如图 1-2 所示，梁结构受动载荷作用，在结构中，设计师在端部焊缝采用了特殊处理，一般情况下是正常收弧就可以了，但这里在焊缝端部延长了一段，平缓过渡。这种设计很巧妙，在操作上也只有很少的工作量，但在使用过程中，端部的应力集中将有效降低，从而提高了结构服役过程中的抗疲劳性能。这种处理方法从小技巧中体现了大道理，一般情况下很少有设计师会想到采用这种设计方法。这也是焊接结构设计要考虑的重要指导原则：受动载荷作用的焊接结构，在高应力区尽可能使刚度协调，这样会使应力梯度平缓过渡，可有效降低应力集中，从而提高结构的抗疲劳性和可靠性。

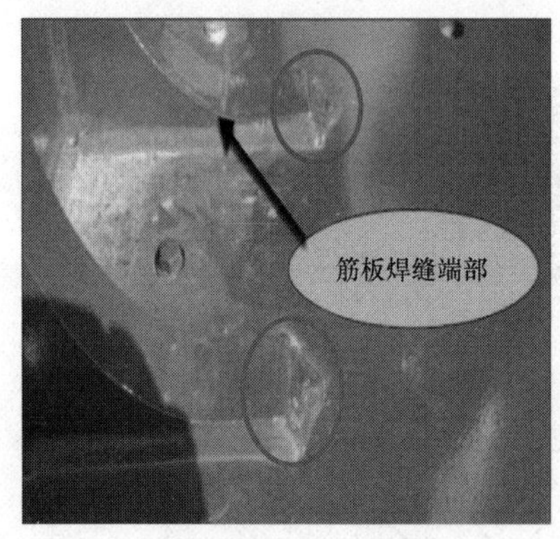

a) 筋板焊缝端部平缓过渡

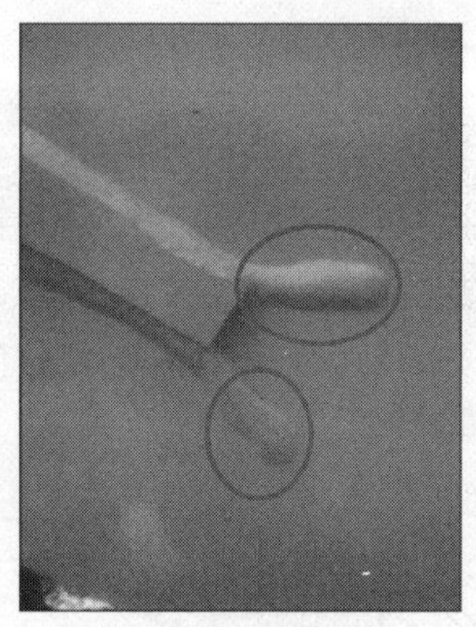
b) 补板收弧处端部延长

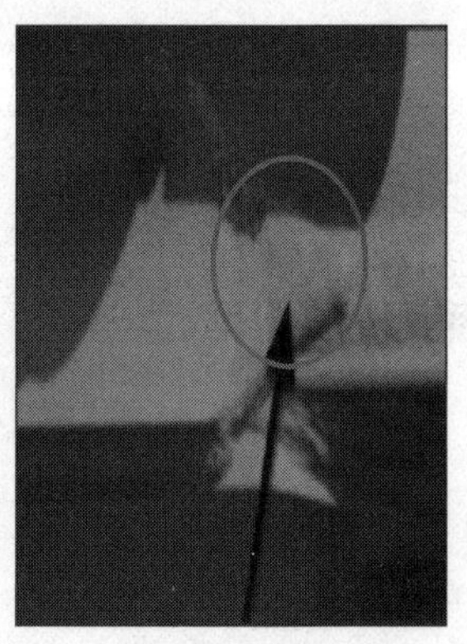
c) 补板焊缝端部延长

图 1-2　端部焊缝特殊处理

从上述两个实例可以看出，好的焊接结构设计一定要有理论的指导及实践经验的积累，有时不一定依靠力学计算分析工具，但一定要理解力学的基本原理，从结构受力状态来思考焊缝的设计方案，同时还要结合工艺性、安全性等方面的综合分析，因此技术水平的提升，要依靠理论知识的支撑，同时也要依靠实践经验的积累。

1.2 焊接结构设计应考虑的问题

焊接结构设计时要认真考虑与产品设计相关的大量问题，焊接结构设计指导原则对于不同的领域有不同的要求，对于不同的产品也有不同的侧重点，特别是产品设计过程中针对不同的性能需求，结合用户的特殊情况，在某些方面会有特殊的考虑，但在一般情况下通常会有如下基本要求：

（1）实用性　焊接结构应能满足产品所要求的性能及功能，这也是焊接结构设计的出发点与核心。

（2）可靠性　结构在使用期内必须安全可靠，应能满足强度、刚度、稳定性、抗振性、耐蚀性、抗疲劳等方面的要求。

（3）工艺性　所设计的结构既要有良好的焊接性能，又要有良好的焊前预加工和预处理性能，结构焊后变形小并可检测，易于实现机械化和自动化焊接等。

（4）安全性　结构设计中要考虑到产品运用的安全性，同时也要考虑到生产过程的安全性。

（5）可维护性　结构设计过程中要考虑到产品是否需要经常维护，维护是否方便、安全。

（6）互换性　零部件的设计尽可能有良好的互换性，便于批量加工制造，提高效率，降低成本。

（7）经济性　原材料、工时等要综合考虑，在保证性能要求的同时尽可能降低成本。

（8）美观性　注意结构的造型美观，考虑工业设计的要求，使技术与艺术、产品与环境做到和谐统一。

上述要求是设计者追求的目标，设计时要统筹兼顾，应以可靠性为前提，实用性为核心，工艺性和经济性等为制约条件。

第2章

焊接结构设计基础

焊接是通过加热或加压，或两者并用，使分离的物体产生原子间结合而连接成整体的工艺过程。由于焊接工艺方法具有连接方式灵活方便，实现方法较为简便，便于采用自动化生产，易于开展轻量化设计，实施成本相对较低等诸多优点，在航空、航天、船舶、车辆等工程领域得到了非常广泛的应用。伴随焊接方法及技术的不断推陈出新，焊接技术在工程领域的作用和地位更显突出。本章将介绍焊接结构设计中所涉及的相关基础知识，这些知识将为从事焊接结构设计奠定良好的基础。

2.1 焊接工艺方法

2.1.1 焊接基本原理

金属焊接方法主要包括熔焊、压焊和钎焊三大类[1]。熔焊是在焊接过程中将连接处加热至熔化状态，不加压力而完成焊接的方法；压焊是在加压条件下，使两工件在固态下实现原子间结合；钎焊是将工件和钎料加热至高于钎料熔点、低于工件熔点，利用液态钎料填充接头间隙实现焊接。

熔焊是最常采用的焊接工艺方法，包括电弧焊、气焊、电渣焊、电子束焊、激光焊等，其中电弧焊以电弧为热源，是最基本、应用最广泛的焊接工艺方法。电弧焊是利用电弧产生的高温使母材和焊材熔化达到焊接的目的，其原理是在电流的作用下空气发生电离，产生等离子体传导电流，并且使电能转化成热能[2]。在引燃焊接电弧时，焊接电源提供两极电压，两极轻触产生较大的短路电流，焊接接触点温度急剧升高，并产生电子逸出和气体电离，阴极产生热电子发射。

图 2-1a 所示为熔焊焊缝形成过程，在电弧高温作用下，焊条和工件同时产生局部熔化，形成熔池。在电弧沿焊接方向移动过程中，熔池前部材料不断熔化，并依靠电弧吹力和电磁力的作用，将熔化金属吹向熔池后部，逐步脱离电弧高温而冷却结晶。电弧的移动形成动态熔池，熔池前部的加热熔化与后部的冷却结晶同时进行，形成了完整的焊缝。焊条药皮在电弧高温下分解出气体，包围电弧空间的熔

池，形成保护，另一部分直接进入熔池，与熔池金属发生冶金反应，并形成熔渣而浮于焊缝表面[3]。为了保证焊缝的质量与性能，焊条的选择要考虑工件的化学成分、力学性能、工作条件、使用性能、结构特点及施工条件等因素。

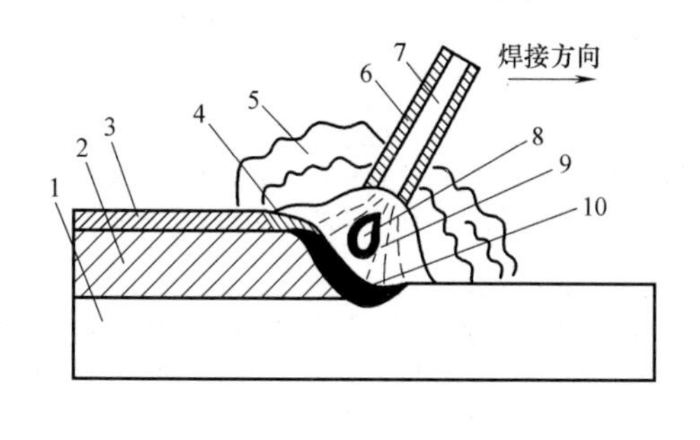

a) 焊条电弧焊

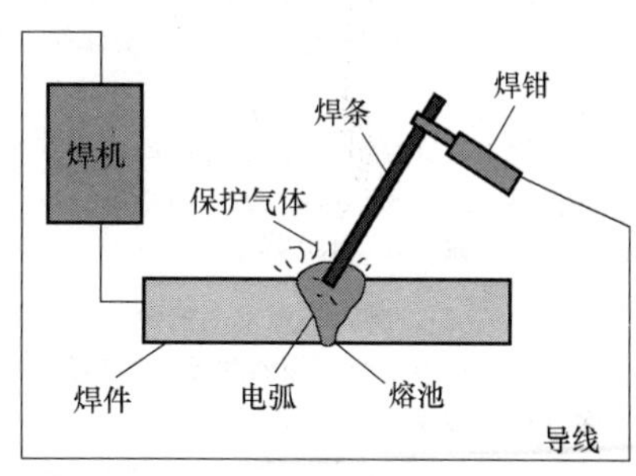

b) 电弧焊原理

图 2-1　熔焊焊缝形成过程

1—工件　2—焊缝　3—渣壳　4—熔渣　5—气体　6—药皮　7—焊芯　8—熔滴　9—电弧　10—熔池

2.1.2　焊接方法分类与特点

熔焊、压焊和钎焊根据各自不同的特点还包括很多分类，常用的焊接方法分类及其特点见表 2-1。

表 2-1　常用的焊接方法分类及其特点

焊接方法	特点	分类
熔焊	电弧焊：以电弧为热源，利用空气放电的物理现象，将电能转换为焊接所需的热能和机械能，从而达到连接金属的目的	焊条电弧焊
		埋弧焊
		氩弧焊
		CO_2 气体保护焊
	高能束焊：以等离子束、电子束或激光束等高能量密度的束流作为热源进行的焊接	激光焊
		电子束焊
		等离子弧焊
	化学热焊：以化学反应热为热源的焊接方法	气焊
		铝热焊
	电渣焊：以熔渣电阻热为能源的焊接方法。焊接过程是在立焊位置，在由两工件端面与两侧水冷铜滑块形成的装配间隙内进行。焊接时利用电流通过熔渣产生的电阻热将工件端部熔化。可用于各种钢结构的焊接，也可用于铸件的组焊	
压焊	电阻焊：以电阻热为能源的一类焊接方法	点焊
		缝焊
		对焊

（续）

<table>
<tr><th>焊接方法</th><th>特点</th><th>分类</th></tr>
<tr><td rowspan="7">压焊</td><td rowspan="2">感应焊:一种常用于连接热塑性材料的焊接方法。它使用电源和加热线圈在两块材料之间的接头处熔化少量的连接化合物。典型的焊接只需几秒钟就能完成,接头牢固,并且不会使连接的材料变形</td><td>高频焊</td></tr>
<tr><td>工频焊</td></tr>
<tr><td colspan="2">扩散焊:以间接热能为能源的固相焊接方法,焊接时使两被焊工件的表面在高温和较大压力下接触并保温一定时间,以达到原子间距离,经过原子相互扩散而结合。可以焊接很多同种和异种金属以及一些非金属材料,如陶瓷等</td></tr>
<tr><td colspan="2">超声波焊:一种以机械能为能源的固相焊接方法,焊接工件在较低的静压力下,由声极发出的高频振动能使接合面产生强烈摩擦并加热到焊接温度而形成结合。适用于金属丝、箔及 3mm 以下的薄板金属接头的重复生产</td></tr>
<tr><td colspan="2">摩擦焊:以机械能为能源的固相焊接方法,利用两表面间机械摩擦所产生的热来实现金属的连接。原理上几乎所有能进行热锻的金属都能摩擦焊接,还可以用于异种金属的焊接</td></tr>
<tr><td colspan="2">爆炸焊:以化学反应热为能源的一种固相焊接方法,利用炸药爆炸所产生的能量来实现金属连接。多用于表面积相当大的平板包覆,是制造复合板的高效方法</td></tr>
<tr><td colspan="2">冷压焊:室温下借助压力使待焊金属产生塑性变形而实现固态焊接的方法。通过塑性变形挤出连接界面上的氧化膜等杂质,使纯净金属紧密接触,达到晶间结合。主要用于焊接塑性良好的金属(如铝、铜等)</td></tr>
<tr><td rowspan="6">钎焊</td><td rowspan="4">硬钎焊:钎料熔点高于 450℃ 的钎焊,常用钎料是黄铜钎料和银钎料。硬钎焊多用于受力较大的钢和铜合金工件,以及工具的钎焊</td><td>火焰钎焊</td></tr>
<tr><td>盐浴钎焊</td></tr>
<tr><td>感应钎焊</td></tr>
<tr><td>真空钎焊</td></tr>
<tr><td rowspan="2">软钎焊:钎料熔点低于 450℃ 的钎焊,常用钎料是锡铅钎料,它具有良好的润湿性和导电性,广泛用于电子产品、电机电器和汽车配件</td><td>烙铁钎焊</td></tr>
<tr><td>浸渍钎焊</td></tr>
</table>

结构设计过程中之所以广泛采用焊接工艺方法，是因为这种工艺方法有着其他方法不可替代的特点：

(1) 易于实施轻量化设计　焊接结构可节省材料、减轻结构件重量，如与铆接对比可节省材料 10%~15%，采用点焊替代铆接加工的产品重量更轻。

(2) 连接方式灵活方便　焊接方法灵活，可化大为小、以简拼繁，加工快、工时少、生产周期短。许多结构都以铸-焊、锻-焊形式组合，简化了制造工艺。

(3) 工艺适应性好　多样的焊接方法几乎可焊接所有的金属材料和部分非金属材料，甚至是异种材料，适用范围较广，而且连接性能较好。

(4) 结构强度高、整体性好　焊接接头可达到与母体金属相当的强度和相应的性能，并容易保证气密性及水密性，所以特别适合制造高强度、大刚度的中空结构。

(5) 能满足特殊的连接要求　不同材料焊接到一起，能使零件的不同部分或不同位置具备不同的性能，达到使用要求，节约特种材料，如防腐容器的双金属筒体的焊接、钻头工作部分与柄的焊接、水轮机叶片耐磨表面堆焊等。

（6）便于采用自动化生产　可采用标准化、系列化、模块化设计，使焊接结构易于采用全自动化焊接生产，降低劳动强度，改善劳动条件，提升生产效率。

焊接加工虽然有很多的优点，但在应用中仍存在某些不足[4]。例如：不同焊接方法的焊接性能有较大差别，焊接接头的组织不均匀，焊接热过程易产生残余应力与变形，还会造成各种缺陷和裂纹问题等，因此采用焊接工艺方法时要科学分析、客观对待。

2.1.3 焊接区域的组成与特征

焊接过程是力学、热力学、金相学等相互影响的复杂力学过程[5]，存在温度、相变、热应力之间的耦合效应（图 2-2）。焊接现象包括焊接时的电磁传热、金属的熔化和凝固、冷却时的相变等，焊接温度场和金属显微组织对焊接应变场都有影响。

熔焊中的焊接接头一般由焊缝金属和热影响区组成（图 2-3），焊缝金属及热影响区分别有如下特征：

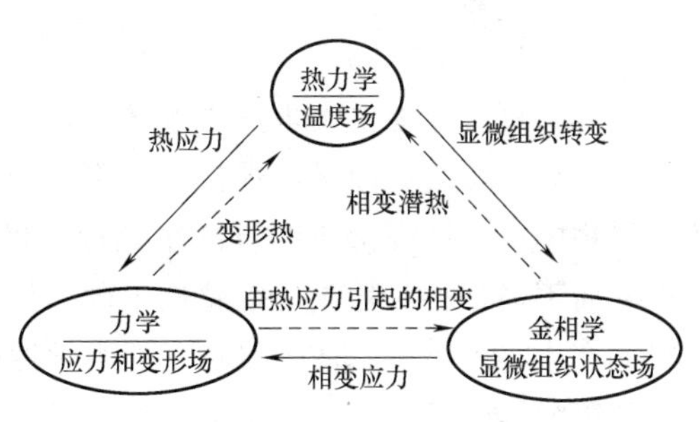

图 2-2　焊接过程中温度、相变、热应力之间的耦合效应

（1）焊缝金属　焊接加热时，焊缝处的温度在液相线以上，母材与填充金属形成共同熔池，冷凝后形成铸态组织。在冷却过程中，液态金属自熔合区向焊缝的中心方向结晶，形成柱状晶组织[6]。由于焊芯及药皮在焊接过程中具有合金化作用，焊缝金属的化学成分通常优于母材，只要焊条和焊接参数选择合理，焊缝金属的强度一般不低于母材强度。

（2）热影响区　在焊接过程中，热影响区是焊缝两侧金属因焊接热作用而产生组织和性能变化的区域。低碳钢的热影响区可分为熔合区、过热区、正火区和部分相变区（图 2-3）。

1）熔合区：位于焊缝与母材之间，部分金属熔化部分未熔，也称半熔化区。加热温度为 1490～1530℃，此区域成分及组织极不均匀，强度下降，塑性较差，是产生裂纹及局部脆性破坏的发源地。

2）过热区：紧靠着熔合区，加热温度为 1100～1490℃，由于温度大大超过 Ac_3，奥氏体晶粒急剧长大，形成过热组织，使塑性大大降低，冲击韧度下降 25%～75%。

3）正火区：加热温度为 850～1100℃，属于正常的正火加热温度范围。冷却后得到均匀细小的铁素体和珠光体组织，其力学性能优于母材。

4）部分相变区：加热温度为727～850℃，只有部分组织发生转变，冷却后组织不均匀，力学性能较差。

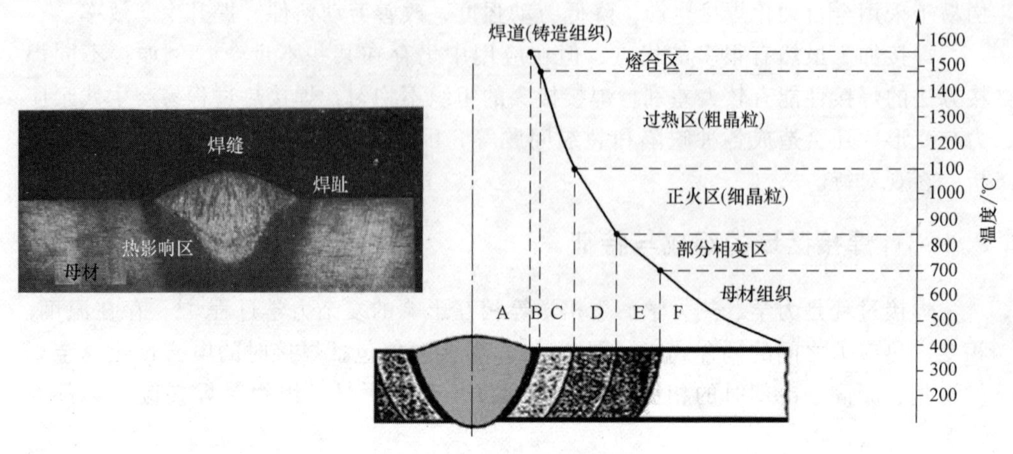

图 2-3　焊缝截面和热影响区

熔焊不可避免地要出现热影响区，这个区域的大小和组织性能取决于母材、焊接方法、焊接参数等因素。焊接方法不同，上述区域的大小也不同，一般来说，加热能量集中或提高焊接速度可减小热影响区的范围[7]。以上是针对碳钢熔焊时的分析，而不同材料对加热的敏感性不同，热影响区的表现形式也不一样，如易淬硬材料会产生淬硬组织，使焊接接头的力学性能降低。

热影响区的组织分布是不均匀的，熔合区和过热区会出现严重的晶粒粗化，是整个焊接接头的薄弱地带。对于碳含量高、合金元素较多、淬硬倾向较大的钢种，还能出现淬火组织——马氏体，降低塑性和韧性，因而易于产生裂纹。在焊接快速加热和连续冷却的条件下，相转变属于非平衡转变，焊接热影响区常见的组织有铁素体、珠光体、魏氏组织、上贝氏体、下贝氏体、粒状贝氏体、低碳马氏体、高碳马氏体及 M-A 组元等，焊缝熔合区及热影响区的显微组织如图 2-4 所示，低碳钢焊缝和热影响区组织特征及性能见表 2-2。

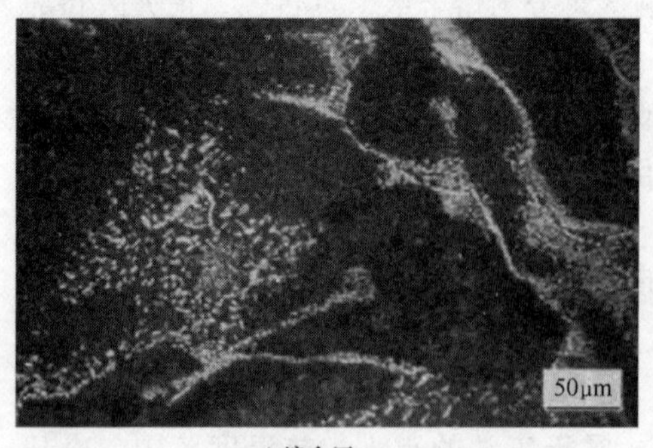

a) 熔合区

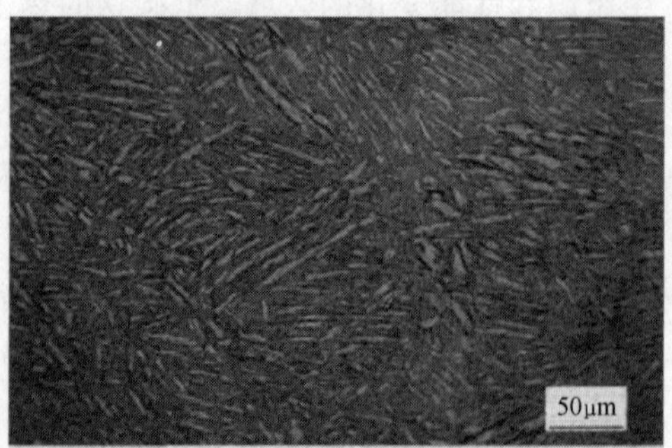

b) 热影响区

图 2-4　焊缝熔合区及热影响区的显微组织[8]

表 2-2 低碳钢焊缝和热影响区组织特征及性能

部 位	加热温度范围/℃	组织特征及性能
焊缝	>1500	铸造组织柱状树枝晶
熔合区及过热区	1400~1250	晶粒粗大,可能出现魏氏组织,塑性不好
	1250~1100	粗晶与不均匀晶粒合并,塑性差
相变重结晶	1100~900	晶粒细化,力学性能良好
不完全重结晶	900~730	粗大铁素体和细小的珠光体,铁素体力学性能不均匀
时效脆化区	730~300	由于热应力及脆化物析出,经时效而产生脆化现象,在显微镜下观察不到组织上的变化
母材	300~室温	没有受到热影响的母材部分

2.1.4 焊接接头的通用术语

为利于文中引用，以通用焊接接头为例，以下给出了焊接结构设计中常用术语的描述，详细的术语定义请参见 GB/T 3375—1994《焊接术语》[9]。

（1）母材　被焊金属材料统称为母材金属，简称母材（base metal，BM），如图 2-5 所示。

（2）焊缝金属　熔化的母材和填充金属凝固后形成的那部分金属叫焊缝金属（weld metal，WM）。

（3）热影响区　焊接或切割过程中，母材因受热（但未熔化）而发生金相组织和力学性能变化的区域叫热影响区（heat affect zone，HAZ）。

（4）焊趾　焊缝表面与母材的交界处叫焊趾（toe），如图 2-5 所示。

（5）焊缝宽度　焊缝表面两焊趾之间的距离叫焊缝宽度，如图 2-6 所示。

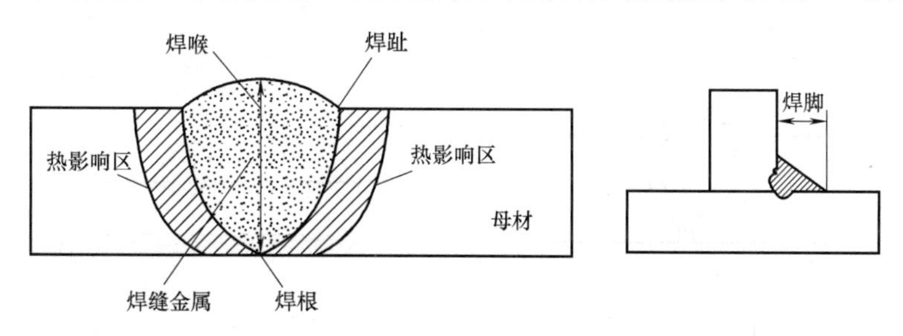

图 2-5　焊接接头术语

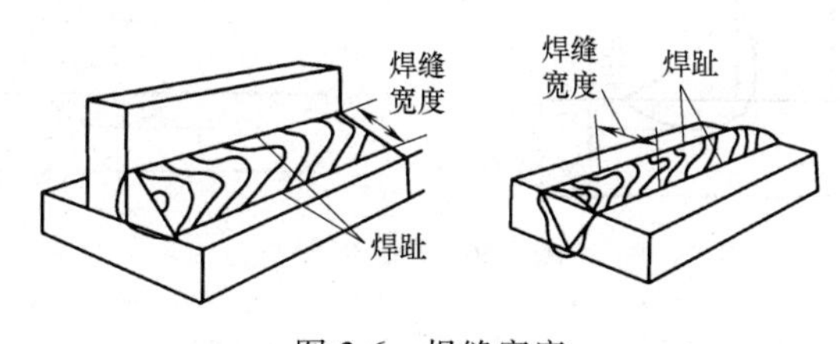

图 2-6　焊缝宽度

（6）焊根　焊缝背面与母材的交界处叫焊根（Weld Root），如图 2-7 所示。

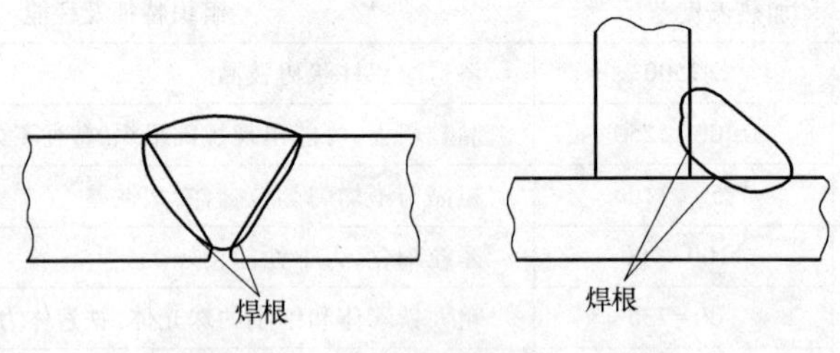

图 2-7　焊根

（7）余高　超出母材表面焊趾连线的那部分焊缝金属的最大高度叫余高，如图 2-8 所示。

在静载下余高有一定的加强作用，所以它又叫加强高。但在动载或交变载荷下，它非但不起加强作用，反而因焊趾处应力集中易于发生疲劳失效。所以余高不能低于母材但也不能过高，通常焊条电弧焊时的余高为 0~3mm。

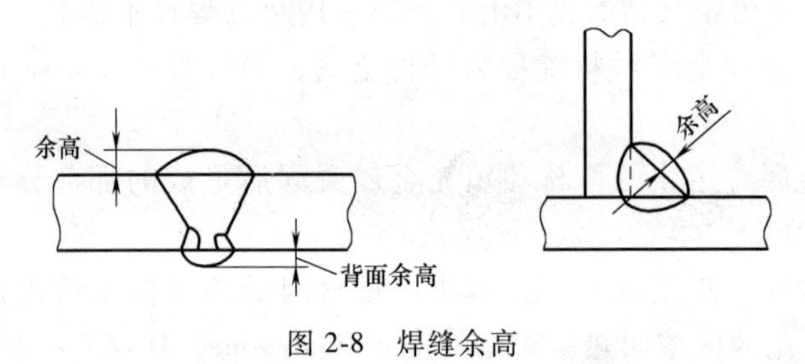

图 2-8　焊缝余高

（8）熔深　在焊接接头横截面上，母材或前道焊缝熔化的深度叫熔深，如图 2-9 所示。

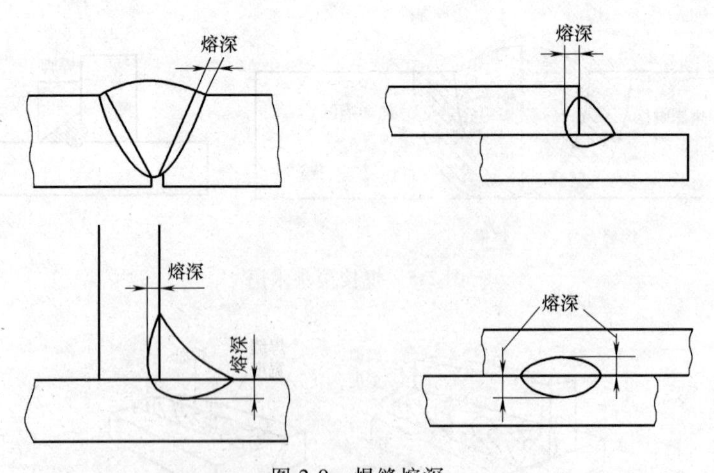

图 2-9　焊缝熔深

（9）焊缝厚度　在焊缝横截面中，从焊缝正面到焊缝背面的距离叫焊缝厚度，如图 2-10 所示。焊缝计算厚度是设计焊缝时使用的焊缝厚度。对接焊缝焊透时它等于焊件的厚度，角焊缝时它等于在角焊缝横截面内画出的最大等腰直角三角形中，从直角的顶点到斜边的垂线长度，习惯上也称焊喉厚（weld throat、weld depth）。

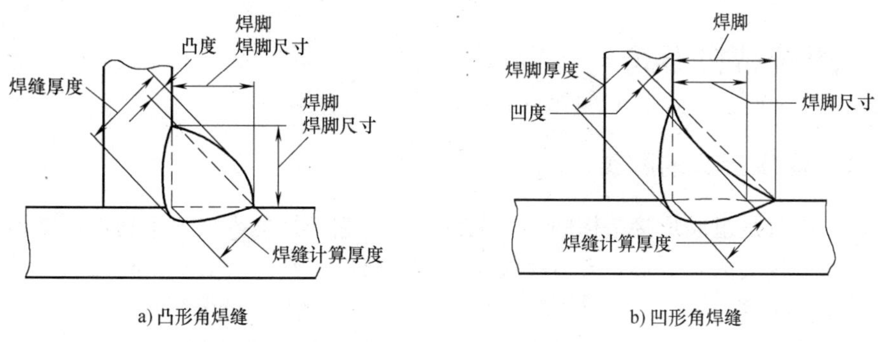

图 2-10　焊缝厚度及焊脚

（10）焊脚　角焊缝的横截面中，从一个直角面上的焊趾到另一个直角面表面的最小距离叫作焊脚（leg size）。在角焊缝的横截面内画出的最大等腰直角三角形中，直角边的长度叫焊脚尺寸，如图 2-10 所示。

（11）焊缝成形系数　熔焊时在单道焊缝横截面上焊缝宽度 B 与焊缝计算厚度 H 的比值（$\phi=B/H$）叫焊缝成形系数，如图 2-11 所示。该系数值小，则表示焊缝窄而深，这样的焊缝中有时容易产生气孔和裂纹，所以焊缝成形系数应该保持一定的数值，如埋弧焊的焊缝成形系数要大于 1.3。

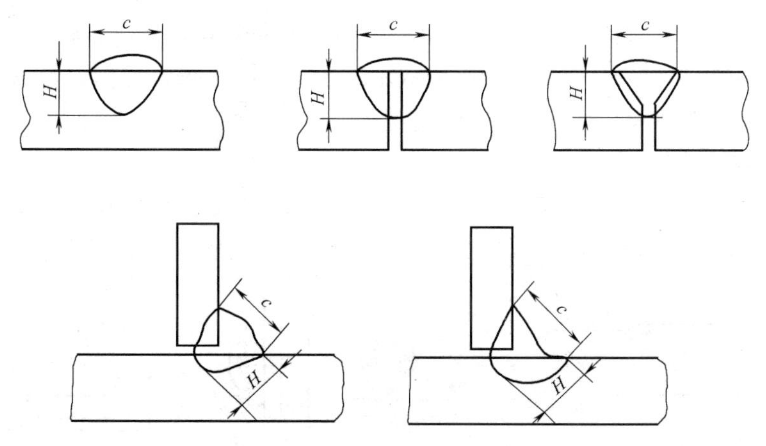

图 2-11　焊缝成形系数的计算

（12）熔合比　熔焊时被熔化的母材在焊道金属中所占的百分比叫熔合比。

（13）拘束度　衡量焊接接头刚性大小的一个定量指标叫拘束度。拘束度有拉伸和弯曲两类，拉伸拘束度是焊接接头根部间隙产生单位长度弹性位移时，焊缝每单位长度上受力的大小。弯曲拘束度是焊接接头产生单位弹性弯曲角变形时，焊缝每单位长度上所受弯矩的大小。

(14) 碳当量　把钢中合金元素（包括碳）的含量按其作用换算成碳的相当含量叫碳当量，该数值可作为评定钢材焊接性的一种参考指标。

2.2　焊接结构形式

2.2.1　焊接接头的种类

焊接接头是组成焊接结构的一个关键部分，它的性能直接关系到焊接结构的可靠性。焊接接头的基本形式有对接接头、搭接接头、角接接头和T形接头等[10]。

1. 对接接头

两工件表面构成大于或等于135°、小于或等于180°夹角的接头叫作对接接头。它是采用最多的一种接头形式，对接接头板厚度在6mm以下，除重要结构外，一般不开坡口。厚度不同的钢板对接时两板应单面倒角或双面倒角（图2-12)。

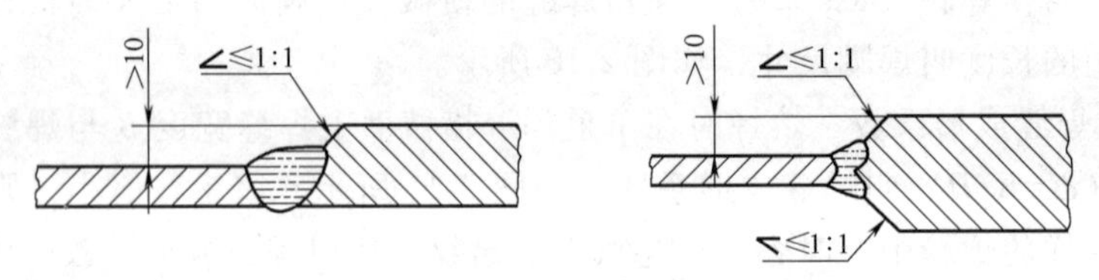

图2-12　对接接头

对接接头受力均匀，应力集中较小，易保证焊接质量，静载和疲劳强度都比较高，且节约材料，但对下料尺寸精度要求较高。一般应尽量选用对接接头，如锅炉、压力容器等结构受力焊缝常用对接接头。

2. 搭接接头

两工件部分重叠构成的接头叫搭接接头。搭接接头根据其结构形式和对强度的要求，分为I形坡口（不开坡口)、圆孔内塞焊和长孔内角焊等形式，如图2-13所示。

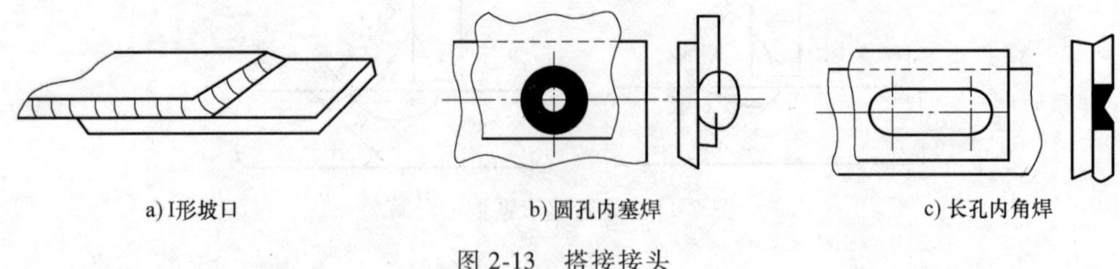

a) I形坡口　b) 圆孔内塞焊　c) 长孔内角焊

图2-13　搭接接头

搭接接头的受力复杂，接头处产生附加弯矩，材料消耗大，不需要坡口，下料尺寸要求低，可用于受力不大的平面连接，如厂房屋梁、桥梁、起重机吊臂等桁架结构。

3. 角接接头

两工件端部构成大于30°、小于135°夹角的接头，如图2-14所示，这种接头受力状况一般，常用于不重要的结构中。

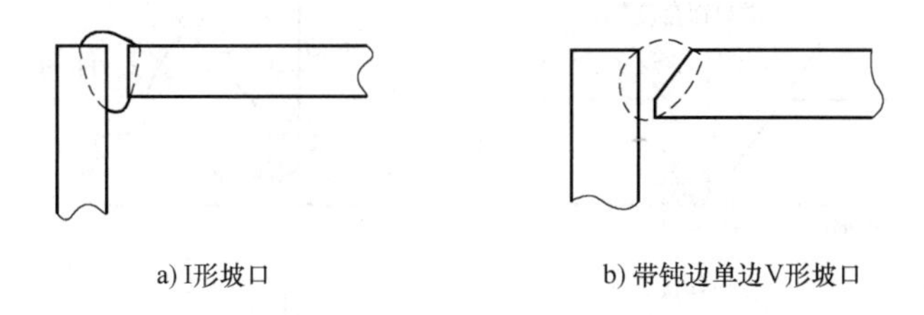

a) I形坡口　　b) 带钝边单边V形坡口

图2-14　角接接头

4. T形接头

一工件的端面与另一工件表面构成直角或近似直角的接头，叫作T形接头，如图2-15所示。T形接头和角接接头受力复杂，与搭接接头一样易产生应力集中。

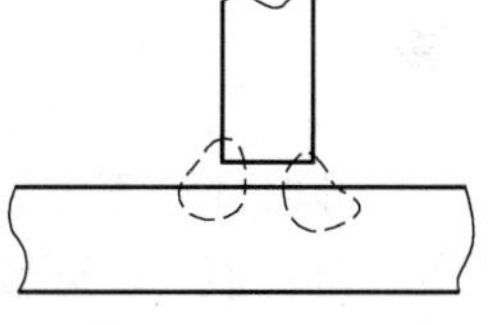

图2-15　T形接头

焊接接头形式应根据焊接结构的具体要求确定，如焊接结构的形状、厚度、焊缝部位、强度要求、焊接方法及工艺、材料焊接性、焊后变形、坡口加工等因素，同时还要保证焊接质量并能使成本降低。

接头形式的确定还与焊接方法有直接关系，对于焊条电弧焊和埋弧焊，对接、搭接、T形接、角接四种结构形式均可采用。电渣焊的接头可采用对接、T形接、角接形式，通常选用对接形式。点焊、缝焊、钎焊通常采用搭接形式。对于薄板气焊或钨极氩弧焊，为了避免烧穿或省去填充焊丝，可采用卷边接头。

2.2.2　焊缝坡口的基本形式

为保证焊接质量及连接强度，经常要对焊缝连接处开不同形式的坡口，GB/T 3375—1994将焊接坡口分成I形（不开坡口）、V形、X形、U形、双U形、单边V形、K形、J形等形式。除I形外，其他几种形式又分为带钝边和不带钝边两种。坡口的几何尺寸定义如下：

（1）坡口面　待焊件上的坡口表面叫坡口面。

（2）坡口面角度和坡口角度　待加工坡口的端面与坡口面之间的夹角叫坡口面角度，两坡口面之间的夹角叫坡口角度，如图2-16所示。

（3）根部间隙　焊前在接头根部之间预留的空隙叫根部间隙，其作用在于打底焊时能保证根部焊透。根部间隙也称为装配间隙，如图2-16所示。

（4）钝边　工件开坡口时，沿坡口根部的端面直边部分叫钝边，钝边的作用是防止根部烧穿，如图2-16所示。

（5）根部半径　在J形、U形坡口底部的圆角半径叫根部半径，它的作用是增大坡口根部的空间，以便焊透根部，如图 2-16 所示。

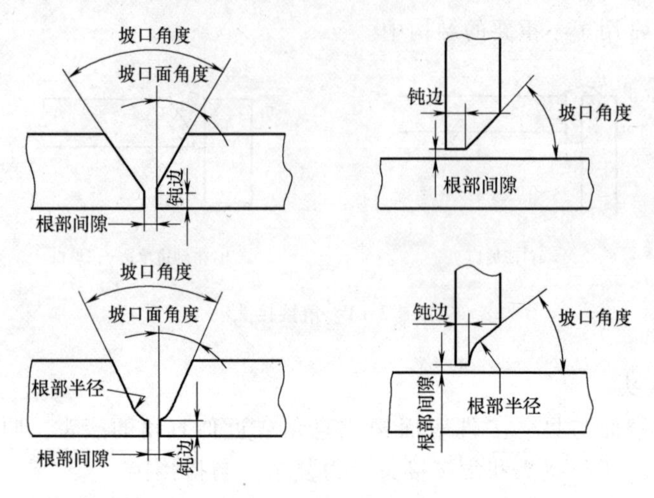

图 2-16　坡口的几何尺寸

V形坡口（不带钝边和带钝边）的加工不需翻转工件，施焊方便，但焊后容易产生角变形。X形坡口是在V形坡口的基础上发展的，当工件厚度增大时，采用X形代替V形坡口，在同样厚度下，可减少填充金属量约1/2，并且可对称施焊，焊后的残余变形较小，缺点是焊接过程中要翻转工件，当在筒形工件的内部施焊时劳动条件变差。U形坡口的填充金属量在工件厚度相同的条件下比V形坡口小，但这种坡口的加工较复杂。

2.2.3　焊接位置种类

根据 GB/T 3375—1994 的规定，焊接位置，即熔焊时工件接缝所处的空间位置，可用焊缝倾角和焊缝转角来表示，有平焊、立焊、横焊和仰焊位置等，如图 2-17 所示。

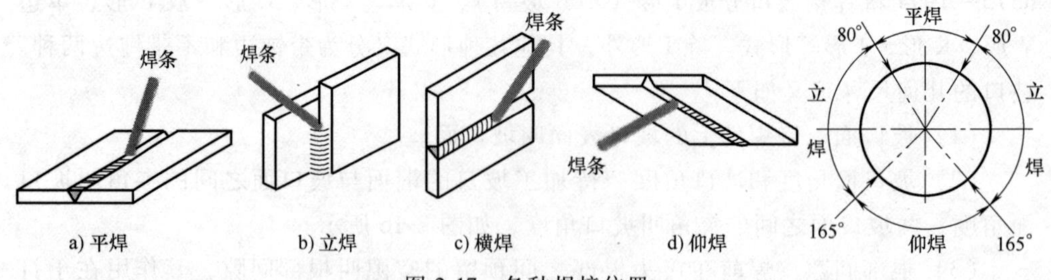

图 2-17　各种焊接位置

在平焊位置、立焊位置、横焊位置、仰焊位置进行的焊接分别称为平焊、横焊、立焊、仰焊。T形、十字形和角接接头处于平焊位置进行的焊接称为船形焊。

在工程上常用的水平固定管的焊接，由于在管子360°的焊接中有仰焊、立焊、平焊，所以称为全位置焊接。当工件接缝置于倾斜位置（除平焊、横焊、立焊、仰焊位置以外）时进行的焊接称为倾斜焊。

2.2.4　焊接符号

图样上焊缝有两种表示方法，即符号法和图示法（图2-18）。焊缝标注以符号法为主，在必要时允许辅以图示法。例如，用连续或断续的粗线表示连续或断续焊缝，在需要时绘制焊缝局部剖视图或放大图表示焊缝剖面形状，用细实线绘制焊前坡口形状等。

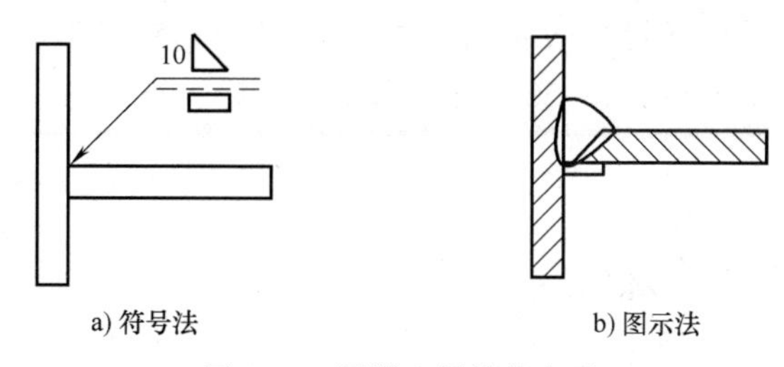

图2-18　图样上焊缝的表示

焊缝符号标注中有许多要素，其中焊缝基本符号和指引线构成了焊缝的基本要素，属于必须标注的内容。除焊缝基本要素外，在必要时还应加注其他辅助要素，如辅助符号、补充符号、焊缝尺寸符号及焊接工艺等内容，如图2-19所示。

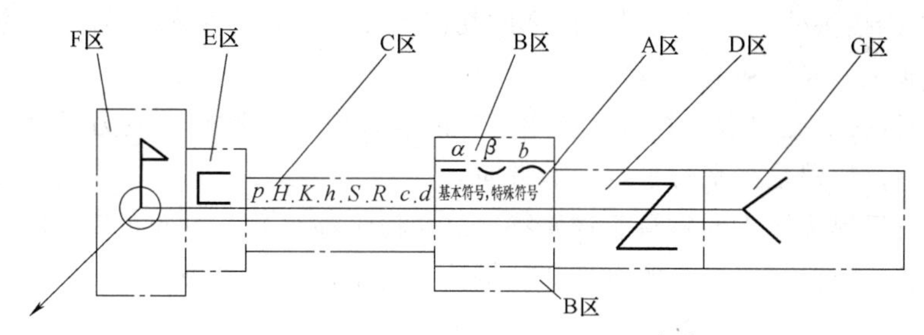

图2-19　焊缝符号的基本标注格式[11]

A区：属主要功能区，标注基本符号，特殊符号，补充符号中的垫板符号，辅助符号中的平面、凸面、凹面符号。

B区：属补充功能区，布置在A区的上方或下方，标注焊缝尺寸中的坡口角度α、坡口面角度β和根部间隙b。

C区：在基本符号的左侧，标注焊缝横截面上的尺寸符号和数值，如钝边p、坡口深度H、焊脚尺寸K、余高h、焊缝有效厚度S、根部半径R、焊缝宽度c和熔核直径d。

D区：在基本符号的右侧，标注交错焊缝符号和焊缝的纵向（长度方向）尺寸数值，如焊缝段数n、焊缝长度l和焊缝间距e。

E 区：标注补充符号中的三面焊缝符号。

F 区：标注补充符号中的现场焊缝符号和周围焊缝符号。

G 区：标注补充符号中的尾部符号，在尾部符号后标注相同焊缝条数 N、焊接方法代号、焊缝质量和检测要求。

焊缝尺寸符号及数据的标注原则（图 2-19）：焊缝横截面上的尺寸标注在基本符号的左侧，长度方向的尺寸标在右侧，坡口角度、坡口面角度、根部间隙等尺寸标在基本符号的上侧或下侧，相同焊缝数量标在尾部。在基本符号的右侧无任何标注且又无其他说明时，意味着焊缝在工件的整个长度上是连续的。在基本符号的左侧无任何标注且又无其他说明时，表示对接焊缝要完全焊透。相关参考可见国家标准 GB/T 324—2008《焊缝符号表示法》[12]、GB/T 5185—2005《焊接及相关工艺方法代号》[13] 和 GB/T 12212—2012《技术制图　焊缝符号的尺寸、比例及简化表示法》[14]。

2.3　焊接结构的特殊性

焊接时焊缝区会受到焊接热作用，焊缝区局部迅速加热和冷却，其材料组织和性能有较大变化，因此焊接结构存在以下特殊性：

1）焊接接头是一种复合结构，材料性能在接头的母材、焊缝金属和热影响区附近会有显著变化。

2）焊接接头处包含了全局或局部的几何不连续性，这使得如何定义用于强度评估的局部应力成为问题。

3）焊接接头处包含了焊接过程中引起的残余应力，且残余应力可以达到屈服强度的大小，特别是在平行于焊缝的方向。

正是由于焊接接头的材料非均质特性、几何不连续性及有残余应力的存在这三个明显特点，使得焊接接头的设计和分析更为复杂，同时也决定了它的失效破坏机理的特殊性。

焊接接头处通常存在整体和局部不连续（图 2-20），在焊缝区域易于存在原始缺陷。一些国家标准对焊接缺陷的类型有具体的定义，例如：未焊透、未熔合、裂纹、夹渣、气孔、咬边等[15]，而且将这些焊接缺陷与对焊接质量的评价相关联。

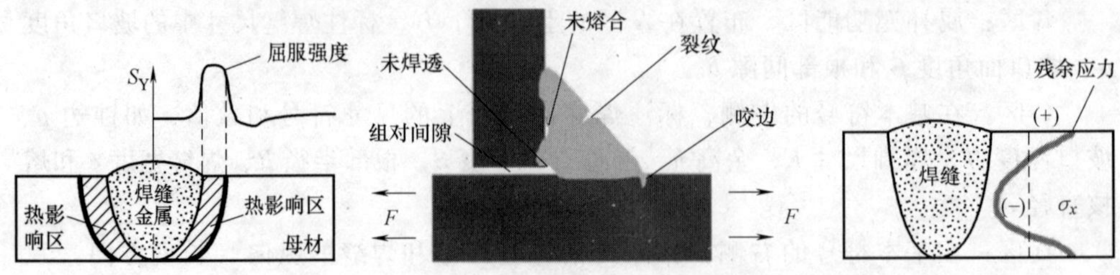

图 2-20　焊接接头的材料非均质、几何不连续及残余应力

一般说来，焊接质量差的焊缝会存在较多的焊接缺陷，但是这里要特别指出，由于焊接接头中的整体和局部不连续性，即使焊接缺陷为零、焊接质量很好的焊缝，在焊趾上也存在局部微观裂纹，通过足够精密的检测仪器就能证明这样的事实。

当采用了放大倍数足够高的仪器以后，在以前认为很完美的焊缝上清楚地观测到了更多的几何细节，在这些细节中包括焊趾上微裂纹客观存在的事实（图 2-21）。换言之，这一观察结果意味着焊接接头焊趾上不同程度的微小初始裂纹不是因外加载荷作用而产生的，而是焊接行为本身所导致的，也就是说在原始焊缝上“大于零”的微裂纹是客观存在的，焊趾处是这样，未焊透的焊根处也是这样，因此在设计承受动载荷的焊接结构时要注意其特殊性，与金属材料的设计与评估方法有本质差异[16]。

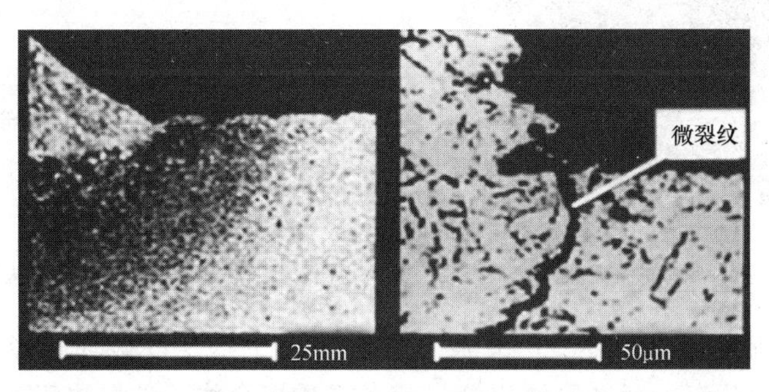

图 2-21　不同放大倍数下观测到的同一个焊缝中的细节

2.4　焊接接头的破坏模式

焊接接头的破坏模式主要有静强度破坏和疲劳破坏。焊接接头在承受不变载荷情况下发生的永久性损伤称为静强度破坏；焊接接头在承受交变载荷情况下产生的永久性损伤，并在一定循环次数后形成裂纹，或使裂纹进一步扩展直到完全断裂的现象称为疲劳破坏[17]。

传统的静强度破坏与疲劳破坏有着本质区别，主要表现为：①疲劳破坏在循环应力远小于静强度极限的情况下就可能发生，但不是立刻发生的，而要经历一段时间；②疲劳破坏前，即使塑性较好的材料有时也没有显著的残余变形。正是由于疲劳破坏通常没有外在显著塑性变形，就像脆性破坏一样事先不易觉察，因此疲劳破坏具有更大的危险性。同时，由于焊接结构有其特殊性，要重点关注焊接接头的疲劳破坏。

焊接接头的疲劳破坏模式可以归纳为两种[18]：第一种是焊缝附近沿板的厚度方向的疲劳破坏模式，称为模式 A，它的疲劳破坏起始于焊趾；第二种是焊缝破坏，称为模式 B，它的疲劳破坏起始于焊根，穿过焊缝金属。图 2-22 所示为这两种疲劳破坏模式的路径示意，其中既有熔焊，也有点焊（塞焊）的路径示意。

从断裂力学的观点看，模式 A 疲劳裂纹取决于破坏位置板截面方向相对于裂

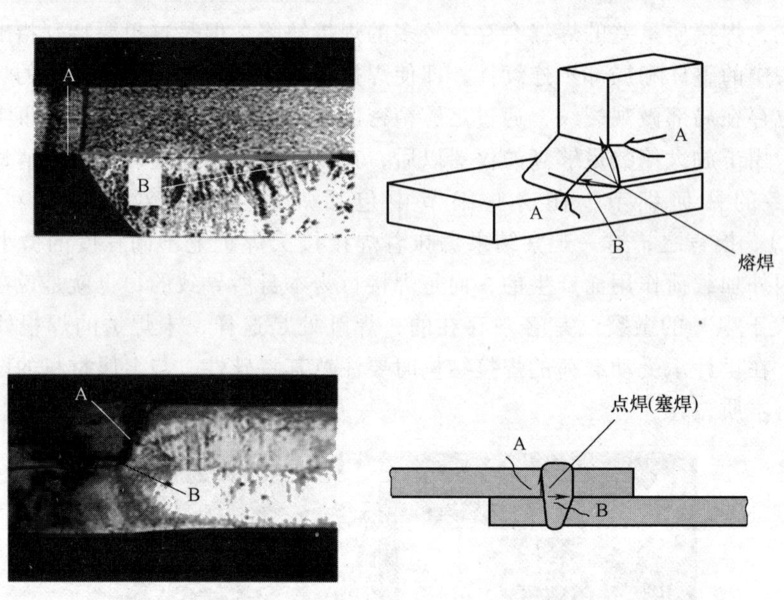

图 2-22　焊缝的两种主要疲劳破坏模式

A—侵入母材的焊趾失效或板失效　B—从焊根开始沿着焊喉方向的焊缝失效

纹平面的法向应力分布，而模式 B 疲劳裂纹取决于给定的破坏路径所定义的裂纹平面的法向应力分布，或者穿透焊缝，或者穿透熔合线，这取决于实际疲劳测试时观察到的主要裂纹路径。

与模式 B 相比，模式 A 的寿命次数曲线数据显示出了更少的离散性。原因很简单，模式 A 裂纹处的应力状态在给定板厚时可以更一致地得到；而与模式 B 的破坏路径相关的应力状态取决于实际焊喉尺寸，即便是试件中的同一条半熔透的焊缝，在焊缝方向上的焊喉尺寸都会发生变化。另外，破坏路径的任何变化都会增加数据的离散性。

事实上，模式 B 的破坏可以通过设计适当的焊缝尺寸和采用适当的焊接工艺予以避免，因此后面主要讨论的是模式 A。近年来，人们对焊接结构疲劳裂纹的理解已经有了明显的进步，其中包括普遍认识到焊接接头的疲劳属性与焊接之前的材料的疲劳属性是不同的，因此需要有不同方法有效地开展焊件的疲劳评估。董平沙教授对焊接接头疲劳特征的一个评论是：“焊接接头遵循的疲劳失效模式是可以明确区分的，即它可能从何处开始出现裂纹，一旦出现裂纹，裂纹又可能朝着哪个方向发展。在大多数的应用实例中有两种可能性可以描述焊接接头的失效形式：一个是焊趾处的裂纹，另一个是来源于焊根处的裂纹。而对于非焊接结构而言，研究的关注点是什么位置容易产生裂纹，和裂纹产生后会向哪里扩展的问题。”[19]

简言之，在裂纹沿着哪个方向扩展的问题上，对金属疲劳而言，裂纹扩展没有明显的模式；而对焊接接头的疲劳而言，它通常的扩展模式则是明确的，裂纹要么从焊趾沿板的厚度方向扩展，要么从焊根开始沿着焊喉方向扩展。

2.5　焊接结构设计应注意的问题

一方面，正是由于焊接工艺方法的诸多优点，在工程领域得到了广泛应用；而另一方面，生产制造及运用中的焊接结构也出现了变形、疲劳、断裂等问题，所以又不得不时刻提防它的安全隐患，否则后果将是很严重的。这又让人再次联想到："焊接结构是一把双刃剑"[20]，因此在焊接结构的设计过程中要根据其特点，抓主要矛盾，有的放矢，扬长避短。以下的问题需要设计人员特别关注。

1. 在接头处经常存在较高的应力集中，它是结构疲劳破坏的薄弱部位

焊接是一种刚度较大的连接方式，即连接构件之间产生的相对位移较小，这种结构对设计或工艺因素而产生的应力集中较为敏感[10]。焊接过程具有很多不稳定因素，除了因热输入而产生的应力集中外，焊接结构中的焊缝经常存在咬边、夹渣、未焊透等焊接缺陷，这些焊接缺陷必然会引起较高的局部应力集中。同时，焊接一般是在整体几何形状不连续处引入的，这种局部几何形状的变化也会在焊缝处产生应力集中，而应力集中的存在，也必然会影响焊接结构的抗疲劳性能，因此在设计过程中要特别关注焊缝处的受载状态及应力状态，重视细节设计，避免疲劳破坏的发生。

2. 焊接工艺必然会有残余应力和焊接变形，复杂焊接结构变形难以控制

焊接是一个局部的迅速加热和冷却过程，焊接区由于受到四周工件本体的拘束而不能自由膨胀和收缩，冷却后在焊件中会产生焊接残余应力和变形，而焊接残余应力的存在，必然会影响焊接结构的抗疲劳性能。残余压应力有时会造成结构屈曲变形，当有腐蚀介质时，残余拉应力还会带来应力腐蚀的问题。焊接变形也会影响结构的组对及间隙控制等，还会影响产品的外观等。

3. 焊接工艺存在不稳定因素，有产生缺陷的可能性

焊接时因母材金属、焊接材料、焊接电流等不同，焊后在焊缝和热影响区可能产生过热、脆化、淬硬或软化等现象，使得焊件性能下降。焊缝内常常有气孔、裂纹、夹渣等各种类型的缺陷，焊接热影响区组织不均匀。强度较高的钢材焊接性不好，焊接时较难防止焊接缺陷的发生，特别是表面缺陷对疲劳强度的影响更大，而且高强度钢对小缺陷更加敏感。另外，铝合金母材的焊缝金属更容易产生气孔等。

4. 焊接接头发生裂纹时止裂性差

焊接结构裂纹一旦发生就较容易向母材扩展，有时还可能会向结构整体扩展，因此要对焊接结构的断裂性能进行评估，特别在近缝区的高拉伸残余应力时要避免引起断裂。有时在焊接结构中把铆接接头作为止裂件，因为如果在铆接结构中产生裂纹，则裂纹将会扩展到板材边缘而终止，尽管在第二块板材上还可能出现新的裂纹，但是至少阻止了断裂。

5. 应注意的其他方面

目前虽然研究了许多无损检测方法，但无论是在适用性或可靠性方面，还没有一种完美的检测方法。另外，焊接时会有氧化层存在而影响外观，有些焊接工艺方法对环保有一定影响，对安全性要求较高，同时对操作人员的技术水平也会有一定要求，受人为因素影响有时质量不稳定。

在进行焊接结构设计时，要充分重视上述问题并做到：合理设计，正确选择材料，采用适宜的焊接设备，制订合理的焊接工艺，严格控制关键焊缝的焊接质量并进行适当的检测与试验，以有效保证焊接结构的设计质量。

2.6 焊接结构设计程序

设计焊接结构时，既要考虑结构强度、工作条件和使用性能的要求，还要考虑焊接工艺过程的特点和焊接过程自身带来的问题，在设计上要遵循一定的原则和程序，在工艺上采取必要的措施，以满足焊接结构设计的质量要求。焊接结构设计的通用程序如下。

1. 分析工作条件，提出性能要求

首先根据焊接结构本身的情况及其工作条件进行分析，了解它在什么受力状况下工作，如载荷的大小、性质与分布、使用温度、环境状况、使用的期限及工作可靠性要求等，再根据上述情况对焊接结构提出性能要求，包括强度、刚度、稳定性、塑性、韧性等力学性能及耐磨性、耐蚀性要求。

2. 提出设计方案，优化设计

根据焊接结构的性能要求，提出多种设计方案，进行分析对比，确定最优方案。在设计时应熟悉有关产品的国家标准和规程，掌握焊接结构的工艺性，合理选择焊接结构的材料，确定焊接方法，进行焊接接头工艺设计。设计时还应考虑制造单位的自动化水平、质量管理水平、产品检验技术等有关问题，这样才能设计出生产方便、质量优良、成本低廉的焊接结构产品。

3. 按照设计程序分步实施

焊接结构设计的主要内容和程序有：

1） 确定载荷工况要求，明确设计输入。

2） 主要参数方案的设计及优化。

3） 确定总体方案进行细节设计：确定焊接结构与形式→确定焊接方法及焊接材料→确定焊接接头及坡口形式→优化焊缝位置尺寸。

4） 开展设计与工艺方案评审。

5） 制订详细的焊接工艺。

6） 确定制造过程中的质量要求。

7） 确定焊后质量检测项目及标准。

8）确定相关试验与鉴定标准。

9）提交设计方案及样机图样。

4. 验证设计要求，进行运用考验

提交设计方案及样机图样后，将根据产品图及工艺要求进行样机制造，设计主管及工艺主管将对产品制造过程进行技术服务，及时解决制造过程中的问题，优化设计、工艺及制造中的相关技术内容。在样机及关键部件制造完成后要进行首件鉴定，然后开展样机的相关鉴定试验，试验合格后出厂进行运用考验。

以上是焊接结构设计时所涉及的程序，不同产品及不同制造企业程序有所不同，因此所涉及的内容也是不同的。表 2-3 可供从事焊接结构的设计师参考。

表 2-3 各类设计评审的对象与内容

评审类别	评审对象	评审内容
初步设计评审	技术任务书（建议书）及总图（草图）	1. 满足用户要求的程度，与产品标准（国家标准、行业标准）的符合性 2. 新技术、新结构、新材料、新原理采用的必要性与可行性 3. 总体结构的合理性、工艺性、可靠性、耐用性、可维修性及安全与环境保护 4. 操作方便性、宜人性及外观与造型 5. 产品在正常使用条件和环境条件下的工作能力，误用的自动保护能力及措施 6. 产品技术水平与同类产品性能的对比 7. 产品总体方案设计的正确性和经济性 8. 实现标准化综合要求的可能性 9. 是否符合政府有关法令、法规、国际标准与公共惯例
技术设计评审	设计计算书，技术设计说明书，总图，主要零部件图（草图）及简图等	技术设计评审首先应说明初步设计评审意见及建议处理情况 1. 设计计算的正确性 2. 主要零部件的继承性、经济性、工艺性、合理性 3. 特殊外购件、原材料采购供应的可能性，特殊零部件外协加工的可行性 4. 设计的工艺性，装配的可行性，主要装配精度的合理性，主要参数的可检查性、可试验性 5. 故障分析及措施 6. 产品标准化程度的落实措施
最终设计评审	设计改进方案及设计文件	1. 设计改进的正确与完善，以及对产品质量的影响 2. 改进部分的工艺性 3. 产品包装、储存、搬运的要求，储存期限的正确、合理与完善 4. 各种标牌、标志合理齐全，质量问题的可追溯性，使用说明书的正确与完善 5. 抽样验收产品的接收和拒收准则 6. 故障分析与措施 7. 是否具备产品定型的条件

（续）

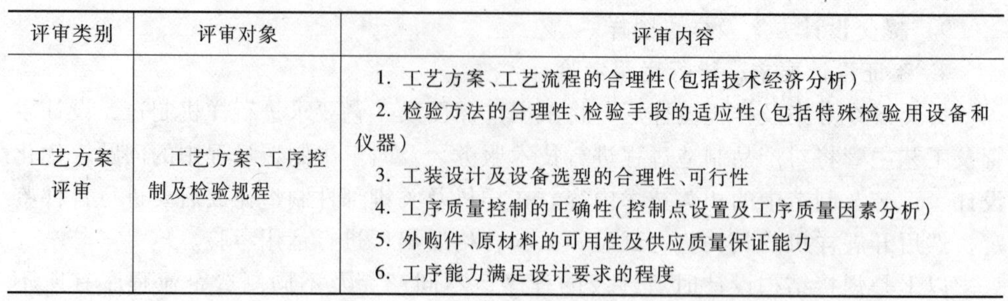

评审类别	评审对象	评审内容
工艺方案评审	工艺方案、工序控制及检验规程	1. 工艺方案、工艺流程的合理性（包括技术经济分析） 2. 检验方法的合理性、检验手段的适应性（包括特殊检验用设备和仪器） 3. 工装设计及设备选型的合理性、可行性 4. 工序质量控制的正确性（控制点设置及工序质量因素分析） 5. 外购件、原材料的可用性及供应质量保证能力 6. 工序能力满足设计要求的程度

参考文献

[1] 姜焕中. 焊接方法及设备［M］. 北京：机械工业出版社，1981.

[2] 杨春利，林三宝. 电弧焊基础［M］. 哈尔滨：哈尔滨工业大学出版社，2003.

[3] 李亚江. 焊接材料的选用［M］. 北京：化学工业出版社，2004.

[4] MARTINSEN K，HU S J，CARLSON B E. Joining of dissimilar materials［C］. CIRP Annals-Manufacturing Technology，2015.

[5] 中国机械工程学会焊接分会. 焊接手册：第3卷 焊接结构［M］. 3版修订本. 北京：机械工业出版社，2014.

[6] RICHARDSON R M. Liquid crystalline dendrimer of the fifth generation：From lamellar to columnar structure in thermotropic mesophases［J］. Liquid Crystals，1999，26（1）：101-108.

[7] 李亚江，邹增大，吴会强，等. HQ130钢热影响区的ICHAZ区组织性能［J］. 焊接学报，2001，22（2）：57-58.

[8] 杨富. 新型耐热钢焊接［M］. 北京：中国电力出版社，2006.

[9] 全国焊接标准化技术委员会. 焊接术语：GB/T 3375—1994［S］. 北京：中国标准出版社，1994.

[10] 方洪渊. 焊接结构学［M］. 北京：机械工业出版社，2008.

[11] 王洪光. 实用焊接工艺手册［M］. 北京：化学工业出版社，2010.

[12] 全国焊接标准化技术委员会. 焊缝符号表示法：GB/T 324—2008［S］. 北京：中国标准出版社，2008.

[13] 全国焊接标准化技术委员会. 焊接及相关工艺方法代号：GB/T 5185—2005［S］. 北京：中国标准出版社，2005.

[14] 全国技术产品文件标准化技术委员会. 技术制图 焊缝符号的尺寸、比例及简化表示法：GB/T 12212—2012［S］. 北京：中国标准出版社，2012.

[15] 全国焊接标准化技术委员会. 钢的弧焊接头 缺陷质量分级指南：GB/T 19418—2003［S］. 北京：中国标准出版社，2003.

[16] MEI J F，DONG P S，XING S Z，et al. An overview and comparative assessment of approaches to multi-axial fatigue of welded components in codes and standards［J］. International Journal of Fatigue，2021，146（3）：106-144.

[17] 陈传尧. 疲劳与断裂 [M]. 武汉：华中科技大学出版社，2002.
[18] 兆文忠，李向伟，董平沙. 焊接结构抗疲劳设计：理论与方法 [J]. 焊接技术，2017 (8)：70.
[19] DONG P S，HONG J K，OSAGE D A，et al. Master S-N curve method for fatigue evaluation of welded components [J]. WRC Bulletin，2002.
[20] 增渊兴一. 焊接结构分析 [M]. 张伟昌，等译. 北京：机械工业出版社，1985.

第3章

焊接结构设计指导原则

从事焊接设计要了解和掌握焊接结构设计过程中基本的指导原则，如结构的刚度和强度是否合理、强度评估和疲劳评估是否能达到使用要求、结构的整体制造工艺性如何等，从结构设计的实用性、可靠性、工艺性、安全性、可维护性、互换性、经济性、美观性等各方面全面考虑结构设计的合理性，从而保障产品具有良好的使用性能，有效满足用户的要求。了解和掌握本章所介绍的内容，将对从事焊接结构设计与实践的工程师们提供有益的帮助。

3.1 概述

对于焊接结构设计指导原则，不同的工程领域有不同的要求，不同的产品类型也有各自的侧重点，但无论设计什么样的产品，如前所述，通常要考虑所设计的焊接结构是否满足实用性、可靠性、工艺性、安全性、可维护性、互换性、经济性、美观性等方面的要求，这也是焊接结构设计的基本指导原则。

1. 实用性

焊接结构设计过程中要满足产品的功能与性能，这也是最基本的要求。例如，吊具的安全性，装夹具的精度，运载工具的强度与刚度，机械产品的运动性能等，这些都是针对产品功能与性能所提出的最基本的要求。针对不同的产品，设计人员会有不同的侧重点。

如图3-1所示，在吊具的组焊吊梁上需要设计起重用吊环、导向用牵引环、放置用吊具座、平衡用配重座，在吊具的弯角应力集中处要焊接加强板等。这些组焊的零部件都是为了实现吊具使用过程中的各种功能，满足吊具的各项性能要求。

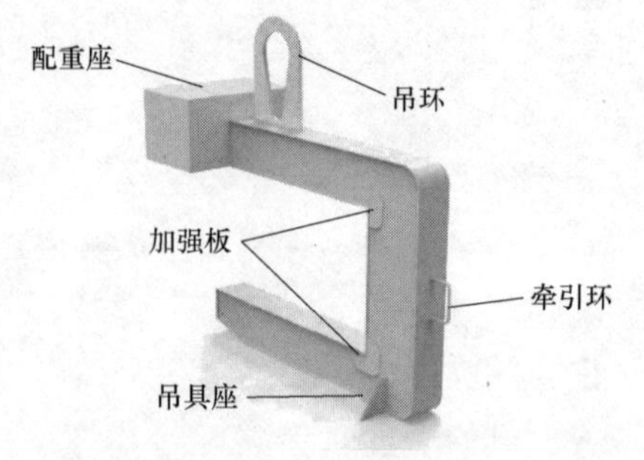

图3-1 吊具

2. 可靠性

可靠性是产品或系统在规定的条件下及

规定的时间内，完成规定功能的能力。可靠性包含了耐久性、可维修性、设计可靠性三大要素。可靠性定义外延比较广泛，这里更多的是指狭义的“可靠性”，是指产品在使用期间没有发生故障的性能。

焊接结构设计过程中的可靠性更多的是指所设计的结构能够安全可靠地使用，从设计指标上要能满足强度、刚度、稳定性、抗振性、耐蚀性、抗疲劳等方面的要求[1]。如图 3-1 所示，吊具的组焊吊梁要有足够的强度、刚度，能可靠地吊运重物。为减小吊具弯角处的应力，还在局部设计了加强板，这样可以提高结构的抗疲劳可靠性等。

3. 工艺性

在保证产品制造性能的同时，要从焊接工艺的难易程度、焊后变形量的大小、是否易于实现机械化和自动化、制造工时及经济性等多方面综合考虑。所设计的焊接结构要正确选用接头形式，合理安排焊缝位置，尽可能减少焊缝数量。焊缝应避免过密或交叉，尽量避开应力集中处、加工面，避免焊接缺陷及裂纹，使焊接变形易于控制。采用焊条电弧焊时要考虑焊条操作空间，采用埋弧焊时应考虑接头处便于存放焊剂，电阻点焊或缝焊应考虑电极伸入方便。

4. 安全性

结构设计中要考虑到产品运用的安全性，同时还要考虑到生产制造过程的安全性，运用维修的安全性等。在设计过程中要保证有一定的安全余量，重要部件要有安全保障性设计，设计时要考虑满足人机工程相关标准及安全性要求。如图 3-1 中所示吊具，设计了用于导向的牵引环，在吊运过程中可控制所吊重物的运行方向，保证使用的安全性。

5. 可维护性

可维护性是衡量设计中结构的可修复（恢复）性和可改进性的难易程度。设计过程中要考虑到产品是否需要经常检修维护，操作是否方便、安全。可修复性是指在发生故障后能够排除（或抑制）故障予以修复，并返回到原来正常运用状态的可能性；而可改进性则是指在设计中对现有功能的改进，增加新功能的可能性。

6. 互换性

互换性是在统一规格的一批零件（或部件）中，不经选择、修配或调整，任取其一，都能装在机器上达到规定的功能要求的性质。在焊接结构设计方面应最大限度地采用标准件、通用件或成熟的模块化部件。从制造方面来看，互换性有利于相互协作，有利于提高产量和质量，显著降低生产成本。在装配时能减少装配工作量，缩短装配周期，有利于生产自动化。从使用和维修方面来看，互换性使维修更加便捷，可有效减少维修时间和费用。

7. 经济性

经济性是产品面向市场竞争必须考虑的重要指标。由于焊接是一种消耗能量和焊材的工艺过程，故应尽量减少焊缝的数量，在保证焊接接头强度的前提下减薄焊缝的厚度。在设计焊接坡口形状时，应在保证工艺性的前提下，尽量减小坡口的倾角和截面尺寸。还有原材料、工时等要综合考虑，在保证性能要求的同时尽可能降低成本。

8. 美观性

设计时要注意结构的造型美观，考虑工业设计的要求，能表达特定的含义、信息或象征，具有现代化元素，可以满足以人为本的需求，能使技术与艺术、产品与环境做到和谐统一，采用工业设计的手段增强产品的竞争力。

以上是焊接结构设计的经验，也是设计过程中要注意的问题，其核心思想是在设计过程中要对实用性、可靠性、工艺性、安全性、可维护性、互换性、经济性、美观性等方面进行综合考虑，同时也要考虑生产组织与管理等其他方面的问题。当然，上述原则是相互联系、互相影响的，在设计过程中要权衡利弊，抓主要方向，解决主要矛盾。

3.2 刚度与强度

上节介绍是从宏观角度考虑的设计指导原则，下面将以焊接结构涉及的结构强度的原理为基础，以具体的设计分析方法进行系统介绍。

许多焊接结构都是承载结构，因此设计中要满足结构的强度、刚度要求[2]。决定构件强度和刚度的因素，一是构件的材料性能，如抗拉强度或屈服强度、抗弯和抗剪弹性模量；二是构件的截面几何，如由构件的工作截面形状和尺寸所形成的截面面积、惯性矩和截面模量等。在材料已选定的情况下，提高构件强度和刚度的措施就是正确地设计结构工作截面的几何形状和尺寸，以获得最佳的截面性能。焊接结构最大特点是设计的自由度大，受制造工艺的限制较少，基本上可以按最合理的受力情况进行设计。这样的设计可能有各种不同的方案，设计师可以从中优选出用材最少，还能满足强度和刚度要求的截面构造形式。特别在动载荷作用下，设计师一定要在方案设计时对动强度和动刚度重点关注，以满足焊接结构的可靠性、安全性等设计指导原则。

3.2.1 刚度

刚度指构件或者零件在外力作用下，抵御变形或者位移的能力。设计时要求变形或位移不应超过工程允许的范围，它是载荷大小与结构变形量之间的参数，即结构受多大力产生多少变形量，例如，一根弹簧（图 3-2），拉力 F 除以伸长量 x 就是弹簧的刚度 $K=F/x$，刚度的单位一般是牛每米（N/m）。

当所作用的载荷是恒定载荷时，称为静刚度，当作用的是交变载荷时，则称为动刚度。静刚度一般用结构在静载荷作用下的变形多少来衡量；动刚度不但要用变形量，还要用结构的固有频率来衡量。如果作用力变化很慢，即作用力的变化频率远小于结构的固有频率时，可以认为动刚度和静刚度基本相同；如果作用力的频率与结构的固有频率相近时，有可能出现共振现象，因此设计过程中要特别注意结构的固有频率的分析。

静刚度主要包括结构刚度和接触刚度。结构刚度是构件自身的刚度，主要由力产生的位移或力矩产生的扭转角来计算结构刚度。接触刚度是零件接合面在外力作用下，抵抗接触变形的能力。结构刚度按式（3.1）和式（3.2）计算：

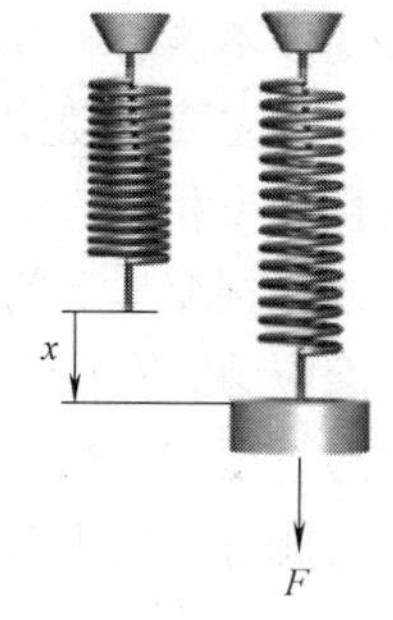

图 3-2　弹簧刚度

$$K=\frac{P}{\delta} \tag{3.1}$$

式中，P 为静载荷（N）；δ 为在载荷方向的弹性变形（m）；K 为由力产生的位移刚度（N/m）。

$$K_{\mathrm{M}}=\frac{M}{\theta} \tag{3.2}$$

式中，M 为作用的力矩（N · m）；θ 为扭转角（rad）；K_{M} 为力矩产生的扭转刚度（N · m/rad）。

刚度的考核又可分为整体刚度和局部刚度。整体刚度指整体结构所受载荷与整体位移量之比，反映的是整体结构承载能力。局部刚度指结构的局部区域所受载荷与该区域的位移之比，反映的是局部区域的承载能力。

刚度通常是产品的重要考核指标，有些产品会对整体刚度有标准要求，如轨道车辆的挠跨比要求（图 3-3）。刚度指标是结构设计能否达到设计标准的首要判断，因为对结构刚度的影响是整体性的，通常要调整主要承载结构才能有作用，而应力的影响是局部性，做局部的加强或修改就能有效果。也就是说，整体刚度是主要设计参数所决定的，如载重、定距、总长、总高等主要参数，如果整体刚度不能符合标准的要求，通常会对设计方案产生较大影响，也经常会对主要参数进行重大调整，因此有经验的设计师一定会先判断整体刚度能否满足设计要求，或采用先设计主要承载结构的初步方案，如果满足整体刚度要求才会进行下一步的细节设计，这样就会少走弯路。

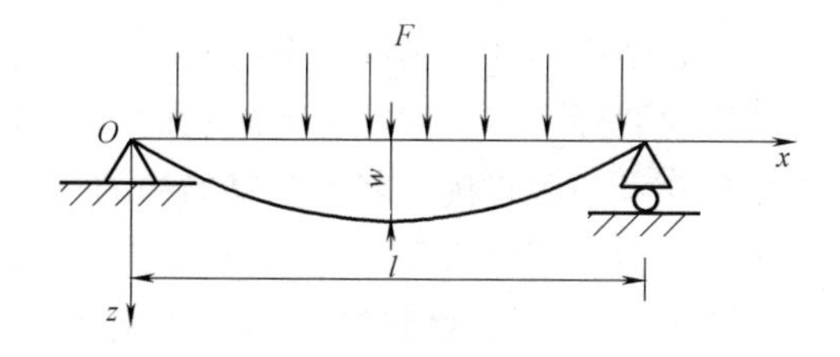

图 3-3　整体刚度要求：挠跨比为 w（垂向位移）/l（定距）

不但要关注整体刚度的情况，也要关注局部刚度能否达到设计要求。例如，局部变形不能有相互干涉，结构过渡时刚度不要有突变，尽可能使变形协调。对运动部件一定要对动刚度进行分析，满足设计要求的变形量，并避免结构的固有频率与激扰频率相近。薄板的焊接结构要注意有可能因动刚度不足而产生振动、噪声、失稳或焊接变形等问题。在可能存在装配间隙的位置，可设计缓冲弯降低刚度以减小装配应力，在应力集中区可设计卸荷槽减少局部刚度（图 3-4）。对机械部件的动变形量要有评估与试验，定位部件及装夹机构的弹性变形不能影响其定位精度及使用性能等。以上对刚度的要求还要结合具体的产品进一步开展细节评估。

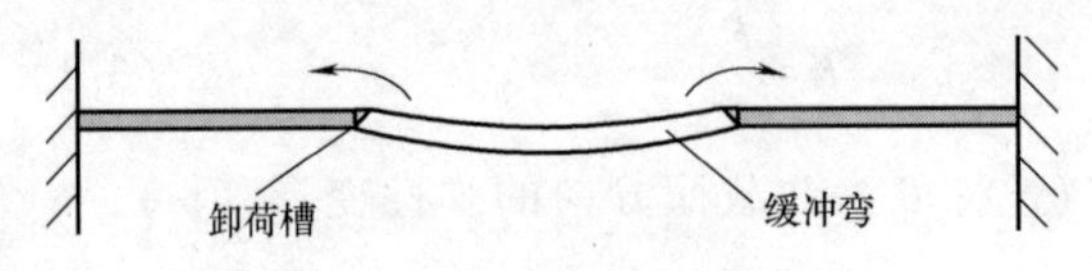

图 3-4　减少接头局部刚度

工作精度较高的机械，对其承载构件刚度的要求比强度更为重要，这些构件通常是按刚度进行设计。构件的静刚度与所用材料的弹性模量和它的截面特性值的乘积成正比，而与材料的强度无关[3]。因此在刚度设计中应选择高弹性模量的钢材，而不是高强度钢。鉴于焊接用钢的弹性模量相差不大，所以焊接结构静刚度设计的主要工作是确定构件的截面形状和尺寸，尽可能做到用最少的材料达到最大的截面性能。除合理设计截面形状外，还可以合理地利用隔板或筋板来达到提高刚度的作用，尤其板的面内刚度高而受扭刚度低（图 3-5），当板是受扭构件而无法采用封闭的截面时，隔板或筋板的作用非常明显。

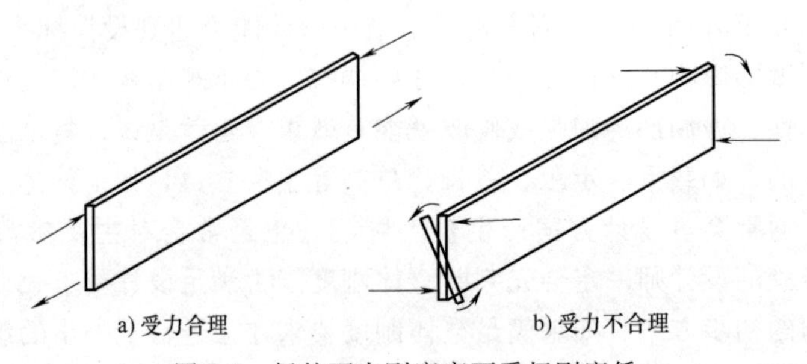

图 3-5　板的面内刚度高而受扭刚度低

通常设计人员都非常关心结构的强度情况，分析人员采用有限元软件计算应力的分布，但有时会忽略结构的变形情况，实际上有经验的设计师在判断应力计算结果是否合理时，首先会计算合力是否正确，然后观察结构的变形情况，如果结构变形合理，传力也合理，之后才会观察分析的应力结果，这一点很重要。如果没有前一步对合力及变形进行分析，有可能会得到错误的分析结果，导致重大失误，另外，相对整体刚度指标的设计，强度指标的设计较容易实现，因此整体结构刚度能否满足设计要求，是判断设计方案是否可行的重要条件，在满足刚度要求后开展强度评估。

3.2.2 强度

强度是构件或者零部件在外力作用下，抵御破坏（断裂）的能力。强度是反映材料发生断裂等破坏时的参数，强度一般有静强度、动强度及疲劳强度，是用应力（或应变）的大小来衡量强度值，也就是当应力达到多少时材料发生破坏。强度的单位一般是兆帕（MPa）。

应力是物体由于外因（受力、湿度、温度场变化等）而变形时，在物体内各部分之间产生相互作用的内力，单位面积上的内力称为应力。应力是一个矢量，沿截面法向的分量称为正应力，沿切向的分量称为切应力。在进行强度评估时，通常当计算的工作应力小于材料的许用应力或小于材料的疲劳极限应力时，认为满足强度要求。

在外载荷作用下，焊接接头上的应力分布是相当复杂的。图 3-6 所示为典型的角焊缝接头的应力分布示意[4]，从该图可以清楚地看出焊接接头上的应力呈高度非线性分布，距离焊趾越近，应力的非线性程度越高。从工程应用的角度出发，焊接接头上的应力类型可以被归纳为三类：名义应力、热点应力、结构应力。

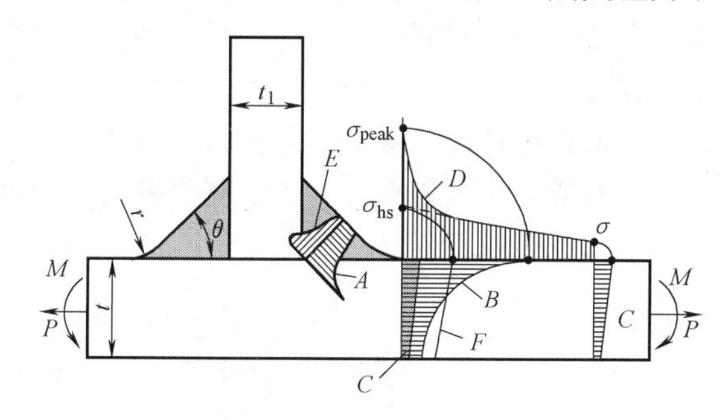

图 3-6 角焊缝接头上的应力分布

A—焊缝平面的焊喉位置的应力分布 B—沿板厚方向的焊趾位置应力分布

C—沿板厚方向的远场位置应力分布 D—平板表面的应力分布

E—角焊缝表面的应力分布 F—焊缝平面的焊趾部位线性化处理后的应力分布

1. 名义应力

名义应力指在不考虑几何不连续性（如孔、槽、带、波纹等）的情况下，在试样的有效横截面上计算得到的应力。例如，一根杆截面面积为 A，受单向拉力 F 作用，则名义应力为 F/A。钢构件在受力拉断后，虽然有缩颈现象，但是名义应力仍然取拉力除以原来的截面面积。

名义应力是一种整体的等效应力，并不是实际作用于结构的局部的力。例如，压力下的蜂窝或泡沫结构的材料，它们的名义应力也等于力除以面积（等效为连续体），但是实际结构局部的应力应该等于力除以截面上的材料面积。

教科书上对名义应力（nominal stress）早就有了严格的定义，即用材料力学公式可以计算出来的应力，如图 3-6 所示，梯度几乎为零的“相对平坦区域”的应力是名义应力（或标称应力）。实际工程结构中，当许多焊接接头的几何形状不再简单，载荷模式也不再简单时，严格地说，这类焊接接头上名义应力不能用材料力学的公式计算得到，于是就有了“广义名义应力”的概念，即采用有限元方法在焊接接头处计算得到的应力梯度近似为零的“平坦区域”上的应力。基于这个定义，那些基于名义应力的疲劳强度标准才有可能被执行下去，为此有些标准甚至还规定了如何在有限元模型中拾取计算应力，而实际经验表明，这种拾取计算应力的方法常常因人而异，还没有可靠的通用准则。

2. 热点应力

焊接接头焊趾处的应力集中峰值是研究人员最为关心的。图 3-6 中在靠近焊趾处的应力梯度明显提高。然而由于峰值应力的奇异性，有些研究人员就定义了一个新的应力类型，即热点应力（hot-spot stress），或称为几何应力。热点应力是焊缝处由于几何不连续而产生的，虽然它不包含缺口效应所产生的局部应力集中，但是与名义应力相比，热点应力更接近焊趾处应力的峰值。

焊趾处热点应力不能用材料力学公式计算，也不能用有限元法直接计算，因为焊趾处应力梯度太高，而这个梯度对有限元网格相当敏感，于是热点应力只能间接获得。热点应力的计算方法，在 IIW 标准中[5] 有详细的说明。首先，根据对应力梯度的判断，在焊接接头附近选择两个或三个外推点，如图 3-7 所示。然后，用有限元法计算外推点上的应力值，或者用贴片的方法测量外推点上的应力，然后计算热点应力。

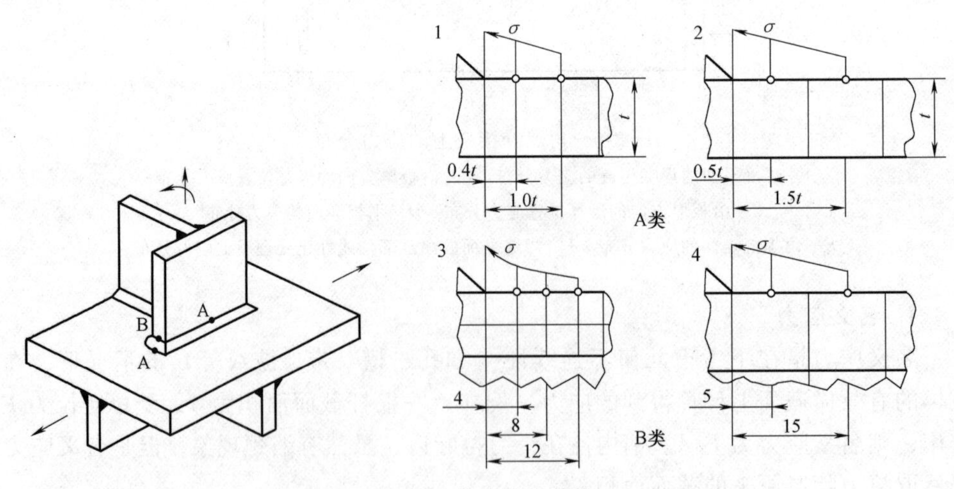

图 3-7 热点应力外推

热点应力 σ_{hs} 最终是通过外推计算公式得到的，IIW 标准提供了 A 类及 B 类热点应力的外推公式[5]。A 类代表焊趾位于附板的根部、母板的表面，应力垂直于焊缝；B 类代表焊趾位于附板的表面边缘处，应力垂直于焊缝，而沿着附板的焊缝方向，应力平行于焊缝，这种情况等同于名义应力法。根据热点类型可采用式（3.3）、式（3.4）计算焊趾位置热点应力，特别强调B类热点的参照点位置与板厚无关。

$$
\text{A 类}\begin{cases}\sigma_{hs}=1.67\sigma_{0.4t}-0.67\sigma_{1.0t}\\ \sigma_{hs}=2.52\sigma_{0.4t}-2.24\sigma_{0.9t}+0.72\sigma_{1.4t}\\ \sigma_{hs}=1.5\sigma_{0.5t}-0.5\sigma_{1.5t}\end{cases} \tag{3.3}
$$

$$
\text{B 类}\begin{cases}\sigma_{hs}=3\sigma_{4mm}-3\sigma_{8mm}+\sigma_{12mm}\\ \sigma_{hs}=1.5\sigma_{5mm}-0.5\sigma_{15mm}\end{cases} \tag{3.4}
$$

热点应力法近些年来在工程领域得到了一定程度的应用，但是也需要注意它的局限性。由于热点应力法的计算结果与有限元网格的大小、单元的类型、插值点的个数、插值点具体位置的选择等因素相关联，因而计算结果将可能因人而异。

3. 结构应力

结构应力（structural stress）的概念是董平沙教授基于力学原理，为了研究焊缝疲劳开裂机理时，针对焊接结构疲劳强度问题的特殊性定义的一种应力[6]。对焊趾开裂而言，热点应力其实质是焊趾处表面的局部应力。从断裂力学的角度看，控制焊缝裂纹扩展速度的应力不应仅仅是焊趾处表面应力，而是从焊趾开始垂直于板材截面上的全部应力的分布状态。由于表面应力代替不了截面上全部应力的分布状态，因此热点应力不能合理描述焊缝的开裂机理，至于名义应力，则也不具备这个能力。

焊接疲劳破坏通常发生在焊趾处，并沿着焊趾在厚度方向上扩展，由此可以推断垂直焊线（焊线是为计算方便而自行定义的一条线，该线可以定义在焊缝里，也可以定义在热影响区，由于焊趾是焊接应力集中处，因此通常将焊线定义在焊趾上）的力及绕焊线的弯矩是张开型裂纹的主要驱动力。该位置沿板厚方向应力呈非线性分布（图3-8），焊趾处总应力 σ_z 等于膜应力 σ_m、弯曲应力 σ_b 与非线性峰值应力 σ_{nlp} 之和。非线性峰值应力是结构内部自平衡的应力，因此膜应力 σ_m 及弯曲应力 σ_b 的变化是引起疲劳破坏的主要因素。这里定义结构应力 σ_s 等于膜应力 σ_m 与弯曲应力 σ_b 二者之和[7]。已知板厚为 t，焊趾上的线力为 f_y，线力矩为 m_x，则结构应力定义为

$$
\sigma_s=\sigma_m+\sigma_b=\frac{f_y}{t}+\frac{6m_x}{t^2} \tag{3.5}
$$

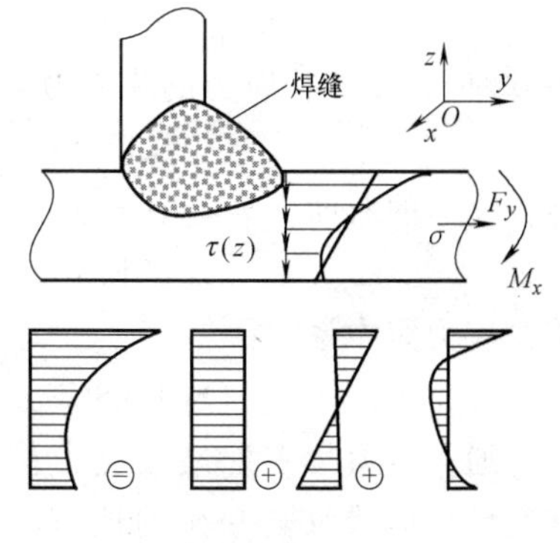

图3-8 焊趾处应力分布

应当注意的是，基于表面外推的热点应力也经常被称为“结构应力”，但董平沙教授提出的结构应力的更严格的定义是基于自由体的切面

法，采用有限元输出的节点力和弯矩直接计算获得的。结构应力的求解是通过对有限元计算结果提取单元的节点力和弯矩，将节点载荷基于功等效变换为单元边上的分布线载荷，依据材料力学公式求解结构应力，而没有通过物理方程应力与应变关系求解应力，减少了形函数求导所带来的计算误差，保证了结构应力对单元类型、网格形状及尺寸的不敏感性[8]。

上述三种应力定义对应了不同的强度评估方法，名义应力法的应用较为广泛，对应了静强度、动强度及疲劳强度的评估方法，而热点应力和结构应力通常对应疲劳强度的评估方法。简单结构的应力或变形一般是采用工程力学的理论和方法进行计算，复杂结构及重要构件可以采用有限元法等进行分析与计算，以获得更为精确的结果，理论分析和计算有困难时，可以用模型试验等方法确定。重要的结构或结构中的重要部位，有时需要做 1∶1 的实物试验及疲劳寿命试验，来检验设计结果的合理性。

3.2.3 应力集中

1. 应力集中的定义及计算

上节介绍的三种应力定义，从焊接结构设计的角度来讲，无论怎样的应力定义，都应该尽可能地减少应力水平，最大限度地降低应力集中，在选择接头形式时优先选取应力集中较小的接头形式，如对接焊缝，并尽可能减小焊缝传力，在力流方向上避免横向焊缝等。因此研究焊接结构的设计一定要对应力集中的概念有深刻的认识，因为焊缝处经常是结构的连接过渡区域，也是经常产生应力集中的区域，经常会导致疲劳破坏，所以要引起高度重视。

焊接结构的应力集中是指焊接接头局部区域内的最大应力值（σ_{max}）比名义应力值（σ_n）高的现象，例如，在圆孔处最大应力是名义应力的 3 倍（图 3-9）。应力集中的程度常用应力集中系数 K_r 表示，其计算公式为

$$K_r = \sigma_{max}/\sigma_n \tag{3.6}$$

当名义应力为 σ_n，结构应力的膜应力为 σ_m，弯曲应力为 σ_b 时，则结构应力的膜应力集中系数

$$SCF_m = \sigma_m/\sigma_n \tag{3.7}$$

结构应力的弯曲应力集中系数

$$SCF_b = \sigma_b/\sigma_n \tag{3.8}$$

结构应力集中系数：

$$SCF = SCF_m + SCF_b \tag{3.9}$$

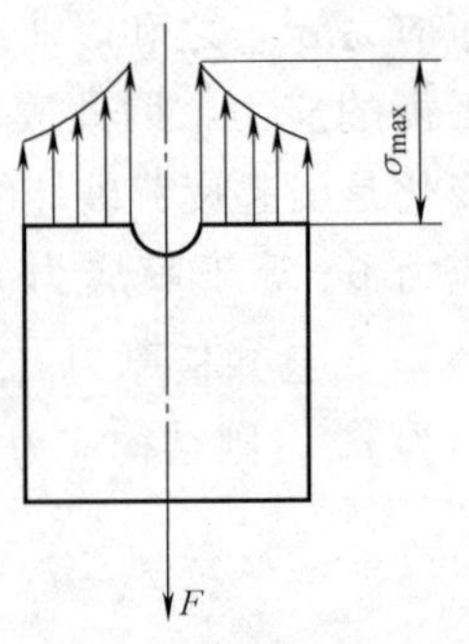

图 3-9 圆孔处应力集中

通常应力集中处最大应力值比平均应力值高，一般出现在结构形状急剧变化的地方，如缺口、孔洞、沟槽以及有刚性约束处。如果应力集中处具有较高的应力峰值，经常会使结构更容易产生疲劳裂纹，也能使脆性材料更容易发生静载断裂。

焊接结构的应力集中与焊接接头形式及传力路径直接相关。实际上焊缝是将母材连接的传力单元，在给定外载荷的情况下，接头内部会有对应的传力路径，但是传力路径并不唯一，因为不同的形状将导致不同的传力路径，图 3-10 所示为几种接头示意，由于接头内部形状不同导致了传力路径不同，进而导致了内部的应力状态不同及应力流线不同。而应力状态的不同进而导致应力集中程度的不同，可见，承受疲劳载荷的接头内部几何形状、应力路径与应力集中程度密切有关。

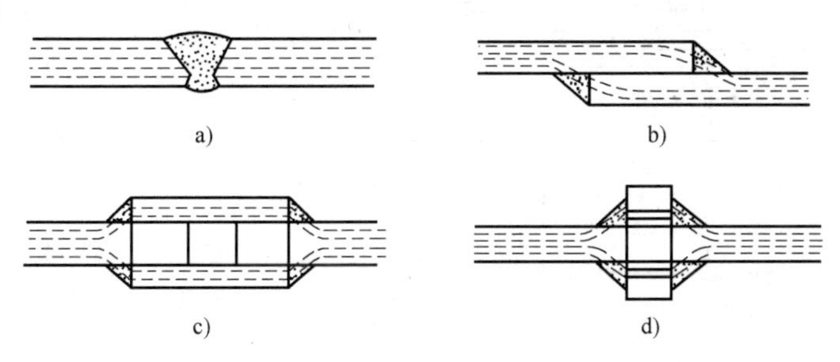

图 3-10　焊接接头内部应力流线

为了方便应用，表 3-1 给出了常用接头形式的名义应力、结构应力集中系数，特别是给出了结构应力中膜应力与弯曲应力的应力集中系数，设计师可以根据表中的数据基于结构应力法进行相关的强度评估。

表 3-1　典型接头应力集中系数

序号	三维视图	加载模式和失效位置	主要尺寸/mm	接头类型	名义应力 σ_n	膜应力集中系数 SCF_m	弯曲应力集中系数 SCF_b	结构应力集中系数 SCF
1		F　F 主板焊趾处	$t=2\sim20$	对接接头	$\sigma_n=F/(wt)$ F 为拉力，w 为板宽，t 为板厚	1	0.3	1.3
2		F　F 主板焊趾处	$t=2\sim20$	单面盖板	$\sigma_n=F/(wt)$ F 为拉力，w 为板宽，t 为板厚	1	0.5	1.5
3		F　F 主板焊趾处	$t=2\sim20$	搭接接头	$\sigma_n=F/(wt)$ F 为拉力，w 为板宽，t 为板厚	1	1.1	2.1
4		主板焊趾处	$t=2\sim20$	T 形接头	$\sigma_n=M_c/I$ M_c 为底板弯矩，I 为底板惯性矩	0	1.1	1.1

（续）

序号	三维视图	加载模式和失效位置	主要尺寸/mm	接头类型	名义应力 σ_n	膜应力集中系数 SCF_m	弯曲应力集中系数 SCF_b	结构应力集中系数 SCF
5		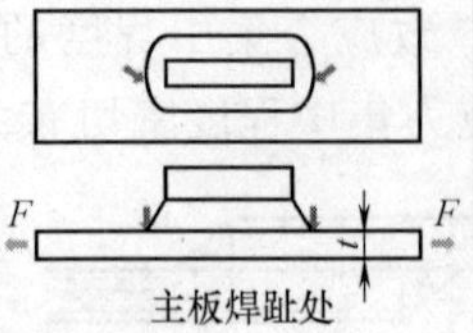 主板焊趾处	$t=2\sim20$	支撑板结构	$\sigma_n=F/(wt)$ F 为拉力，w 为板宽，t 为板厚	1.1	0.5	1.6
6		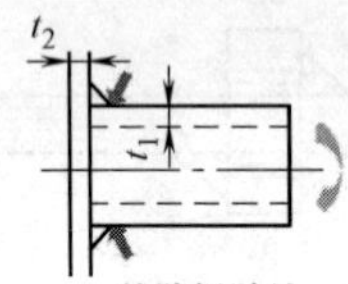 管壁焊趾处	$t_1=10$ $t_2=20$	管板接头	$\Delta\sigma_n=M_c/I$ M_c 为圆管弯矩，I 为圆管惯性矩	0.8	1.2	2
7		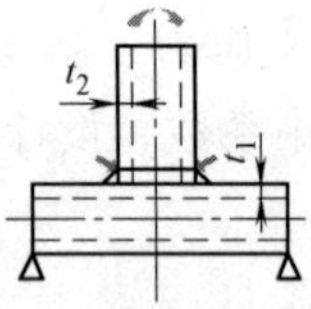 支承管焊趾处	$t_1=5.0$ $t_2=2.5$	方形管接头	$\sigma_n=M_c/I$ M_c 为上方管弯矩，I 为上方管惯性矩	3	4.5	7.5
8		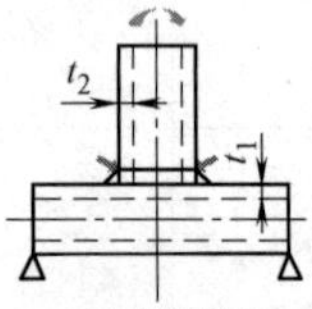 支承管焊趾处	$t_1=20$ $t_2=10$	管-箱接头	$\sigma_n=M_c/I$ M_c 为圆管弯矩，I 为圆管惯性矩	0.8	1.2	2
9		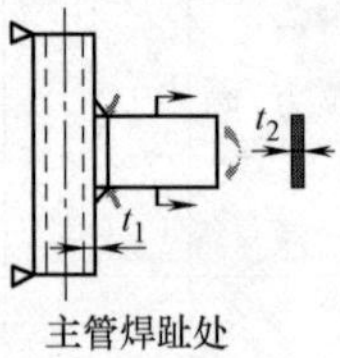 主管焊趾处	$t_1=10$ $t_2=10$	板-箱接头	$\sigma_n=M_c/I$ M_c 为支板弯矩，I 为支板惯性矩	0.3	1.9	2.2
10		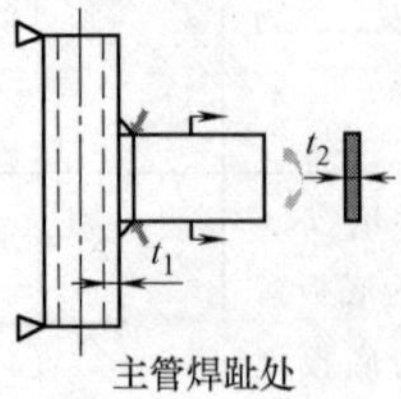 主管焊趾处	$t_1=10$ $t_2=10$	板-管接头	$\sigma_n=M_c/I$ M_c 为支板弯板，I 为支板惯性矩	0.7	2	2.7

（续）

序号	三维视图	加载模式和失效位置	主要尺寸/mm	接头类型	名义应力 σ_n	膜应力集中系数 SCF_m	弯曲应力集中系数 SCF_b	结构应力集中系数 SCF
11		t_1 F t_2 主管焊趾处	$t_1=10$ $t_2=10$	板-管接头	$\sigma_n=M_c/I$ M_c 为筋板弯矩，I 为筋板惯性矩	0.7	2	2.7
12		t_2 F F t_1 主管鞍点位置	$t_1=5$ $t_2=5$	T形管接头	$\sigma_n=M_c/I$ M_c 为主管弯矩，I 为主管惯性矩	0.8	0.3	1.1
13		F t_2 t_1 主管鞍点位置	$t_1=10$ $t_2=10$	T形管接头	$\sigma_n=F/A$ F 为拉力，A 为支管截面面积	9	3	12

注：图中焊缝处箭头所指位置为裂纹萌生位置。

2. 应力集中的影响因素

导致焊接接头应力集中的原因有很多，其中最主要的原因有以下几点。

（1）不合理的接头设计　接头截面突变、采用加衬垫的对接接头、焊缝不合理的布置等都会产生应力集中，如只有单面焊缝的T形接头等。不同的接头应力集中也不同，对接接头的应力集中最小，十字接头的应力集中其次，搭接接头的应力集中最大。

（2）不合理的焊缝外形　对接焊缝的余高过大、角焊缝的焊趾过高以及咬边等不合理的焊缝外形都会引起较大的应力集中。当对接焊缝去掉余高，或角焊缝焊成凹形焊缝时，就可以减少应力集中。

（3）焊接工艺缺陷　焊接时产生的气孔、夹渣、裂纹和未焊透等缺陷将导致应力集中，其中以裂纹和未焊透引起的应力集中最为严重，特别是与受力方向垂直的裂纹产生的应力集中最大。

（4）制造缺陷　气割的切口不平，或弧坑、冲眼、焊疤等缺陷都会产生应力集中。

3. 避免应力集中的方法

为了避免因应力集中而造成的破坏，工程上常采取以下一些措施，可供设计人员参考。

（1）避免尖角　把棱角改为过渡圆角，适当增大过渡圆弧的半径，效果更好。

（2）改善零件外形　曲率半径逐步变化的外形有利于降低应力集中系数，比较理想的办法是采用流线形或双曲率形。

（3）孔边局部加强　在孔边采用加强环或进行局部加厚均可使应力集中系数下降。

（4）选择开孔位置和方向　开孔的位置应尽量避开高应力区，并应避免因孔间相互影响而造成应力集中系数增高，对于椭圆孔，应使其长轴平行于外力的方向，这样可降低峰值应力。

（5）提高低应力区应力　减小零件在低应力区的厚度，或在低应力区增开缺口或圆孔，使应力由低应力区向高应力区的过渡趋于平缓。

（6）利用残余应力　在峰值应力超过屈服强度后卸载，就会产生残余应力，合理地利用残余应力也可降低应力集中系数。

（7）表面强化　对材料表面做喷丸、滚压、渗氮等处理，可以改善材料表面的抗疲劳能力。

3.2.4　刚度协调设计与实例

通过对上述关于强度和刚度的理论理解，在焊接结构设计领域，与强度的概念相比较，刚度的概念不常被提及，因为工程上最关心的问题通常是焊接结构的强度问题，其次才是刚度问题，因此在一些设计工程师看来，这是两个互不关联的问题，其实情况不是这样的。

根据力学上提供的几何方程，应变由变形的变化率控制，因此应力被看成是由变形的变化率所控制的一个物理量，所以应力的“集中程度”一定是由“该应力附近区域变形的变化程度”所控制，而变形的变化程度又与抵抗变形能力的刚度相关。因此为了有效缓解应力集中，在确认载荷作用方向以后，在焊接结构设计过程中要重视以刚度协调为指导原则。

在焊接结构抗疲劳设计时，需要注意刚度的协调以缓解局部的应力集中，格尔内博士曾给出这样的建议：“对整体结构而言，建议采用逐渐变化的断面，防止刚度突然变化。对于接头设计而言，要使其获得均匀的应力分布，并注意防止产生二次弯曲应力。”[9] 考虑到这个问题的重要性，下面给出四个工程实例进行说明。

1. 对接焊缝余高的影响

在一个横向承载的对接平焊缝上，焊缝余高不同，一个是保留焊缝余高的原焊态（表 3-2 中编号为 213 的接头），一个是焊缝余高部分磨掉（表 3-2 中编号为 212

的接头），一个是全部磨掉（表 3-2 中编号为 211 的接头），它们的疲劳强度等级（FAT 等级）分别是 80、100、125。

经计算在同样的疲劳载荷作用下，它们疲劳寿命的比例大约是 1∶2∶4，这意味着焊缝余高全部磨掉的寿命是原焊态的 4 倍，余高部分磨掉的寿命是原焊态的 2 倍，余高的差别其实是该接头焊缝处刚度的差别。分析其原因，在纵向力作用的方向上，余高全部磨掉后，纵向刚度是均匀的；余高部分磨掉的焊趾处纵向刚度发生了一定程度的不协调，原焊态的焊趾处纵向刚度发生了很大程度的不协调。

表 3-2　横向承载的对接平焊缝

编号	对接平焊缝、横向承载	描述	FAT 等级
211		受横向载荷的对接焊缝（X 形或 V 形坡口），磨平，100% 无损检测	125
212		现场平焊对接横向焊缝，焊趾角度小于 30°，无损检测	100
213		横向对接焊缝，焊趾角度大于 30° 无损检测	80

2. 两种焊接连接板应力集中的对比

在服役的焊接结构中，刚度不协调引起的应力集中导致疲劳失效层出不穷，刚度突然变化引起力线聚集，这是抗疲劳设计必须回避的雷区。图 3-11 所示为两种焊接连接板应力集中的对比，用三维块体元创建的含焊缝的两个有限元模型。水平拉伸载荷均为 60kN，结构应力最大位置均出现在焊缝端部，模型（1）的焊缝结构应力最大值为 53.5MPa；模型（2）的焊缝结构应力最大值为 39.9MPa，结构应力最大值下降了 34%。

应力集中降低的原因是在水平拉伸载荷作用下，将原接头的一块平板改造为刚度较小的折板，从而使该接头拉伸载荷方向上的上、下两面的拉伸刚度趋于协调，该措施缓解了焊缝上的应力集中程度。

3. 某动车组裙板支架上焊缝出现的疲劳开裂

刚度协调设计是一个简单的问题，却常常被忽视。图 3-12 所示为某动车组裙板支架上的焊缝开裂及其变形对比。

该处焊缝没有任何质量问题，是设计人员将加强筋板切掉了一块以方便两侧螺栓的紧固，这破坏了加强筋板抗弯刚度的连续性，导致了局部刚度不协调，在弯曲载荷作用下，在切角处产生了明显的应力集中，从而导致焊缝疲劳开裂。

4. 某货车制动梁防脱焊接吊耳焊缝出现的疲劳开裂

图 3-13 所示为某货车制动梁防脱焊接吊耳焊缝的疲劳开裂，原因是新焊的吊

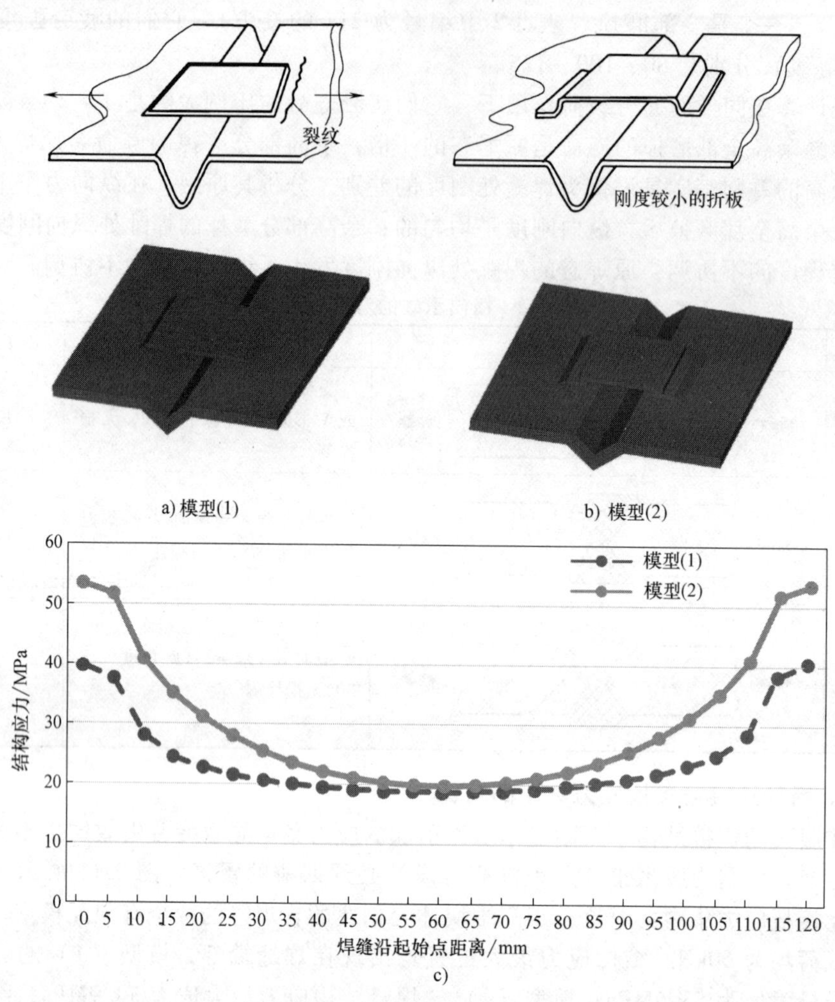

图 3-11　焊缝结构应力对比

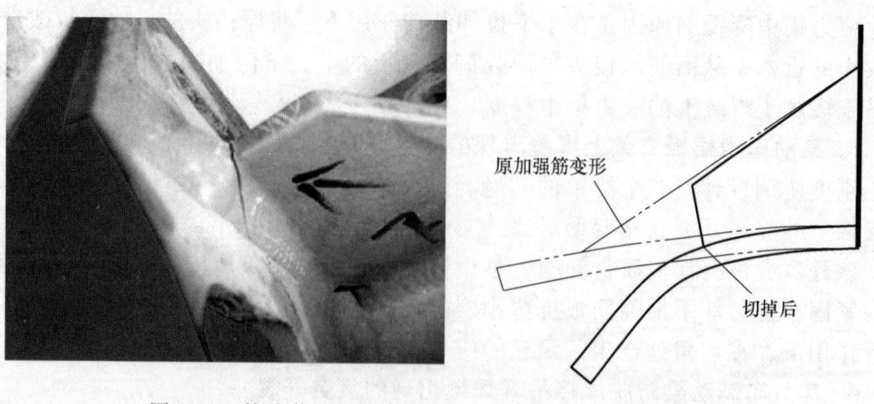

图 3-12　某动车组裙板支架上的焊缝开裂及其变形对比

耳破坏了梁的弯曲变形的连续性，于是焊缝处弯曲刚度的突然变化导致了疲劳开裂。

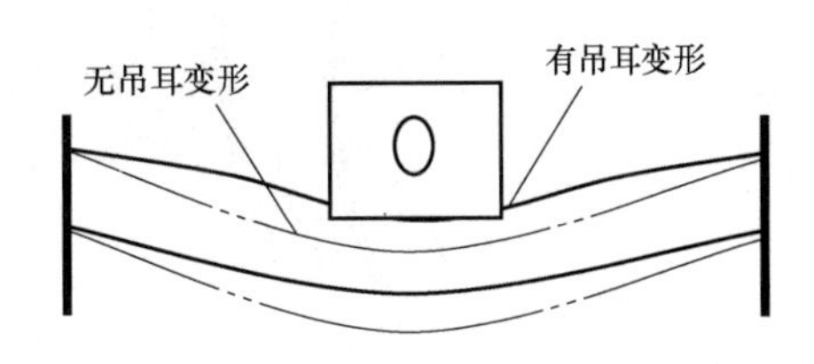

图 3-13 制动梁防脱焊接吊耳处焊缝疲劳开裂及其变形对比

以上四个案例，它们的结构其实并不复杂，应力集中及刚度不协调也比较容易识别，如果在设计阶段以刚度协调设计为指导，而不是仅停留在静强度的认知水平上，这类隐患可以完全避免。

3.3 稳定性

稳定性也是很重要的设计考核内容，设计师们有时会忽略这个重要指标。稳定性是指在受载荷作用下保持或者恢复原来平衡形式的能力。例如，承压的细杆突然弯曲，薄壁构件承重发生褶皱或者结构的立柱失稳导致坍塌等。

结构丧失稳定性称作结构屈曲或欧拉屈曲。屈曲分析主要用于研究结构在特定载荷下的稳定性以及确定结构失稳的临界载荷。屈曲分析包括线性屈曲分析和非线性屈曲分析。

线性屈曲分析又称特征值屈曲分析，是以小位移小应变的线弹性理论为基础的，分析中不考虑在受载变形过程中结构构形的变化，也就是在外力施加的各个阶段，总是在结构初始构形上建立平衡方程。线性屈曲分析可以考虑固定的预载荷，也可使用惯性释放。

非线性屈曲分析包括几何非线性屈曲分析、弹塑性屈曲分析、非线性后屈曲分析（当载荷达到某一临界值时，结构构形将突然跳到另一个随机的平衡状态，临界点之前称为前屈曲，临界点之后称为后屈曲）。

弯曲屈曲、扭转屈曲、弯扭屈曲是结构通常发生的失稳形式，如图 3-14 所示。弯曲屈曲是假定压杆屈曲时不发生扭转，只沿主轴发生弹性弯曲。在力的作用下构件有可能发生扭转变形从而丧失稳定，这种现象称为扭转屈曲。对截面两主轴惯性矩相差很大结构，如梁跨度中部无侧向支承或侧向支承距离较大，在最大刚度主平面内承受横向荷载或弯矩作用时，荷载达一定数值，梁截面可能产生弯曲变形的扭转，导致丧失承载能力，这种现象称为梁的弯扭屈曲。

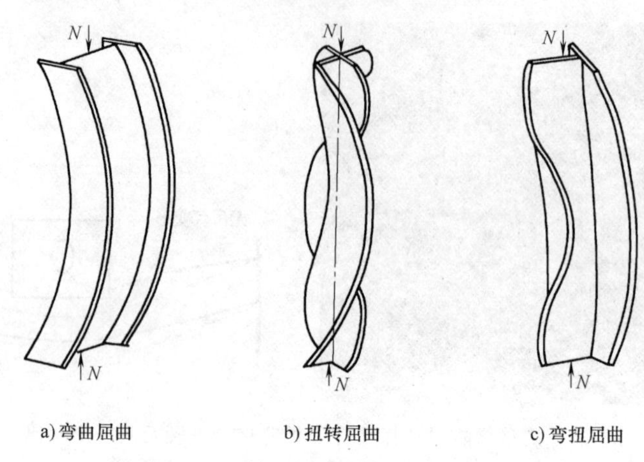

图 3-14　轴心受压杆件的屈曲形式

对结构进行屈曲计算是通常采用的稳定性分析方法，为避免屈曲的发生通常要在易发生变形的区域增加刚度。例如，在受压的情况下，通常在自由面积较大的区域要焊接隔板（图 3-15），以防止产生屈曲现象。在结构中设计了细长杆件结构时，在受压状态下要特别小心发生屈曲现象，有些薄板件在焊接过程中产生了残余应力，经常会发生明显的变形，这也是由于屈曲的原因造成的焊接变形（图 3-16）。

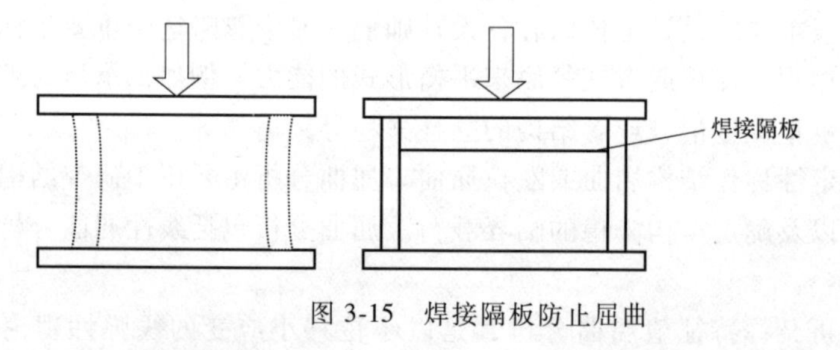

图 3-15　焊接隔板防止屈曲

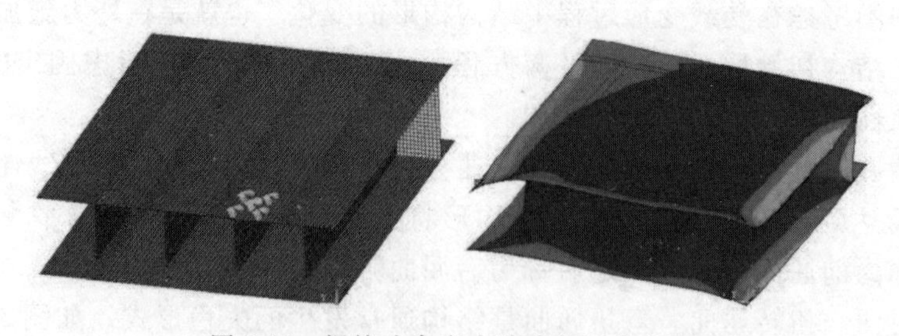

图 3-16　焊接残余应力造成的屈曲变形

设计薄板结构最重要的问题是要保证其局部稳定性，提高局部稳定性的主要办法是合理设计构件的截面形状、设置加强筋、增加板厚或把薄板压制成为带凸筋和波纹状的。如图 3-17 所示，常把薄钢板压制成波纹状，波纹凸起方向应该和压应力的方向垂直，两波纹间的平面宽度应该小于板厚的 60 倍。

薄板结构稳定性计算实例：设有一矩形薄板，长度为 a，宽度为 b，如图 3-18 所示，在 $x=0$ 和 $x=a$ 的边缘上作用均匀分布的压应力，则在弹性范围内临界应力为

$$\sigma_{cr}=\frac{K\pi^2 E}{12(1-\mu^2)}\left(\frac{\delta}{b}\right)^2 \tag{3.10}$$

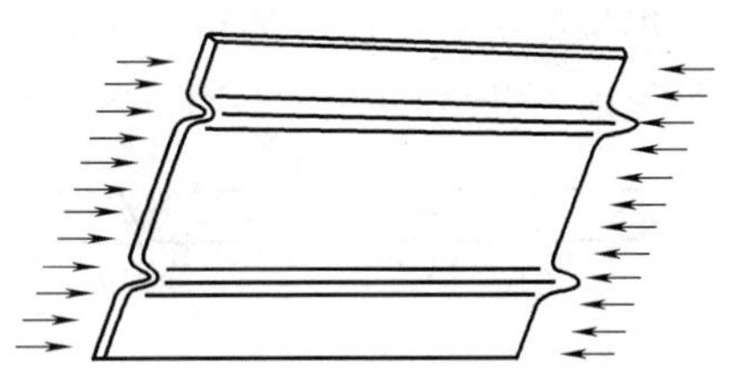

图 3-17　增强局部稳定性的波纹板

式中，δ 为钢板厚度；E 为弹性模量（对于低碳钢 $E=2.1\times10^5$MPa）；μ 为泊松比（对于低碳钢 $\mu=0.3$）；K 为系数（与边界条件有关，随 a、b 值而变化，当 $a\gg b$ 时，在 $y=0$ 及 $y=b$ 的边缘铰支的条件下 $K=4$；在 $y=0$ 固定、$y=b$ 自由的情况下，$K=1.33$；在 $y=0$ 铰支、$y=b$ 自由的情况下，$K=0.46$）。如果薄板构件所受轴向应力小于临界应力，则可以认为薄板构件将不会发生局部失稳。如果压应力大于临界应力，则薄板结构发生失稳。

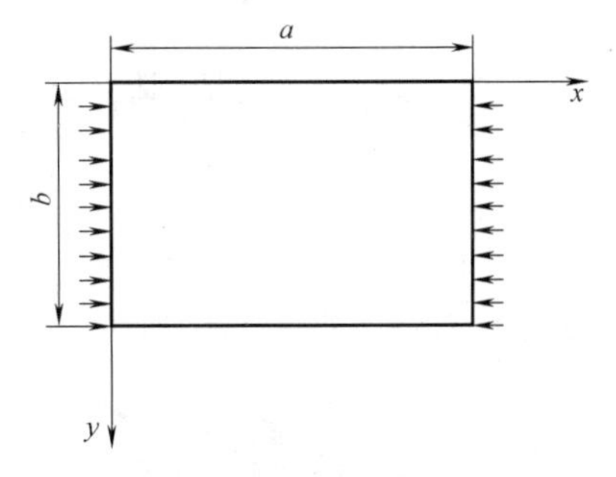

图 3-18　薄板受压失稳

有效设计加强筋可防止局部失稳的发生，但加强筋太多在工艺方面不利，既费工又易引起焊接变形，但是要减少加强筋就必须增加板厚，因而增加结构重量，这也是不利的。近几十年来，薄板壳结构加强筋的分布设计受到了国内外研究者的重视，出现了均匀化法、密度法、进化法等一些有效的设计手段。加强筋的数量必须适当，设计加强筋时必须分析它的焊接可达性，尽量减少施焊不便的加强筋。

采用有限元软件计算屈曲因子是当前常用的稳定性分析方法，如果是线性屈曲分析，与模态计算相似，是求解多自由度系统在特定静力荷载作用下的特征值与特征向量问题，通过屈曲因子计算结构的失稳临界荷载，还可以将屈曲模态作为结构的初始几何缺陷引入结构当中，计算结构的安全因子。当存在残余压应力时计算分析更为复杂，有必要考虑残余应力造成的结构变形与外载荷的叠加影响。

3.4　焊接结构静强度评估

在设计焊接结构时不但要满足刚度、稳定性的要求，还要满足基本的强度要求，其中包括静强度及疲劳强度要求，但如何进行强度的计算与评估呢？下面将结合相关标准进行介绍。

3.4.1 焊缝静强度评估

焊接接头根据焊缝的熔深分类，可分为全焊透焊缝（图 3-19）和部分焊透焊缝，焊前不开坡口如图 3-20b ~ d 所示，假设没有任何熔深。

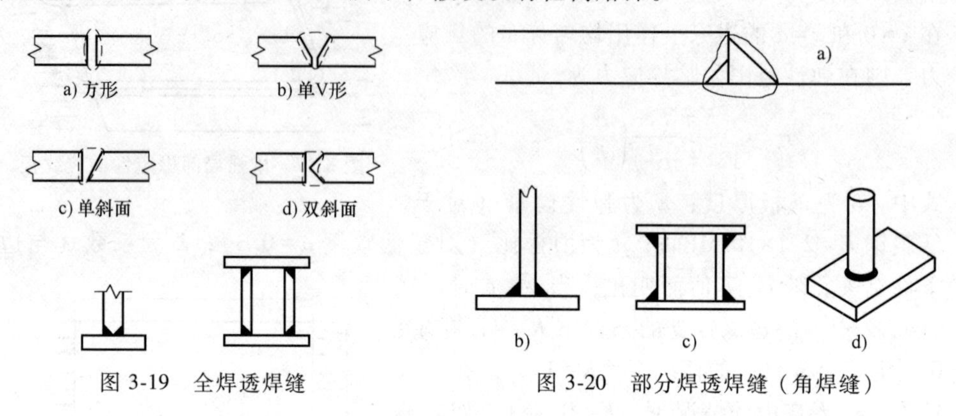

图 3-19　全焊透焊缝　　　图 3-20　部分焊透焊缝（角焊缝）

对于图 3-19 所示的全焊透焊缝，如果焊脚足够大其破坏模式通常为母材破坏，即在焊缝以外，如图 3-21 所示。

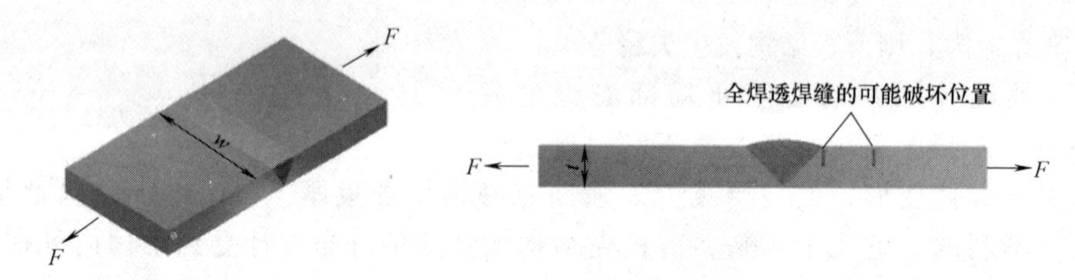

图 3-21　全焊透焊缝失效模式：母材焊趾处断裂

由于其破坏模式是母材破坏，所以对于满足一定质量要求的全焊透焊缝，不需要具体焊缝尺寸计算，而应关注于整体接头的强度。整体接头的有效设计尺寸是母材厚度 t。对于全焊透焊缝来说，计算整体接头应力可用下述基本材料力学公式。

受拉或压：$\sigma_c = F/A$　受弯曲：$\tau_c = M/S$　受剪切：$\tau_c = V/A$　受扭曲：$\tau_c = T_r/J$

式中，σ_c 为计算拉伸应力；τ_c 为计算剪切应力。

对于图 3-21 所示的焊接接头，如果板宽为 w，所受拉力为 F，那么此构件的计算应力可用上式计算，其中有效截面面积 $A = wt$，计算得到的 σ_c 和 τ_c 分别小于许用抗拉强度和许用抗剪强度即可，如果计算应力不满足上式条件，接头尺寸或者板厚需要重新设计，直到满足为止。

当需要计算焊接接头是否具有足够的静强度时，很多钢结构设计规范提供了焊缝静强度的计算方法。获得焊缝本身的名义应力后，将其与给定的许用应力进行对比，然后判断焊缝静强度是否满足设计要求。EN 1993-1-1 *Design of steel structures-Part* 1-1 标准[10] 规定角焊缝应力计算公式为

$$\sqrt{\sigma_{\perp}^{2}+3(\tau_{\perp}^{2}+\tau_{//}^{2})} \leqslant f_{u}/\beta_{w}\gamma_{M2}，且\ \sigma_{\perp} \leqslant f_{u}/\gamma_{M2} \qquad (3.11)$$

式中，f_u 为接头连接薄弱部分母材的名义抗拉强度；β_w 为与钢材种类对应的相关因子；γ_{M2} 为焊缝安全系数。式（3.11）中的各个焊缝应力定义如图 3-22 所示。

另外，国家标准 GB 50017—2017《钢结构设计标准》[11] 和《焊接结构》[12] 中也有类似的焊缝强度计算公式。

然而，当一个焊接结构的几何形状复杂、载荷也复杂时，如轨道车辆焊接结构，设计人员不可能由材料力学公式计算名义应力，这时需要用有限元方法计算焊缝上的应力，然后与许用应力对比，从而判断焊缝静强度是否满足设计要求。

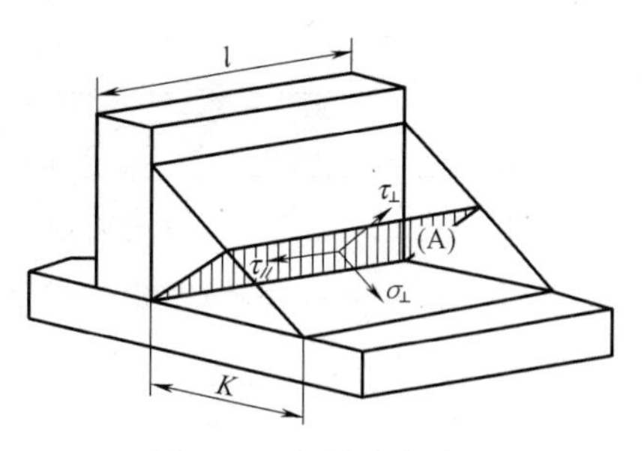

图 3-22 焊缝应力定义

3.4.2 评估焊缝静强度的有限元法

采用有限元软件对结构中焊接接头的静强度进行评估是当前常用的工程方法，通过有限元计算得到应力，然后与许用应力进行比较，从而判断焊接接头的静强度是否满足设计要求。

1. 熔透焊缝的静强度评估步骤

1）建立含焊缝有限元模型，模型可以使用实体单元或者壳单元，这取决于计算条件。

2）根据相关标准中的各项规定获得结构静力载荷，并施加到结构有限元模型。

3）根据计算得到的冯·米塞斯应力与许用应力进行比较，以评估焊接接头的静强度是否满足设计要求。其中，熔透焊缝的许用应力等同于母材强度，并与母材评估取相同的安全系数。

2. 未熔透焊缝的静强度评估步骤

（1）采用有限元法实体单元建模

1）根据焊接设计图和有关标准确定焊缝有效横截面（图 3-23）。

2）建立含焊缝的实体单元有限元模型。

3）根据相关标准的规定获得结构静力载荷，施加到结构有限元模型后并求解。

4）根据计算得到的应力与许用应力进行比较，以评估焊接接头的静力强度是否满足设计要求。其中，由于有限元模型真实模拟了焊缝的熔深细节，许用应力应当等同于母材强度，并与母材评估取相同的安全系数。

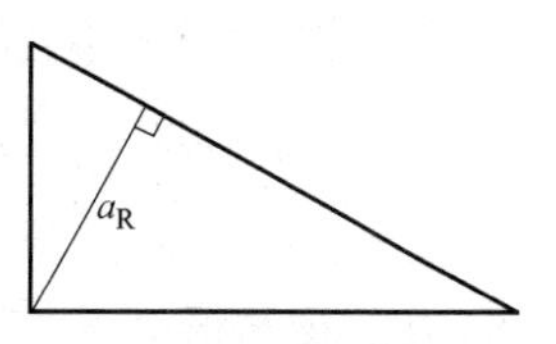

图 3-23 非等边角焊缝的有效横截面

（2）采用有限元法薄壳单元建模

1）根据焊接设计图和 EN 15085-3 标准[13] 确定焊缝有效横截面。

2）建立含焊缝的薄壳单元有限元模型，其中典型焊缝的薄壳单元建模方法如图 3-24 所示。

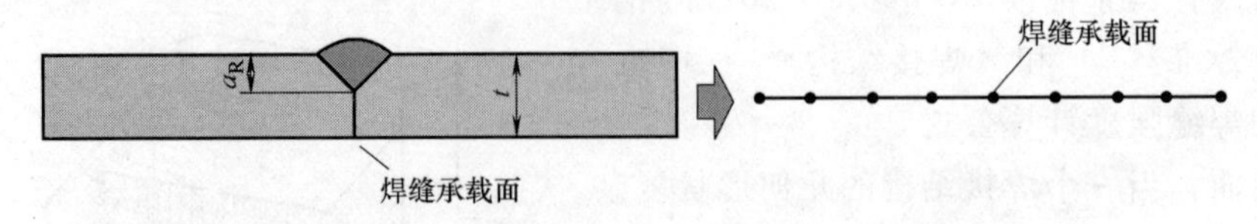

a) 非熔透对接焊缝的有限元网格示意(建议用实体单元或焊缝处单元用有效厚度)

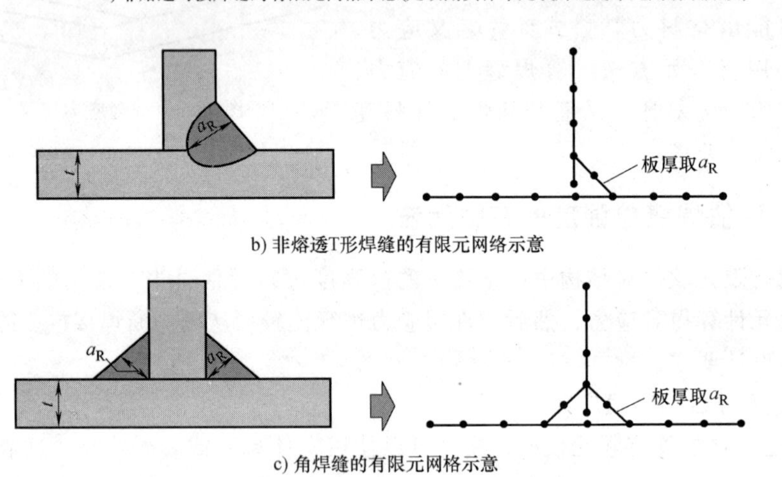

b) 非熔透T形焊缝的有限元网络示意

c) 角焊缝的有限元网格示意

图 3-24　焊缝有限元网格示意

3）根据相关标准规定获得结构静力载荷，施加到结构有限元模型并求解。

4）根据计算得到的焊缝位置应力，对于非熔透 T 形焊缝和角焊缝，将计算应力与许用应力直接进行比较，以评估焊接接头的静强度是否满足设计要求。

而对于非熔透对接焊缝，需要根据板厚与焊缝有效横截面的比例放大计算应力，然后将放大后的计算应力与许用应力进行比较，以评估焊接接头的静强度是否满足设计要求。

3.4.3　强度分析实例

图 3-25 所示为有局部补强的箱形梁接头，补强板与箱形梁的上盖板通过焊脚尺寸为 10mm 的角焊缝连接（不考虑焊缝熔深），箱形梁和补强板材料均为 Q355NE。该箱形梁承受 21000N · m 的纯弯矩作用。

根据结构和载荷特点，取结构的 1/4 建立有限元模型，如图 3-26 所示，其中，焊脚尺寸为 10mm 的角焊缝通过实体单元模拟。在模型上施加相应载荷，求解后得到结构的冯 · 米塞斯应力云图如图 3-27 所示。

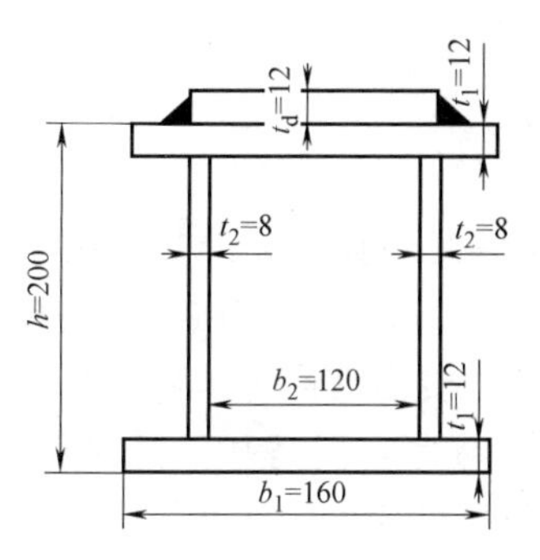

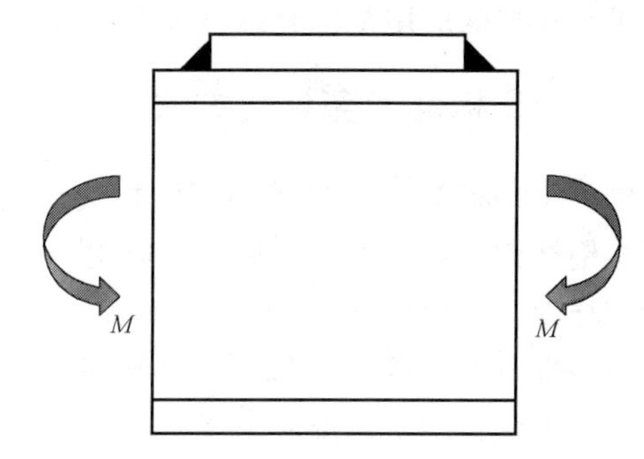

图 3-25　有局部补强的箱形梁接头

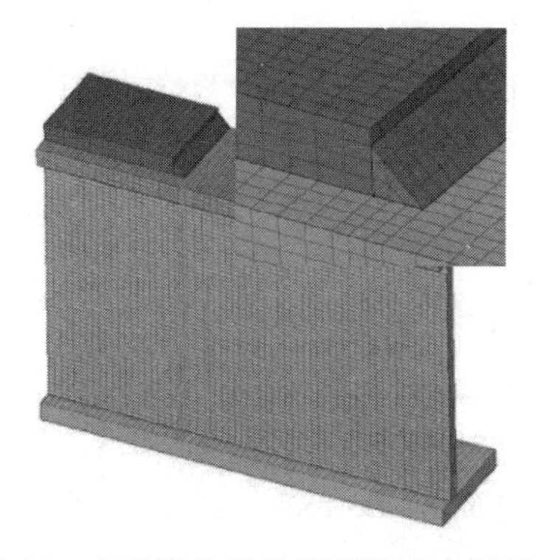

图 3-26　有局部补强的箱形梁的有限元模型

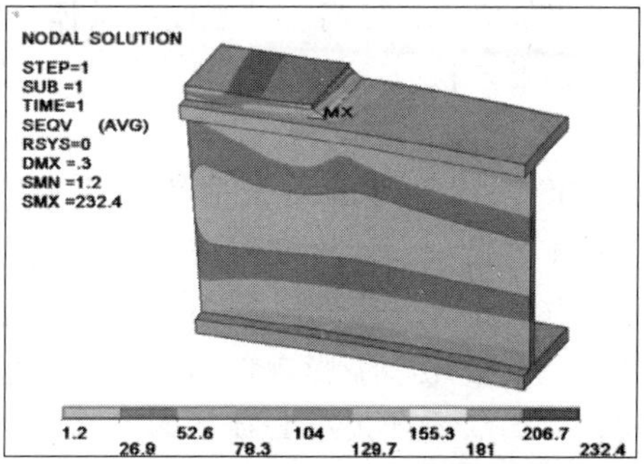

图 3-27　箱形梁的冯·米塞斯应力云图

这里假定考核结构静力强度性能的安全系数取 EN 12663 标准[14] 中规定的 1.15，其中对于焊缝区域，进一步假定其屈服强度为母材屈服强度的 80%，则焊缝区域的许用应力为（355×0.8/1.15）MPa = 247MPa。根据应力云图结果，最大应力为 232.4MPa，出现在焊缝区域，小于相应的许用应力，因此焊缝强度满足使用要求。

3.5　焊接结构疲劳强度评估

早期的焊接结构设计主要满足强度与刚度要求，设计的安全系数冗余较大，满足许用应力要求即可。但在承受交变载荷情况下，焊接结构的疲劳破坏是经常出现的破坏模式，因此在满足强度与刚度要求的同时，还要进行疲劳强度评估，这也是很多设计标准要求的程序。

焊接结构疲劳评估方法与标准较多，当前工程中经常用到有 BS、IIW、ASME、API、ISO、DIN 等多种焊接设计评估方法，都是通过不同类型的接头形式、几何形状及加载方式的焊接试样开展疲劳试验，对所施加载荷范围 ΔS 与循环数 N 取对数进行线性回归确定 S-N 曲线，然后基于 S-N 曲线计算疲劳寿命。下面将结合工程实际需求及标准的应用范围介绍三种常用的评估方法。

3.5.1 BS 标准疲劳评估方法

BS 7608 标准[15]，即英国钢结构疲劳设计与评估使用标准，最初是用于土木工程中钢结构的疲劳评定，后来被应用于汽车工业等领域，它对焊接结构的疲劳评估规定详细，应用广泛。BS 7608 标准是以 Miner 累计损伤理论为基础，标准中提供了一定数量的焊接接头数据，其级别分为 12 种，因为它们是基于试验获得的，因此它们不仅包括了局部应力集中的影响、尺寸与形状的影响、焊接工艺和焊后处理方法的影响，而且还包括了应力方向、冶金、疲劳裂纹形状等的影响。此外，从设计与工艺的角度出发，还给出了一系列有工程价值的、提高疲劳强度的具体措施，例如，工艺检查、焊趾打磨、焊缝细节处理等[15]。

BS 7608 标准的 S-N 曲线用应力范围和循环数表示，且为双斜率曲线，该标准还考虑了低于疲劳极限的小载荷应力范围对累积损伤的影响，没有截止线(图 3-28)。当计入小载荷的影响后，计算结果更偏于安全。

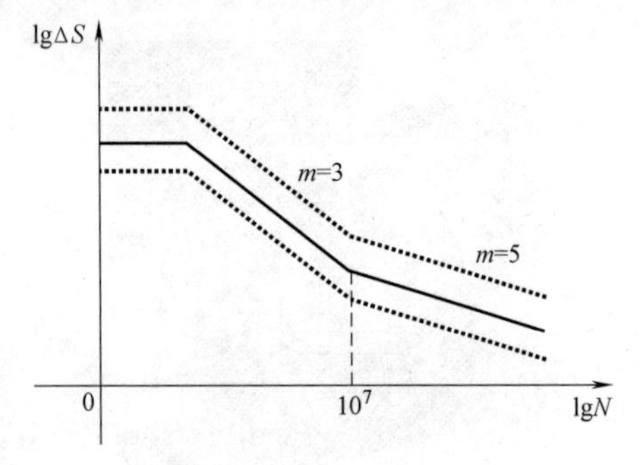

图 3-28　BS 7608 标准的 S-N 曲线

试验表明，当大的拉伸残余应力出现时，疲劳强度只是应力范围的函数，平均应力和应力比影响不大[15]。这是由于在焊接过程中，焊缝结构及其附近存在达到或接近屈服强度的残余应力，不管外加动应力的循环特性如何，焊缝附近的实际循环应力是从母材的屈服应力向下摆动，而最大、最小循环应力值以及应力循环特性对它的影响较小，这一点在研究焊接接头疲劳强度时非常重要。

在交变载荷情况下，对于每一等级接头，所施加载荷范围 ΔS 与达到疲劳的循环数 N 之间的关系[15]：

$$\lg N=\lg C_0-d\sigma-m\lg\Delta S \tag{3.12}$$

式中，C_0 为 S-N 曲线统计常数；d 为低于均值标准偏差的数量；σ 为标准偏差；m 为 S-N 曲线斜率。

由式（3.12）得

$$N=\frac{10^{\lg C_0-d\lg\sigma}}{\Delta S^m} \tag{3.13}$$

令

$$C_{\mathrm{d}}=10^{\lg C_0-d\lg\sigma} \tag{3.14}$$

得

$$N=\frac{C_{\mathrm{d}}}{\Delta S^m} \tag{3.15}$$

不同的标准偏差对应不同的 S-N 曲线数据，表 3-3 给出了正态分布条件下与 d 值相对应的标称失效概率[15]。标称失效概率的选择可根据焊缝质量等级确定，在疲劳裂纹不是很严重，或者裂纹能被很容易定位和修复的地方，可以适当放宽对标称失效概率的要求。

表 3-3 标称失效概率

标称失效概率(%)	d	标称失效概率(%)	d
<50	0	<16	1.0
<31	0.5	<2.3	2.0

BS 7608 标准中校核焊接接头疲劳强度操作流程如图 3-29 所示。

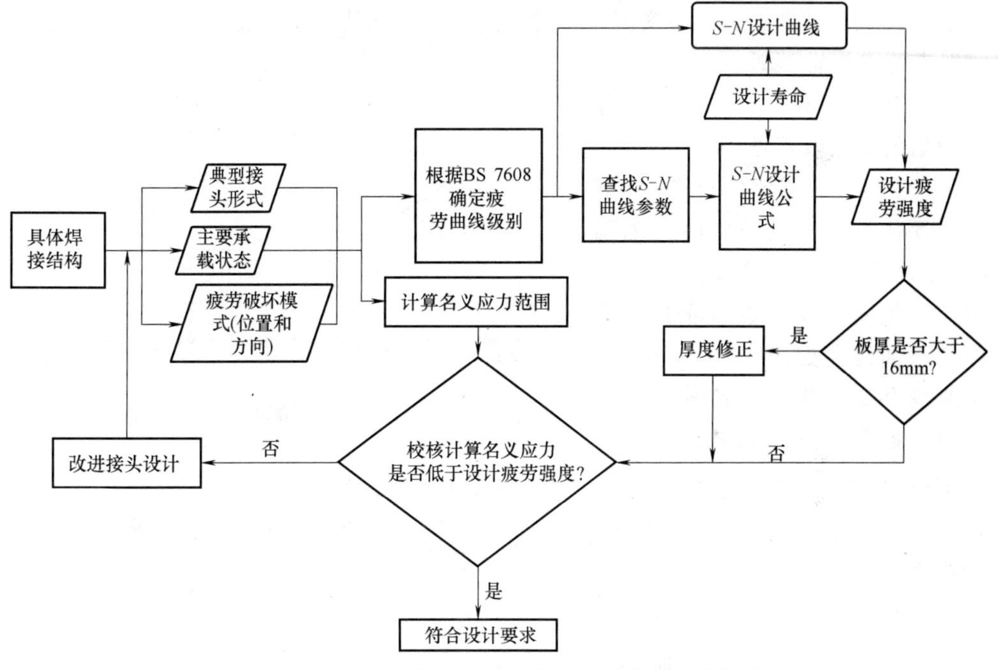

图 3-29 BS 7608 标准中校核焊接接头疲劳强度操作流程

BS 7608 标准的疲劳寿命计算流程如下：

1）如果有动应力实测数据，通过编谱而获得该点的应力变化范围谱，转到第 4）步。

2）如果没有动应力实测数据，将计算对象根据实际疲劳载荷进行有限元分析，并提取待评估点的名义应力。

3）根据载荷谱的变化规律与线性动态应力恢复原则，计算预测对象的动应力。

4）根据该点所在焊接接头类型细节及承载方向，在 BS 7608 标准中选择对应的疲劳级别及相关参数。

5）由式（3.15）计算循环次数并累计。

6）根据载荷谱或动应力谱所对应的里程数，依据损伤等效原则计算寿命里程。

3.5.2 IIW 标准疲劳评估方法

IIW 标准 XIII-1965-03/ XV-1127-03《焊接接头与部件的疲劳设计标准》是来自 13 个国家的焊接机构和科学家于 1948 年共同制定的[16]。该标准是在国际焊接学会第 13 和第 15 委员会倡导下完成的，目的是为焊接部件的疲劳损伤评估提供通用的方法和数据。

IIW 标准提供了基于名义应力的多种焊接接头疲劳强度的 *S-N* 曲线，是国际著名的焊接专家学者在实验室实测获得的。这些 *S-N* 曲线具有工程实用性，因为通过试验获得 *S-N* 曲线时，考虑了局部应力集中、一定范围内的焊缝尺寸和形状偏差、应力方向、冶金状态、焊接过程和随后的焊缝改善处理。

IIW 标准疲劳评估与 BS 标准疲劳评估类似，也是用应力范围 $\Delta\sigma$ 来度量，因此它的 *S-N* 曲线是以应力范围和循环数表示的，为双斜率曲线，如图 3-30 所示，*S-N* 曲线有 2 个拐点，各种焊接接头对应疲劳强度的高低以疲劳等级 FAT 表示，它对应于循环 200 万次的常幅应力范围的值[16]。

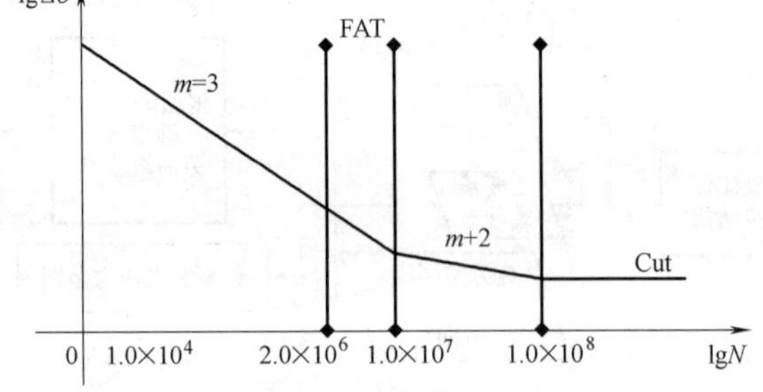

图 3-30 IIW 标准的 *S-N* 曲线

IIW 标准的疲劳评估不考虑应力比 R 的影响，根据 Miner 累计损伤理论计算疲劳损伤寿命。

损伤比计算[16]：

$$\frac{n_i}{N_i}=\begin{cases}\dfrac{n_i(\Delta\sigma_i)^m}{C_1} & (\Delta\sigma_i>\Delta\sigma_1)\\[2ex] \dfrac{n_i(\Delta\sigma_i)^{m+2}}{C_2} & (\Delta\sigma_1\leqslant\Delta\sigma_i\leqslant\Delta\sigma_2)\end{cases} \tag{3.16}$$

式中，$\Delta\sigma_1$ 和 $\Delta\sigma_2$ 为评估点的 *S-N* 曲线拐点；C_1、C_2 及 m 为 *S-N* 曲线试验常数；N_i 为在 $-\Delta\sigma_i$ 载荷下的疲劳寿命；n_i 为载荷谱中事件循环数。

由上，则寿命总里程 L_{f} 为

$$L_{\mathrm{f}}=\frac{1}{\sum\limits_{i=1}^{n}\dfrac{n_i/l_{\mathrm{r}}}{N_i}} \tag{3.17}$$

式中，l_r 为实测动应力或载荷谱的记录里程。

同时应当注意，该标准焊接接头疲劳数据是基于一定条件下建立的，当实际问题的条件与其不一致时，要进行相应的修正，如考虑板厚影响疲劳强度的修正公式[16]

$$\Delta\sigma_t = \Delta\sigma\left(\frac{t_{base}}{t}\right)^n \tag{3.18}$$

式中，$\Delta\sigma$ 为板厚为标准值 t_{base} 时的疲劳强度；$\Delta\sigma_t$ 为实际板厚为 t 时通过修正得到的疲劳强度；n 为厚度指数。

与 BS 7608 标准类似，IIW 标准的疲劳寿命计算流程如下：

1）如果有动应力实测数据，通过编谱而获得该点的应力变化范围谱，转到第 4 步。

2）如果没有动应力实测数据，将计算对象根据实际疲劳载荷进行有限元分析，并提取待评估点的名义应力。

3）根据载荷谱的变化规律，利用线性动态应力恢复原则，计算预测对象的动应力。

4）根据该点所在焊接接头类型细节及承载方向，在 IIW 标准中选择对应的疲劳级别（FAT）及相关参数。

5）由式（3.16）计算循环次数并累计。

6）根据载荷谱或动应力谱所对应的里程数，依据损伤等效原则计算寿命里程。

3.5.3 ASME 标准疲劳寿命评估方法

董平沙教授提出的等效结构应力计算方法已写到 ASME 标准中，ASME B5.5：2015 标准 *Fatigue assessment of welds-Elastic analysis and structural stress*（以下简称 ASME 标准）[17]，给出了基于结构应力法预测焊接结构疲劳寿命的概述与步骤。此方法满足力学平衡原理，实现了有限元计算结果的网格不敏感性，是目前最准确、最快捷的焊接结构计算方法，理解与熟悉该方法的程序与步骤，将有益于开展焊接结构的疲劳寿命评估。

疲劳寿命评估的控制应力是和假设裂纹面的法线方向上与膜应力和弯曲应力相关的结构应力。ASME 标准推荐对未经过打磨处理的焊接接头进行评估，经过打磨处理的焊接结构可使用 ASME 标准的 5.5.3 或 5.5.4 中提供的数据进行评估，但是建议在设计阶段不要采用打磨以后的计算结果，因为打磨数据有一定的离散性。

ASME 标准基本的评估步骤如下：

1）确定加载历史。加载历史应包括施加于构件的所有重要的载荷与事件。

2）对焊接接头中不同的疲劳评估点，利用循环计数法确定各个位置的应力应变的循环数，这里定义周期应力总循环数为 M。

3）确定第2）步中已经得到的第 k 个循环开始和结束点上假设裂纹面法向的弹性膜应力和弯曲应力（开始点为 m_t，结束点为 n_t）。利用这些数据，计算开始点膜应力和弯曲应力的变化范围，计算最大应力、最小应力、应力变化范围、平均应力变化范围。

弹性膜应力的变化范围：$\Delta\sigma^{e}_{m,k}={}^{m}\sigma^{e}_{m,k}-{}^{n}\sigma^{e}_{m,k}$

弹性弯曲应力的变化范围：$\Delta\sigma^{e}_{b,k}={}^{m}\sigma^{e}_{b,k}-{}^{n}\sigma^{e}_{b,k}$

循环中应力最大变化范围：$\sigma_{\max,k}=\max[({}^{m}\sigma^{e}_{m,k}+{}^{m}\sigma^{e}_{b,k}),({}^{n}\sigma^{e}_{m,k}+{}^{n}\sigma^{e}_{b,k})]$

循环中应力最小变化范围：$\sigma_{\min,k}=\min[({}^{m}\sigma^{e}_{m,k}+{}^{m}\sigma^{e}_{b,k}),({}^{n}\sigma^{e}_{m,k}+{}^{n}\sigma^{e}_{b,k})]$

循环中应力平均变化范围：$\sigma_{\mathrm{mean},k}=\dfrac{\sigma_{\max,k}+\sigma_{\min,k}}{2}$

4）计算第 k 个循环的弹性结构应力变化范围：$\Delta\sigma^{e}_{k}=\Delta\sigma^{e}_{m,k}+\Delta\sigma^{e}_{b,k}$

5）计算第 k 个循环的等效结构应力变化范围：

$$\Delta S_{\mathrm{ess},k}=\frac{\Delta\sigma_k}{t_{\mathrm{ess}}^{\left(\frac{2-m_{ss}}{2m_{ss}}\right)}I^{\frac{1}{m_{ss}}}f_{M,k}} \tag{3.19}$$

式中，t_{ess} 为修正后的板厚；m_{ss} 为与裂纹扩展速率相关的参数；I 为载荷弯曲比的无量纲函数；$f_{M,k}$ 为平均应力的影响系数。

对国际单位制，厚度 t、应力变化范围 $\Delta\sigma_k$、等效结构应力变化范围参数 $\Delta S_{\mathrm{ess},k}$ 的单位分别为 mm、MPa、MPa/(mm)$^{(2-m_{ss})/2m_{ss}}$。对英制单位，厚度 t，应力变化范围 $\Delta\sigma_k$、等效结构应力变化范围 $\Delta S_{\mathrm{ess},k}$ 的单位分别为 in、ksi、ksi/(in)$^{(2-m_{ss})/2m_{ss}}$。

按 ASME 标准，方程中各参数分别为：

$m_{ss}=3.6$；如果 $t\leqslant 16$mm(0.625in)，则 $t_{\mathrm{ess}}=16$mm(0.625in)；如果 16mm(0.625in)$\leqslant t\leqslant 150$mm(6in)，则 $t_{\mathrm{ess}}=t$；如果 150mm(6in)$\leqslant t$，则 $t_{\mathrm{ess}}=150$mm(6in)。

$$I^{\frac{1}{m_{ss}}}=\frac{1.23-0.364R_{b,k}-0.17R^{2}_{b,k}}{1.007-0.306R_{b,k}-0.178R^{2}_{b,k}} \tag{3.20}$$

$$R_{b,k}=\frac{|\Delta\sigma_{b,k}|}{|\Delta\sigma_{m,k}|+|\Delta\sigma_{b,k}|} \tag{3.21}$$

$$\text{如果}\begin{cases}\sigma_{\mathrm{mean},k}\geqslant 0.5R_{eL}\\ R_k>0\\ |\Delta\sigma_{m,k}+\Delta\sigma_{b,k}|\leqslant 2R_{eL}\end{cases}\quad\text{则 } f_{M,k}=(1-R)^{\frac{1}{m_{ss}}} \tag{3.22}$$

$$
\text{如果}\begin{cases}\sigma_{\mathrm{mean},k}<0.5R_{\mathrm{eL}}\\ R_k\leqslant 0\\ |\Delta\sigma_{\mathrm{m},k}+\Delta\sigma_{\mathrm{b},k}|>2R_{\mathrm{eL}}\end{cases}\quad \text{则} f_{\mathrm{M},k}=1.0 \tag{3.23}
$$

式中，R_k 为应力比，$R_k=\dfrac{\sigma_{\min,k}}{\sigma_{\max,k}}$；$R_{\mathrm{b},k}$ 为第 k 个循环弯曲应力比；R_{eL} 为屈服强度。

6）根据焊接接头疲劳曲线和第 5）步中得到的等效结构应力变化范围参数，计算循环次数 N_k，主 S-N 曲线参数 C 及 h。

$$
N_k=(\Delta S_{\mathrm{ess},k}/C)^{1/h} \tag{3.24}
$$

7）计算第 k 个循环的疲劳损伤 $D_{\mathrm{f},k}$，第 k 个循环的循环次数设为 n_k。

$$
D_{\mathrm{f},k}=\frac{n_k}{N_k}
$$

8）对所有应力变化范围重复第 6）、7）步。

9）计算累计损伤 D_{f}，如果焊接接头评估位置满足下式条件，则继续下一步。

$$
D_{\mathrm{f}}=\sum_{i=1}^{M}D_{\mathrm{f},k}\leqslant 1.0
$$

10）对焊接接头每个需要评估的位置重复第 5）~9）步。

11）其他因素对评估过程的修正。

如果在焊趾的根部存在一些可以被定性为裂纹的有削弱作用的缺陷，并且这些缺陷超过了所规定的界限，就要计算缺陷引起的疲劳寿命的缩减 $I^{1/m_{\mathrm{ss}}}$。

$$
I^{\frac{1}{m_{\mathrm{ss}}}}=\frac{1.229-0.365R_{\mathrm{b},k}+0.789\left(\dfrac{a}{t}\right)-0.17R_{\mathrm{b},k}^2+13.771\left(\dfrac{a}{t}\right)^2+1.243R_{\mathrm{b},k}\left(\dfrac{a}{t}\right)}{1-0.302R_{\mathrm{b},k}+7.115\left(\dfrac{a}{t}\right)-0.178R_{\mathrm{b},k}^2+12.903\left(\dfrac{a}{t}\right)^2-4.091R_{\mathrm{b},k}\left(\dfrac{a}{t}\right)} \tag{3.25}
$$

式中，a 是焊趾处缺陷的深度；t 是母材的厚度。式（3.25）的适用条件是 $a/t\leqslant 0.1$。

上述这 11 个步骤即为 ASME 标准提供的结构应力法评估疲劳寿命的基本步骤。ASME 标准主 S-N 曲线法校核焊接接头疲劳强度流程如图 3-31 所示。

3.5.4 寿命评估方法实例

图 3-32 所示为十字接头结构，主板和附板厚均为 $t=10\text{mm}$，焊脚 $K=10\text{mm}$，主板宽 $w=100\text{mm}$，承受拉伸载荷 $\Delta F=70\text{kN}$。设计寿命 $N=1000000$ 次。校核结构是否满足设计要求，求该接头的应力因数，并确定其应力等级。

1. 名义应力法

1）计算名义应力范围。

$$
\Delta\sigma_{\mathrm{n}}=\frac{\Delta F}{wt}=\frac{70\text{kN}}{100\text{mm}\times 10\text{mm}}=70\text{MPa}
$$

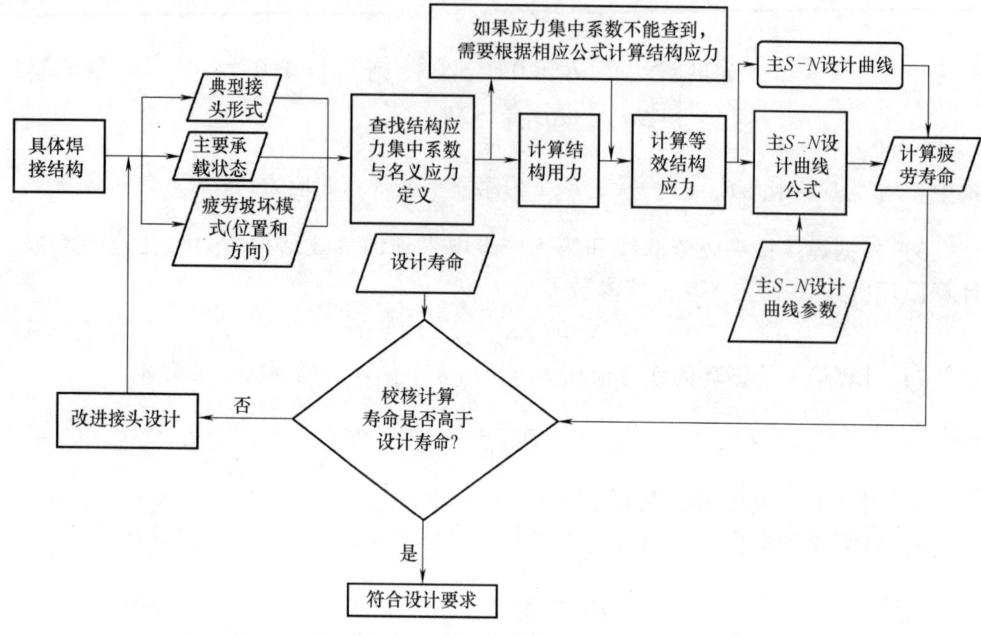

图 3-31　ASME 标准主 S-N 曲线法校核焊接接头疲劳强度流程

2）确认结构类型，根据 BS 7608 标准，该支承板结构应属于类型 F，S-N 曲线的表达式为：

$$\lg N=\lg C_0-d\sigma-m\lg(\Delta S)$$

寿命 $N=1\times10^6$，$\lg C_0=12.273$，$\Delta S=86\mathrm{MPa}$，平均线下两个标准偏差 $d=2$，标准偏差 $\sigma=0.2183$，S-N 曲线的 $m=3$。则设计疲劳强度为：

$$\lg1\times10^6=12.237-0.2183\times2-3\lg(\Delta S)$$

3）板厚 $t=10\mathrm{mm}<16\mathrm{mm}$，无需进行厚度修正。

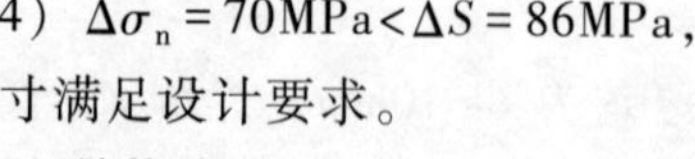

4）$\Delta\sigma_{\mathrm{n}}=70\mathrm{MPa}<\Delta S=86\mathrm{MPa}$，该接头尺寸满足设计要求。

图 3-32　十字接头

2. 结构应力法

1）查找应力集中系数，如果是新的接头形式应先计算应力集中系数。

$$\mathrm{SCF_m}=1,\ \mathrm{SCF_b}=0.37,\ \mathrm{SCF}=1.37$$

$$\Delta\sigma_{\mathrm{n}}=\frac{\Delta F}{wt}=\frac{70\mathrm{kN}}{100\mathrm{mm}\times10\mathrm{mm}}=70\mathrm{MPa}$$

$$\Delta\sigma_{\mathrm{s}}=1.37\times\Delta\sigma_{\mathrm{n}}=1.37\times70\mathrm{MPa}=94\mathrm{MPa}$$

2）计算等效结构应力，考虑厚度效应和加载模式效应。

$$R_k=\frac{0.37}{1.37}=0.27$$

$$I(R_k)^{\frac{1}{m}}=\frac{1.23-0.364R_k-0.17R_k^2}{1.007-0.306R_k-0.178R_k^2}=1.2281$$

$$\Delta S_s=\frac{94}{\left(\frac{10}{2}\right)^{\frac{2-3.6}{2\times3.6}}\times1.2281}\text{MPa}=109.5\text{MPa}$$

3）应用主 S-N 曲线计算疲劳寿命。

$$109.5=13875.7N^{-0.3195}\quad N=3816465\text{ 次}$$

4）校核设计寿命和计算寿命。

$3800000>1\times10^6$，则该接头尺寸满足设计要求。

3.6 焊接结构的工艺性评估

焊接结构的工艺性是指所设计的产品根据交货期、批量多少、质量要求、成本要求等，在具体的生产条件下，产品制造过程中所采用工艺方案的可行性及有效性。焊接结构设计过程中的工艺性要求与自身工艺水平、自动化水平、工艺师及技能人员的水平有直接关系，因此要根据具体的技术环境、具体问题进行具体分析。

合理的焊接结构设计，除了要满足产品的使用功能和强度要求外，还要具备良好的焊接加工工艺性，以保证在实现使用功能的过程中能够采用相对简单的工艺，降低产品的工艺制造成本。同时，焊接方法种类繁多，工艺特点各有不同，在进行焊接结构设计时，还要考虑现有设备的生产能力和工艺水平。既不要提过高无用而又难于实现的要求，增加产品的工艺制造成本，也不能因为现有设备能力的不足而降低产品的设计要求[18]。

通常情况下，在设计部门完成技术图样的设计后，要将相关技术文件转交到工艺部门，由工艺部门对焊接结构进行详细的工艺性分析，生成相关工艺文件后交到制造单位组织生产，这就需要设计师、工艺师、制造服务人员、焊接操作人员、质量检测人员之间能做到良好的信息沟通，特别是设计师要尽可能多地掌握工艺过程及工艺能力，在焊接结构设计过程中多分析比较，从工艺能力出发，实事求是，以利于之后的工艺及制造方案的实施。

同时，还要保证产品结构设计的合理性、生产工艺的可行性、焊接结构使用的可靠性和产品的经济性，且有良好的可拆卸性，便于使用和维修。此外，通过焊接结构工艺性分析可以及时解决工艺性方面的问题，加快工艺规程编制的速度，缩短新产品生产准备周期，减少或避免在生产过程中发生重大技术问题。通过焊接结构工艺性分析，还可以提前发现新产品中关键加工工序所需的设备和工装，以便提前定货和设计。

在焊接结构设计过程中对工艺性要求较多，对不同的焊接结构还有很多的细节要求，但从全局性、通用性及指导性的工艺要求来说，设计人员要重点关注以下方面：

1. 焊接结构设计要合理选择和利用材料，综合考虑焊接量

在选用材料时要同时满足使用性能、加工性能的要求，同时还要考虑经济性。包括强度、韧度、耐磨、耐蚀、抗蠕变等性能，还有焊接性和其他冷、热加工性能，如热切割、冷弯、热弯、金属切削及热处理等性能。在结构上有特殊性能要求的部位，可采用特种金属材料，其余采用能满足一般要求的廉价材料。还要考虑到备料过程中合理排料，减少余料，提高材料利用率。

结构形状复杂，角焊缝多且密集的部位，可考虑用铸件代替，筋板的焊缝数量多、工作量大，必要时可以适当增加基体壁厚以减少或不用筋板。在保证强度要求的前提下，尽可能用最小的焊脚尺寸，对于坡口焊缝，在保证焊透的前提下应选用填充金属量最小的坡口形式。还可选用轧制型材以减少焊缝，可以利用冲压件代替部分焊件。

2. 焊接结构设计要尽可能采用模块化设计，利于工艺过程的相似性

采用模块化设计的产品能有效缩短设计周期，利于工艺过程的相似性，从而提高产品质量，降低成本，提高产品的可靠性。产品模块的通用程度高，对降低成本和减少各种投入较为有利，但在另一方面还要求模块能适应产品的不同功能、性能、形态等多变的因素，因此对模块的柔性化要求就大大提高了。对于生产来说，尽可能减少模块的种类，达到一物多用的目的。对于产品的使用来说，往往又希望扩大模块的种类，以更多地增加产品的种类。针对这一矛盾，设计时必须从产品系统的整体出发，对产品功能、性能、成本等方面的问题进行全面综合分析，合理确定模块的划分，平衡产品的标准化、通用化与定制化、柔性化之间的矛盾，开发稳定性好，扩展能力强的平台与模块，在保持产品具有较高通用性的同时又能保证产品的多样化配置。

3. 设计的焊接结构及组焊过程尽可能保证对称性，减小焊接变形

焊接过程是一个局部升温、降温快速的过程，这也造成了超过材料屈服应力的残余应力而产生塑性变形是必然存在的。焊后残余应力的分布与焊接工艺、结构的形状及刚度有关，在残余应力的作用下结构会产生变形，变形后的焊接结构残余应力分布是自平衡的，当模块结构形状及组焊过程尽可能保证对称性时，焊后残余应力的分布可能对称，这样残余应力与对称的焊接结构形成的自平衡系统的变形也尽可能保持对称，所以从残余应力的角度来分析，控制变形的基本要点就是塑性区要小、同时要均匀分布，塑性区的重心应与结构的中性轴重合，避免平面外的弯曲变形。同时由于变形是由塑性区控制，可以通过拉伸塑性区或者引入对称的塑性区，来产生相反方向的变形，以修正焊接变形。

4. 设计的焊接结构要有支承面及定位面，要考虑工艺补偿

焊接结构设计师要考虑到焊接组对时的精度要求，在结构设计时能够保证初始组对时有支承面及定位面，利于组对时的定位，有利于工装夹具的使用，保证良好的组焊公差要求，为焊接工艺的可实施性提供良好的条件。对于一些大型的、形状复杂的、尺寸和形位公差要求严格的、焊后难以矫形的等焊接结构，在结构设计时应在部分构件或分段边缘处留有一定的加工余量，以补偿因收缩、弯曲变形或其他加工误差而造成尺寸精度和形状位置的偏差，考虑工艺补偿的余量，利于机械加工或其他调整方法对变形予以改变或消除。

5. 焊接结构的中间结构及模块要具有一定刚度及稳定性，保证组对精度

焊接结构设计过程中要尽可能保证中间结构或部件有一定的刚度及稳定性。有时设计师在设计过程中只考虑了整体结构的刚度及稳定性，而忽略了中间结构或部件的刚度及稳定性，这样在焊接中间结构或部件时会造成较大的焊接变形，从而影响整体结构的组焊，因此这一点要引起设计师足够的重视。

6. 焊接结构设计要有利于施工方便，有利于生产组织与管理

焊缝周围要留有足够焊接和质量检验的操作空间，尽量减少仰焊或立焊的焊缝，减少手工焊接量，增大自动焊接量，保证焊接质量，提高生产效率。设计大型焊接结构时要进行合理分段，还要综合考虑起重运输条件、焊接变形控制、焊后热处理、机械加工、质量检验和总装配等因素。

7. 焊接接头安全类别的确认

设计师要掌握焊接结构设计时产品的安全等级与有关标准，同时还应采用设计人员收集的应用领域内的实践经验，确定相关结构与部件的高、中、低安全等级。

以上是焊接结构设计时在工艺方面要注意的问题，关于其他细节考虑，如合理布置焊缝、结构设计合理形式及其他要注意的细节将在后续章节中阐述。

参考文献

[1] 李亚江，王娟. 焊接性试验与分析方法［M］. 北京：化学工业出版社，2014.

[2] 方洪渊. 焊接结构的等承载设计［J］. 黑龙江科学，2018，9（2）：27-30.

[3] DONG L，DESHPANDE V，WADLEY H. Mechanical response of Ti-6Al-4V octet-truss lattice structures［J］. International Journal of Solids Structures，2015，60-61：107-124.

[4] 宋天国. 焊接残余应力的产生与消除［M］. 北京：中国石化出版社，2005.

[5] International Institute of Welding. Fatigue Design of welded joints and components：XⅢ-1539-96/XV-845-96［S］. Paris：IIW/IIS，1996.

[6] DONG P S，HONG J K. Fatigue of Tubular Joints：Hot Spot Stress Method Revisited［J］. Journal of Offshore Mechanics and Arctic Engineering，2012（3）：134-150.

[7] 张彦华. 焊接结构疲劳分析［M］. 北京：化学工业出版社，2013.

[8] 兆文忠，李向伟，董平沙. 焊接结构抗疲劳设计：理论与方法［M］. 2版. 北京：机械工

业出版社，2021.
[9] 格尔内. 焊接结构的疲劳 [M]. 周殿群，译. 北京：机械工业出版社，1988.
[10] European Committee for Standardization. Eurocode 3: Design of steel structures-Part 1-1: General rules and rules for buildings: BS EN 1993-1-1: 2005 [S]. Brussels: CEN, 2005.
[11] 全国锅炉压力容器标准化技术委员会. 钢结构设计标准：GB/T 50017—2017 [S]. 北京：中国标准出版社，2008.
[12] 田锡唐. 焊接结构 [M]. 北京：机械工业出版社，1995.
[13] European Committee for Standardization. Railway applications-welding of rail rolling stock and rail rolling stock components: DIN EN 15085-3: 2008-01 [S]. Brussels: CEN, 2008.
[14] European Committee for Standardization. Railway applications-structural requirements of railway vehicle bodies: EN 12663: 2000 [S]. Brussels: CEN, 2000.
[15] British Standards Institution. Code of practice for fatigue design and assessment of steelstructures: BSI7608: 1993 [S]. London: BSI, 1993.
[16] International Institute of Welding. XIII-1965-03/XV-1127-03 IIW Recommendations for Fatigue Design of Welded Joints and Components: [S]. Paris: IIW/IIS, 2016.
[17] American Society of Mechanical Engineers. Fatigue assessment of welds-Elastic analysis and structural stress: ASME B5. 5 [S]. New York: ASME, 2015.
[18] HU T. Comparative study on the welded structure fatigue strength assessment method [J]. American Institute of Physics Conference Series, 2018, 1955 (1): 030029.

第4章

焊接接头质量对承载性能的影响

在结构焊接过程中难免遇到各种质量问题，但现有焊接质量系统的问题在于，它们最初是作为制造工艺的衡量标准而制订的，通常是操作人员或焊接设备的制造工艺的衡量标准。大量研究表明，现有焊接质量等级与结构的疲劳强度之间的联系并不一致，有些焊接质量特征或缺陷的某些验收标准对疲劳强度影响很小或没有影响，因此在设计与制造过程中建议根据缺陷对接头疲劳强度的影响，对缺陷重要性进行评估并限制，使焊接接头在满足疲劳强度和制造质量的同时，可以在经济寿命期内可靠工作。

4.1　焊接接头的缺陷

焊接接头的质量状况对其承载能力有不同程度的影响，焊接接头的质量很大程度上取决于焊缝处的实际几何形状，主要由制造工艺所控制，因此设计人员必须考虑与制造阶段相关的、有可能影响接头强度的焊接接头的几何形状、焊接缺陷等质量因素。

1. 焊接缺陷及其特征

常见的焊接缺陷主要有焊缝外形尺寸不符合要求、角变形、错边、咬边、气孔、夹渣、未焊透/未熔合、裂纹、焊瘤、弧坑等，在 ISO 5817 中提及 26 种焊接缺陷可能会影响焊接接头质量[1]，常见缺陷的特征描述如下（图 4-1）：

（1）焊缝外形尺寸不符合要求　焊缝外形尺寸不符合要求是指焊缝表面形状高低不平，焊缝宽度不均匀，余高过高或过低。

（2）角变形　在焊缝冷却至室温的过程中，焊件在厚度方向上不均匀的横向收缩引起的回转变形。

（3）错边　焊接时，由于两工件没有对正而造成的中心线平行偏差。

（4）咬边　咬边是指焊缝与焊件交界处凹陷。

（5）气孔　气孔是指焊缝内部（或表面）的孔穴。

（6）夹渣　夹渣是指焊缝或熔合区内部存在的非金属杂物。

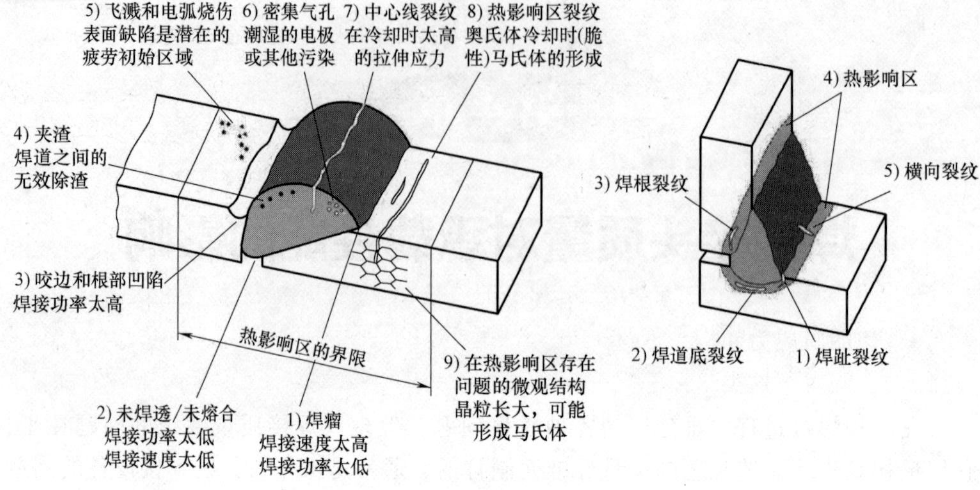

图 4-1　典型低碳钢焊条电弧焊的潜在焊接缺陷

(7) 未焊透/未熔合　未焊透/未熔合是指焊缝金属与母材之间，或焊缝金属之间的局部未熔透。

(8) 裂纹　裂纹是指焊缝热影响区内部或表面因开裂而形成的缝隙。

(9) 焊瘤　焊瘤是指熔化金属流敷在未熔化的母材上或凝固的焊缝上所形成的金属瘤。

(10) 弧坑　弧坑是指在焊缝末端或焊缝接头处，低于母材表面的凹坑。

2. 造成焊接缺陷的原因

焊接缺陷的产生有时与操作者的熟练程度有关，有时往往是由于焊接参数调整不当或其他因素的影响，如在 CO_2 气体保护焊时，经常出现的缺陷及产生的可能原因如下：

(1) 未熔合　未熔合是因为电流过小或焊接速度过快。

(2) 焊穿　焊穿是因为电流过大或焊接速度过慢。

(3) 气孔　气孔是因为气体流量过小、有风、板材油污、电弧过长。

(4) 咬边　咬边是因为电流过大、焊接速度过快。

(5) 裂纹　裂纹是因为收弧过快，未填平弧坑。

(6) 飞溅　飞溅是因为电弧电压过低，电弧过长。

(7) 焊缝余高超值　焊缝余高超值是因为焊速太慢，电弧电压过低。

(8) 焊缝熔宽不够　焊缝熔宽不够是因为焊速太快，电弧电压过低。

3. 焊接缺陷的分类

根据缺陷对焊接接头使用寿命的影响，常将缺陷分为如下六类：

1) 可以改变全局几何形貌从而导致全局范围产生附加弯矩的缺陷，如图 4-2 所示。这类缺陷往往不会改变局部接头性质并且不会使膜应力显著增加，但会大幅增加弯曲应力，依然会对疲劳寿命有较大影响，这类缺陷属于危险缺陷。

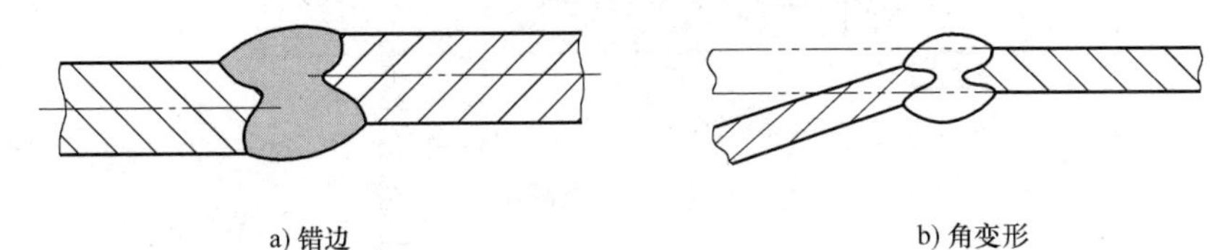

a) 错边　　　　b) 角变形

图 4-2　一类缺陷

2）能减小结构承载面积并带来局部弯矩的表面缺陷（图 4-3）。这类缺陷能同时增大结构的膜应力和弯曲应力，使得应力集中系数显著提升，对结构疲劳寿命有较大影响。同时，这类缺陷对局部焊接质量也有明显的影响，这类缺陷属于高危缺陷。

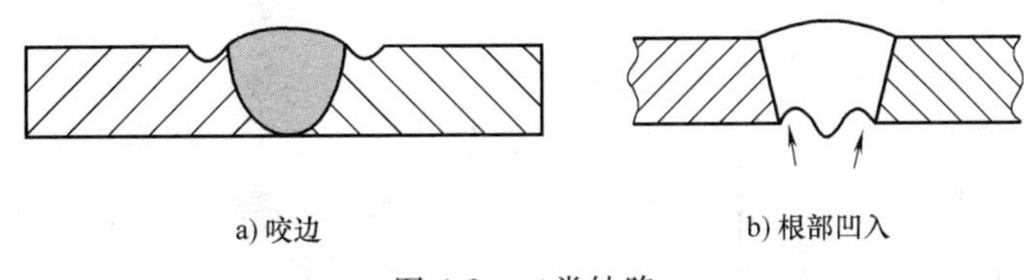

a) 咬边　　　　b) 根部凹入

图 4-3　二类缺陷

3）会使得接头的局部几何形貌发生改变的缺陷。这类缺陷对接头的疲劳寿命影响分为两类：A 类缺陷对称分布（如双侧余高），会使得应力集中提高，属危险缺陷；B 类缺陷不对称分布（如单侧余高），不会使应力集中提高，属一般缺陷（图 4-4）。

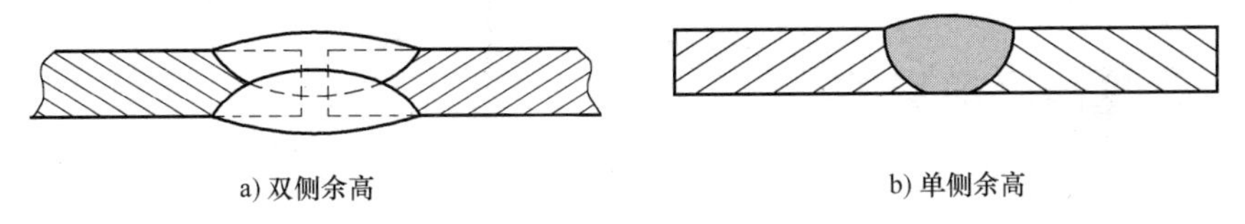

a) 双侧余高　　　　b) 单侧余高

图 4-4　三类缺陷

4）接头内部连接处的间隙（图 4-5）。接头内部的间隙存在于承载接头或非承载接头中，这两种情况要分别考虑，通常在非承载接头内部存在间隙时不会对疲劳强度产生不良影响，这类缺陷属于低危缺陷。控制间隙尺寸可避免在间隙处破坏。

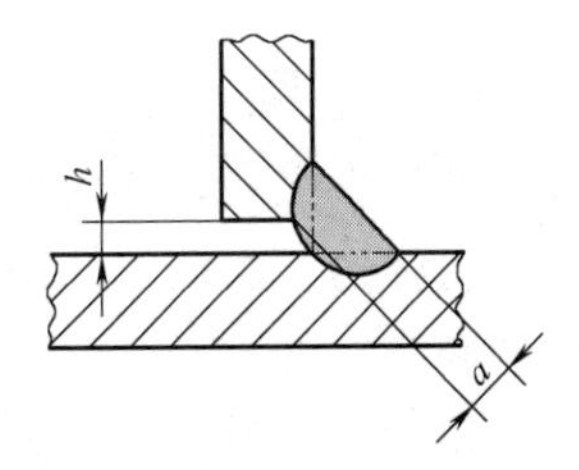

图 4-5　四类缺陷
（接头内部间隙）

5）非裂纹类内部体缺陷（图 4-6）。这类缺陷在接头局部的影响往往小于固有焊接缺陷，不会改变焊接结构的断裂模式，同时宏观上对应力集中影响也不大，这类缺陷属于一般缺陷。

6）内部裂纹或裂纹类缺陷（图 4-7）。当这类缺陷在裂纹平面与载荷垂直时，由于会改变设计的焊接结构失效模式，往往导致不可预测的破坏，属于高危缺陷。

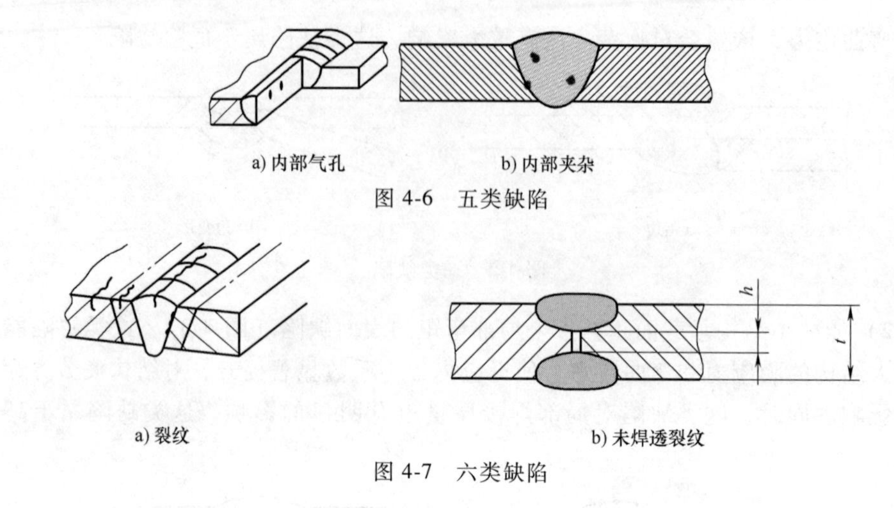

图 4-6　五类缺陷

图 4-7　六类缺陷

国际标准中按焊接接头质量等级进行了分级，ISO 5817 标准规定了三类与质量水平相关的缺陷的详细限制[1]，即高质量要求（B 类）、中等质量要求（C 类）、低质量要求（D 类），不同的等级针对缺陷类型及尺寸要求进行了详细规定。

不同焊接缺陷类型对接头的静载与动载的承载性能影响不同，ISO 5817 中明确指出焊接缺陷对静载性能的影响相对较小，在选定材料后，对焊缝尺寸与形状进行校核以满足接头静载性能要求即可[1]。而针对动载性能的影响，要对不同种类的缺陷认真评估其抗疲劳能力，在适合质量等级标准的同时也能达到动强度设计标准的要求。

4.2　常见缺陷的影响

4.2.1　错边与角变形的影响

1. 错边

焊接接头的制造过程中，不可避免会产生一定量的错边，错边缺陷使结构的外形尺寸发生突变，造成形状不连续，在错边处引起较强的应力集中和弯曲应力，会产生较强的二次应力，明显降低了焊接接头的强度，更严重还会引起裂纹，导致结构的破坏。

错边的类型可以分为轴向错边和角度错边，轴向错边往往只影响焊趾位置处的疲劳性能，在焊趾产生附加弯矩，降低结构的疲劳抗力。角度错边的影响远小于轴向错边，随着板厚的增加，错边缺陷对结构疲劳强度的影响降低，表 4-1 给出了 ISO 5817：2014 规定的错边及角变形质量等级的缺陷限制[2]。

关于错边缺陷对于结构疲劳寿命的影响，可以采用两种分析方法：①用有限元分析软件建立含有错边缺陷的焊缝模型，进行有限元计算，分析不同错边值下的应力集中情况；②进行理论分析，错边缺陷对于疲劳寿命的影响体现在对应力集中系数的影响，用含有错边缺陷焊缝对应力集中系数进行修正，然后利用修正后的值进行疲劳分析。

表 4-1 ISO 5817：2014 规定的错边及角变形质量等级

缺陷名称	图示	t/mm	质量等级的缺陷限制		
			D	C	B
板间的错边偏差	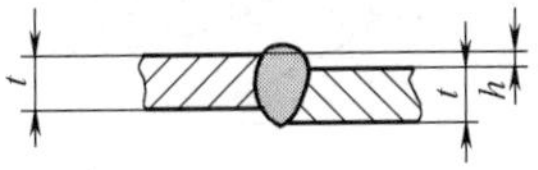	0.5~3	$h\leqslant0.2\text{mm}+0.25t$	$h\leqslant0.2\text{mm}+0.15t$	$h\leqslant0.2\text{mm}+0.1t$
	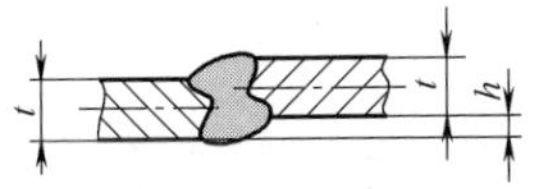 板焊缝及纵向焊缝	>3	$h\leqslant0.25t$，最大为 5mm	$h\leqslant0.15t$，最大为 4mm	$h\leqslant0.1t$，最大为 3mm
圆柱空心截面处的横向环形焊缝错边偏差	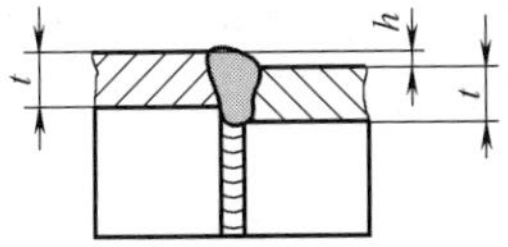 环形焊缝	≥0.5	$h\leqslant0.5t$，最大为 4mm	$h\leqslant0.5t$，最大为 3mm	$h\leqslant0.5t$，最大为 2mm
角变形	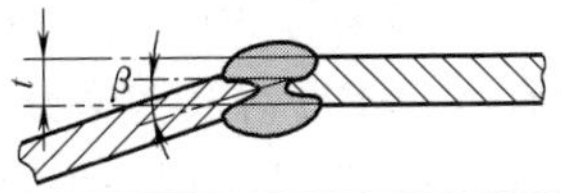	≥0.5	$\beta\leqslant4°$	$\beta\leqslant2°$	$\beta\leqslant1°$

错边缺陷对于应力集中系数的影响主要体现在以下几个方面[3]：①当接头处存在错边缺陷，在错边处将产生附加弯矩，拉伸应力将与附加弯曲应力叠加；②错边缺陷会使得焊接接头截面的有效承载面积减少；③错边处一般存在刚度突变，会产生应力集中。

图 4-8 所示为三种错边质量等级对应的应力集中系数（SCF），以及相对于 B 类的疲劳寿命百分比。D 类疲劳寿命只有 B 类的 37.4%，可见焊接错边的影响是很明显的，因此在焊接结构的设计与制造过程中要严格控制。

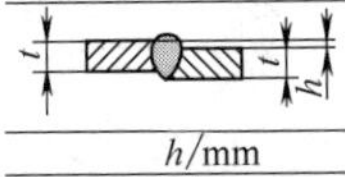	质量等级的缺陷限定值		
	D	C	B
h/mm	2.5	1.5	1
SCF	1.67	1.4	1.26
相对疲劳寿命(以B类为参考)	37.4%	69.3%	1

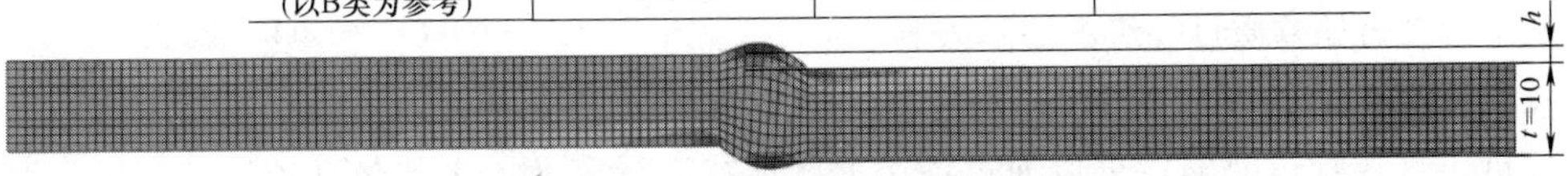

图 4-8 错边质量等级计算结果对比

为了防止错边量超标，可采取以下措施进行控制：①完善焊接设备的维护制度，保障焊接设备的组对与焊接质量；②合理选择焊接组配件，尽量使得焊接的两个部件是优配组合；③强化第三方监督，避免因焊接操作人员的原因造成错边量超标。

2. 角变形

与错边类似，焊接角变形是指两连接件焊后产生了相对角度的变化（图 4-9）。例如，在单面焊接时，焊接的一面温度高，另一面温度低，钢板厚度方向上热量分布不均匀，温度高的一面受热膨胀较大，另一面膨胀小甚至不膨胀。由于焊接面膨胀受阻，出现了较大的横向压缩性变形，在冷却时就产生了钢板厚度方向上收缩不均匀现象，焊接的一面收缩大，另一面收缩小，焊后由于焊缝的横向收缩使得两连接件产生了相对角度的变化。

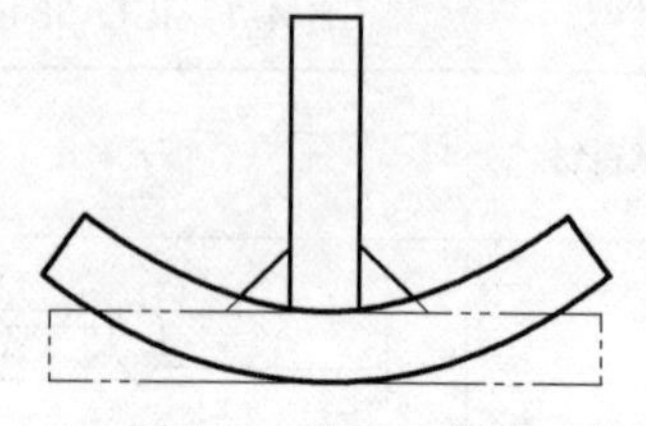

图 4-9 焊接角变形

角变形与错边类似，都会使接头在承载时产生附加弯曲应力，角变形虽然不会改变局部接头性质并且不会使膜应力有显著增加，但过大的角变形会大幅增加弯曲应力，对结构的抗疲劳寿命有较大影响。

4.2.2 咬边的影响

焊接过程结束后，在母材与焊缝交界处产生的凹陷称为咬边。咬边缺陷是一种常见的缺陷，该缺陷的形成可能有以下方面的原因：①在焊接过程中输入的电流较大，使得焊趾处的能量过大，温度过高，使熔点本身就低的金属产生咬边缺陷；②焊接速度过快，电压过高以及工作台不稳定；③焊接过程中的操作不规范等。

根据咬边的形状大致分为三种类型：①宽且弯曲；②类裂纹的窄带；③微型缺陷。具体如图 4-10 所示。

第一类咬边缺陷是最常见的咬边缺陷，其常常出现在角焊缝的水平或垂直位置，形成原因通常是焊接过程伴随较大的热输入；第二类咬边缺陷是由于焊趾坡口没有被凝固的焊缝金属填满；第三类咬边缺陷大多出现在焊趾处，是由于冶金碎屑与焊趾附近母材的热影响区结合造成的。第一类咬边缺陷最为常见，其他两类咬边缺陷更加偏向于类裂纹缺陷。表 4-2 给出了 ISO 5817：2014 规定的咬边偏差质量等级的缺陷限制[2]。

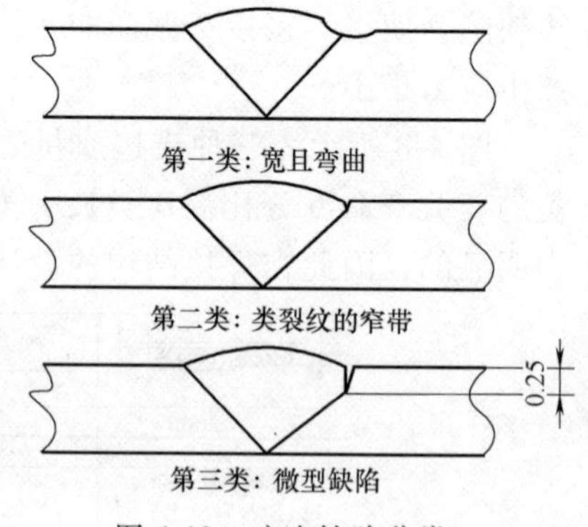

图 4-10 咬边缺陷分类

通常将第一类咬边缺陷视为表面缺陷进行分析，这样咬边缺陷就可以通过各类形状参数进行定义，大致包括咬边的深度、宽度和半径。大量文献采用的研究方法是控制变量法，即控制深度、宽度和半径中的两个参数不变，研究另外一项参数对疲劳寿命的影响。在有限元分析过程中，通常将咬边缺陷假定为底部存在 0.1mm 的微裂纹。

表 4-2　ISO 5817：2014 规定的咬边偏差质量等级的缺陷限制

缺陷名称	图示	t/mm	质量等级的缺陷限制		
			D	C	B
连续或间歇咬边	要求圆滑过渡，不能是成簇缺陷	0.5～3	短缺陷：$h \leqslant 0.2t$	短缺陷：$h \leqslant 0.1t$	不允许
		>3	$h \leqslant 0.2t$，最大为 1mm	$h \leqslant 0.1t$，最大为 0.5mm	$h \leqslant 0.05t$，最大为 0.5mm

图 4-11 所示为三种咬边质量等级对应的应力集中系数，以及相对于 B 类的疲劳寿命百分比。D 类疲劳寿命只有 B 类的 17.4%，焊接咬边深度的影响是很显著的。同时由于咬边减小了接头承载面积，直接导致膜应力增大，影响到力传递途径，导致弯曲应力增大，因此在焊接结构的设计与制造过程中要严格限制。另外，在咬边宽度和深度固定时，咬边半径增大应力集中会变小，这是因为咬边处几何形状直接影响了应力集中[4]。

	质量等级的缺陷限定值		
	D	C	B
h/mm	2	1	0.5
SCF	2.22	1.57	1.27
相对疲劳寿命(以B类为参考)	17.4%	57.5%	1

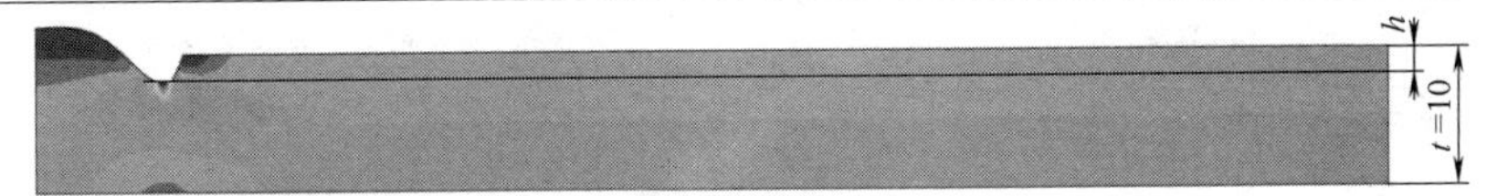

图 4-11　咬边质量等级计算结果对比

工程上要想获得焊缝咬边缺陷的实际位置是非常复杂的。较早采用硅压印技术，通过将塑性较好的材料压在咬边位置，待硬化后取出，并沿着焊缝长度方向根据要求每隔一段距离进行切割，最后放在轮廓投影仪上进行测量，工序多且烦琐。目前可以采用蓝光激光扫描焊缝，就可以得到表面轮廓线的基本信息，检测精度较高，焊缝横向和垂直方向精度可达微米级别，纵向可达 0.01mm。

4.2.3　根部余高的影响

焊缝余高是指焊缝表面两焊趾连线上方的金属高度，也就是突出母材表面的部分或角焊末端（即焊趾）连接线以上部分的熔敷金属。理想的无余高而又不凹陷的焊缝难以获得，余高较大，焊缝表面凸起，过渡不圆滑易造成应力集中，对焊接结构承受动载不利，因此要限制余高尺寸[5]。

对接焊缝中根部余高普遍存在，由于焊缝表面形貌的不均匀性，焊缝正面与焊缝背面余高具有一定的波动性。特别是根部余高，当采用单面焊时由于宽度较窄，根部焊缝与母材过渡半径较小，若余高控制不当，在后续的疲劳承载过程中就会成为疲劳裂纹起裂源（图 4-12）。在焊接过程中应尽可能将焊根余高去除，可以采用打磨的方法，但在打磨时要谨慎，避免在打磨位置产生较深划痕，人为增加起裂源，同时打磨方向要尽可能与受力方向一致。表 4-3 给出了 ISO 5817：2014 规定的余高三种质量等级的缺陷限制[2]。

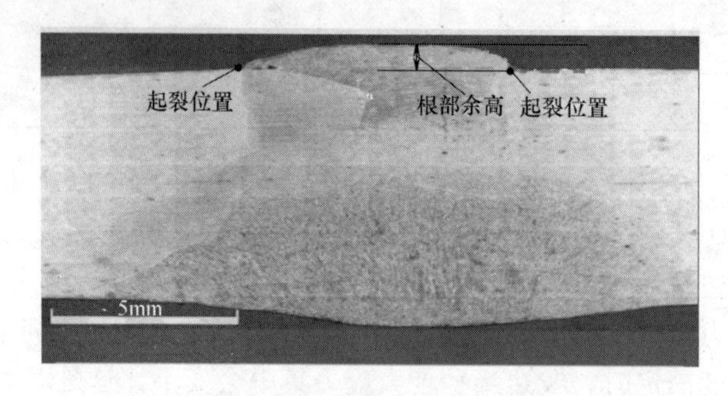

图 4-12 焊缝根部余高与起裂位置

表 4-3 ISO 5817：2014 规定的余高质量等级的缺陷限制

缺陷名称	图示	t/mm	质量等级的缺陷限制		
			D	C	B
焊缝余高（对接）	要求平滑过渡 b h	≥0.5	$h \leqslant$ 1mm + 0.25b，最大为 10mm	$h \leqslant$ 1mm + 0.15b，最大为 7mm	$h \leqslant$ 1mm + 0.1b，最大为 5mm
焊缝余高（角焊）	b h	≥0.5	$h \leqslant$ 1mm + 0.25b，最大为 5mm	$h \leqslant$ 1mm + 0.15b，最大为 4mm	$h \leqslant$ 1mm + 0.1b，最大为 3mm

图 4-13 所示为不同余高尺寸计算的应力集中系数，以单侧 2mm 余高为参考给出了对比结果。其中 3mm 双侧余高疲劳寿命只有参考值的 61.3%，疲劳强度有很大程度的降低。另外，不是所有余高都会明显增加结构的应力集中，单侧余高的增

加虽然可能会增加局部应力集中，但是从计算结果可以看到其影响很小，而双侧余高会明显增加应力集中，因此相对而言双侧余高对结构的疲劳强度影响更大。

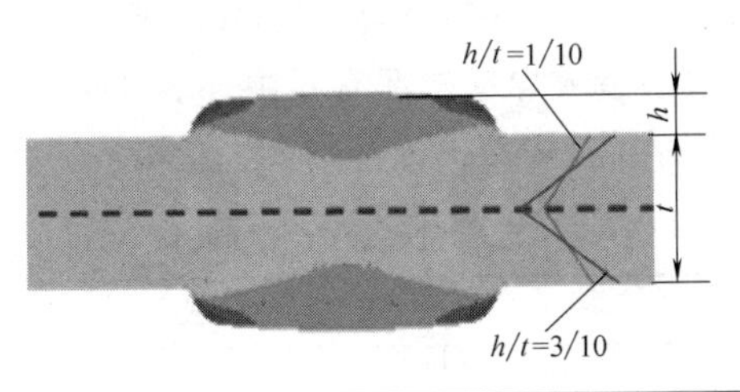

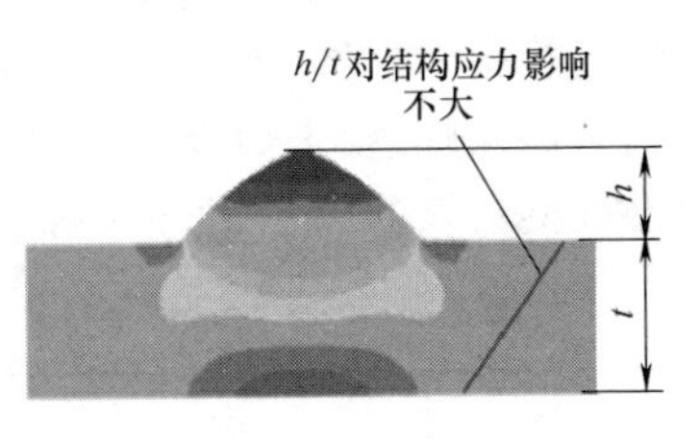

	单侧余高			双侧余高	
h/t	2/10	4/10	6/10	3/10	1/10
SCF	1.028	1.032	1.036	1.3	1.06
相对疲劳寿命	1	98.7%	97.3%	61.3%	107.2%

图 4-13　余高质量等级计算结果对比

另外，由于焊缝的余高是最外一层焊缝，能起到保温和缓冷的作用，对焊缝的晶粒细化，气孔和杂物的收集，保证焊缝内部的质量有一定的帮助。

4.2.4　未焊透/未熔合的影响

未焊透/未熔合缺陷指在焊接区域，母材没有熔化或焊接金属没有进入接头根部的现象[6]，冷搭缺陷通常就是未熔合缺陷。这类缺陷产生的原因可以分为以下几种：①母材没有完全熔化，焊材没有完全进入焊接接头的根部；②金属焊接过程中焊接电流不足、熔化深度不够、焊接坡口角度过小等；③接口位置清洁不彻底，表面的氧化膜没有清理干净就添加熔化金属；④焊接装配未能达到焊接相关标准，如焊接装配间隙过大、坡口角度不合理、焊接钝边厚度设置不当等，具体如图 4-14 所示。

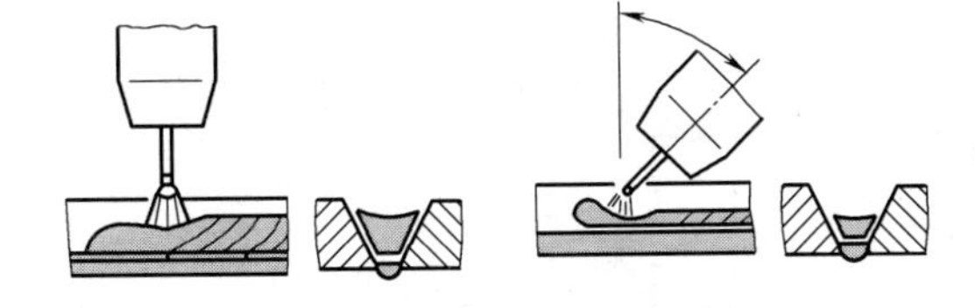

a) 焊枪角度不当造成的未焊透/未熔合

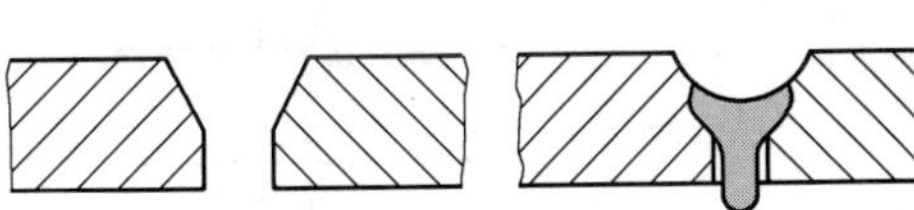

b) 坡口角度过小造成的未焊透/未熔合

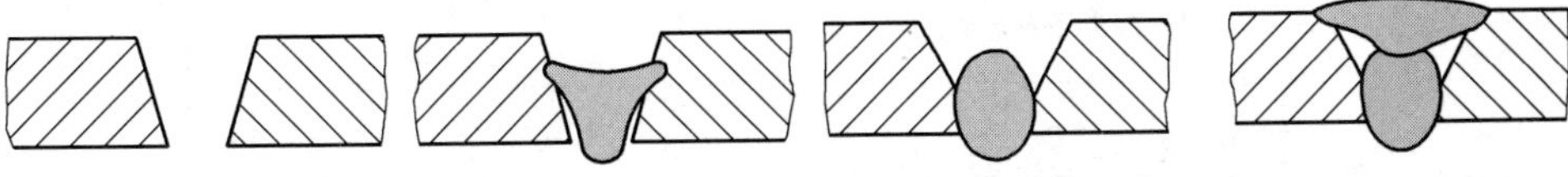

c) 钝边、间隙过大造成的未焊透/未熔合　　d) 打底焊道凸度过大造成的焊道间未焊透/未熔合

图 4-14　未焊透/未熔合缺陷成因

未焊透/未熔合缺陷又可以细分为根部未焊透/未熔合以及层间未焊透/未熔合两种，根部未焊透/未熔合主要是打底过程中焊缝金属与母材金属未焊透/未熔合以及焊道接头未焊透/未熔合；层间未焊透/未熔合主要是多层焊接过程中，层与层之间的金属未焊透/未熔合。未焊透/未熔合有时会造成焊缝根部有间隙，表 4-4 给出了 ISO 5817：2014 间隙及未焊透/未熔合的三种质量等级的缺陷限制[2]。

表 4-4　ISO 5817：2014 规定的间隙及未焊透/未熔合质量等级的缺陷限制

缺陷名称	图示	t/mm	质量等级的缺陷限制		
			D	C	B
角焊的不正确根部间隙（承载接头）	要连接部分间的间隙。在某些案例中，对于超过适当限制的间隙来说，可能通过增加相应的焊缝厚度来对其进行补偿	0.5~3	$h \leqslant 0.5$mm $+0.1a$	$h \leqslant 0.3$mm $+0.1a$	$h \leqslant 0.2$mm $+0.1a$
		>3	$h \leqslant 1$mm $+0.3a$，最大为4mm	$h \leqslant 0.5$mm $+0.2a$，最大为3mm	$h \leqslant 0.5$mm $+0.1a$，最大为2mm
角焊的不正确根部间隙（非承载接头）	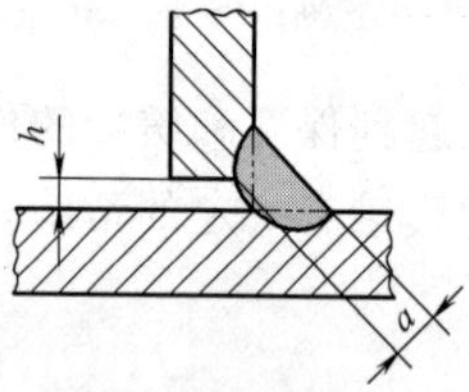	0.5~3	$h \leqslant 0.5$mm $+0.1a$	$h \leqslant 0.5$mm $+0.1a$	$h \leqslant 0.5$mm $+0.1a$
		>3	$h \leqslant 1$mm $+0.3a$，最大为4mm	$h \leqslant 1$mm $+0.3a$，最大为4mm	$h \leqslant 1$mm $+0.3a$，最大为4mm
未焊透/未熔合	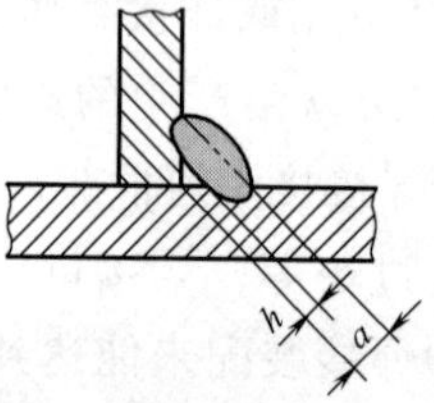 T形接头(角焊缝)	≥0.5	短缺陷：$h \leqslant 0.2a$，最大为2mm	不允许	不允许
	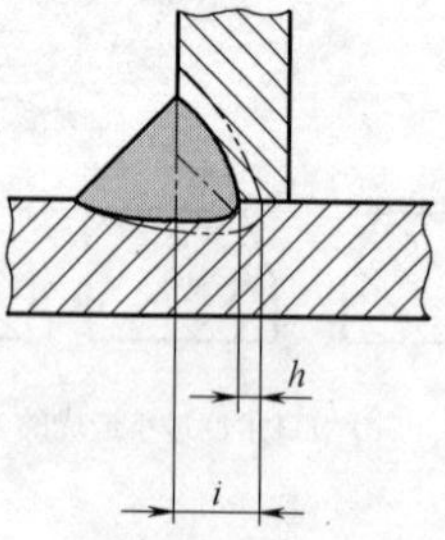 T形接头(部分焊透)	≥0.5	短缺陷：T形接头 $h \leqslant 0.2i$，最大为2mm	短缺陷：T形接头 $h \leqslant 0.1i$，最大为1.5mm	不允许
	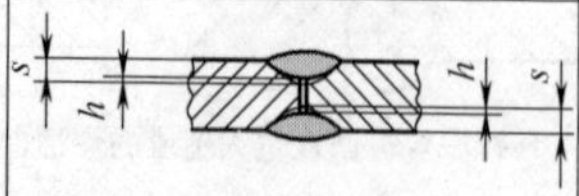 对接接头(部分焊透)	≥0.5	对接接头 $h \leqslant 0.2s$，最大为2mm	对接接头 $h \leqslant 0.1s$，最大为1.5mm	不允许

（续）

缺陷名称	图示	t/mm	质量等级的缺陷限制		
			D	C	B
未焊透/未熔合	h t 对接接头(全焊透)	≥0.5	短缺陷：$h \leq 0.2t$，最大为2mm	不允许	不允许

基于有限元计算对比，图4-15所示为非承载焊缝不同间隙尺寸计算的应力集中系数。计算结果表明：间隙大改变了承载路径，降低了应力集中系数（1.29~1.325），相对疲劳强度影响较小，因此在这种情况下可适当放宽标准。但间隙过大可能会带来其他问题，设计与制造时要具体分析。

h a	质量等级的缺陷限定值		
	D	C	B
h/mm	2.06	1.027	0.85
SCF	1.29	1.316	1.325
相对疲劳寿命(以B类为参考)	108%	102%	1

图4-15 间隙质量等级计算结果对比

为了避免未焊透/未熔合缺陷的出现或较少出现，可以采用以下措施：①对于根部未焊透/未熔合，首先要确保母材的质量符合技术文件规定的要求，焊丝、焊条等焊接材料也要保证质量要求；②要保证坡口角度和接头装配质量，选用正确的焊接参数；③对于多道焊的层间未焊透/未熔合，焊接时应注意相邻焊道的覆盖，后焊道应至少覆盖到前焊道的焊脚位置，宜覆盖前焊道的二分之一宽度（图4-16），并调整焊接顺序及焊接方向；④双面焊时焊根清除要严谨，避免打磨不足产生背面焊道根部未焊透/未熔合。

图4-16 多层多道焊层间焊接步骤

4.2.5 气孔的影响

金属材料焊接时容易产生焊接气孔，气孔可以分为内部气孔、表面气孔（图

4-17)，这也是出现频率最高的一种焊接缺陷。当气孔过于密集时，往往会成为疲劳断裂的起裂位置，更甚者会使得材料产生“氢脆”，严重缩短焊接构件的使用寿命[7]。

产生气孔的原因可以归结为以下几个方面：①在金属构件焊接前，母材及焊材表面附有可以分解为氢气的杂质；②母材及焊材本身在固溶阶段产生了氢气；③焊接保护气体中含有氢气；④电弧焊的气体中掺入了空气中的水蒸气；⑤氩弧焊的气流量小或不稳定、速度快，焊嘴上沾有杂质或附有水珠都会产生氢气。

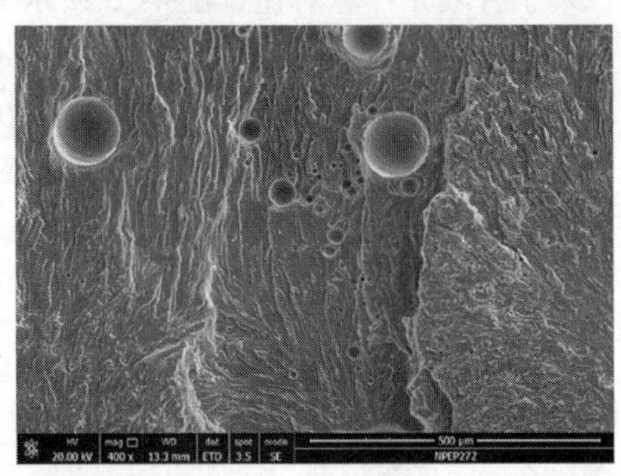

图 4-17　焊接气孔缺陷及显微放大

对于气孔类的焊接缺陷采用过多种分析方法，包括直接裂纹法、等效裂纹法等。直接裂纹法即当存在裂纹式的焊接缺陷时，可以测得初始裂纹深度，进而计算焊接接头的疲劳寿命。但对于内部气孔而言，该种方法存在明显的局限性，无论定量还是定性都存在很多困难，针对这种情况，可以采用等效裂纹法。国际标准中将原始的内部缺陷进行规格化处理，即将缺陷理想化为椭圆形或半椭圆形的穿透裂纹、深埋裂纹或者表面裂纹，由于尺寸较为保守，规则化的理想裂纹几何尺寸比原始裂纹的尺寸大（图 4-18）。

图 4-19 所示为不同内部气孔尺寸的计算应力集中系数，从计算结果可以看出，三类质量等级的计算结果差别较小。图 4-20 给出了气孔分布位置的正应力与切应力相对应力强度因子，对比结果可以看出，当气孔分布在内部时变化很小，只有在临近两端区域时才会有较大影响。因此内部气孔缺陷只要不改变接头断裂形式，不大幅减小接头承载面积，则对结构疲劳强度的影响有限，可以适当放宽考核标准。

气孔缺陷的解决措施主要是尽可能减少焊接中的气体，保证气体及时从熔池中排出。具体可以从以下几个方面进行防治：①在焊接前仔细检查焊条的烘焙情况，不同的焊接材料需要结合实际情况做好相应的烘焙工作；②在氩弧焊过程中要采用防风设备，做好防风工作，将风速控制在 2m/s，在焊条电弧焊的过程中，则需将风速控制在 8m/s，在焊接管子时，禁止出现穿堂风；③在焊接过程中推荐采用短

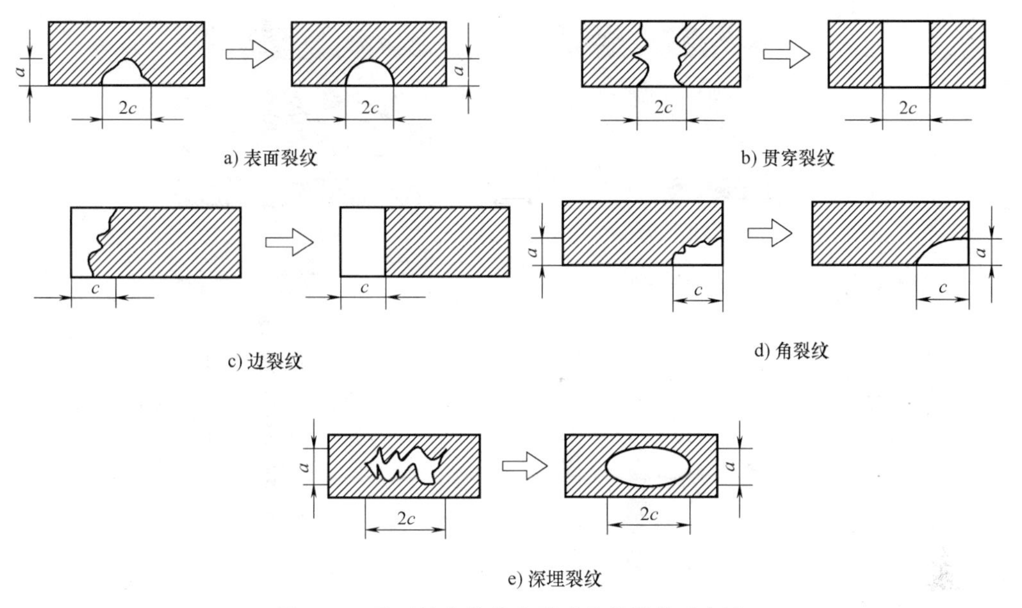

图 4-18 平面缺陷的基本形式及规则化示意图

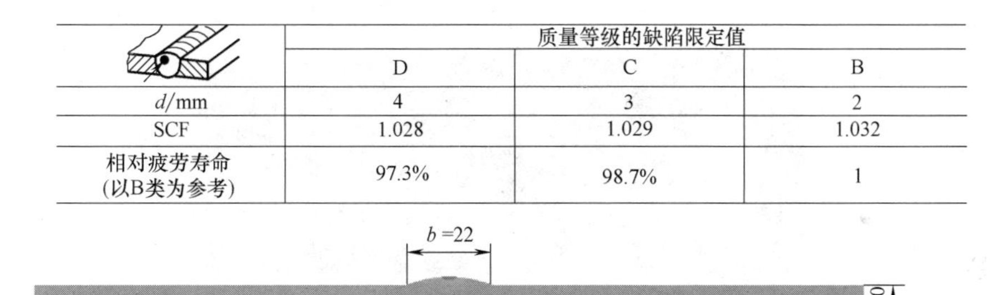

	质量等级的缺陷限定值		
	D	C	B
d/mm	4	3	2
SCF	1.028	1.029	1.032
相对疲劳寿命(以B类为参考)	97.3%	98.7%	1

图 4-19 气孔质量等级计算结果对比

电弧方式，保证焊接热输入适当。

4.2.6 夹渣的影响

焊后残留在焊缝中的熔渣称为夹渣（图 4-21）。夹渣属于固体夹杂缺陷的一种，是残留在焊缝中的熔渣，根据其成形的情况，可分为线状的、孤立的以及其他形式。夹渣会降低焊缝的塑性和韧性，其尖角往往造成应力集中，特别是在空淬倾向大的焊缝中，尖角顶点常形成裂纹，焊缝密封性会下降。焊缝中夹渣处易出现裂纹导致强度下降，因此需要认真检查，如果发现夹渣须进行碳弧气刨操作并重焊，使其满足质量要求[8]。

导致夹渣缺陷的原因包括：①焊接前坡口清理不干净；②在多层多道焊接的过程中忽视了对不同层道的清理工作；③所选择的焊接材料质量不合格，导致药皮掉

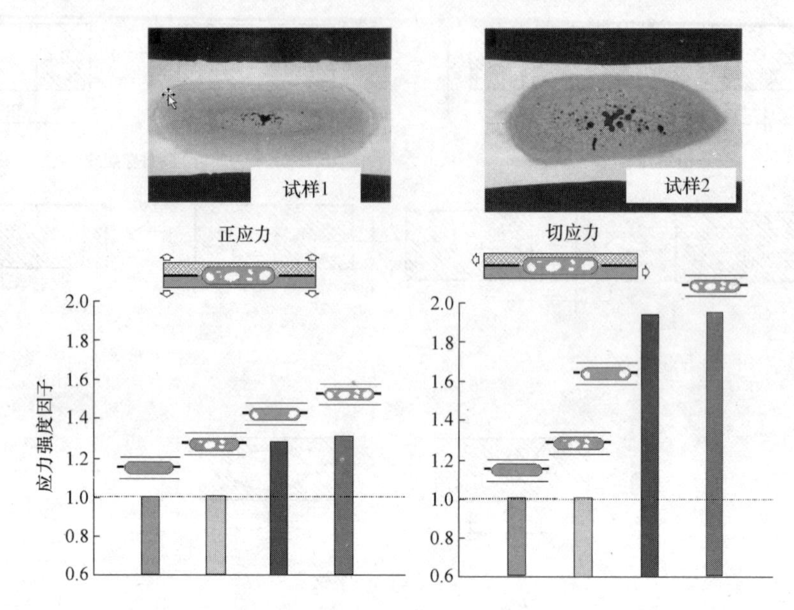

图 4-20　气孔分布位置的正应力与切应力相对应力强度因子

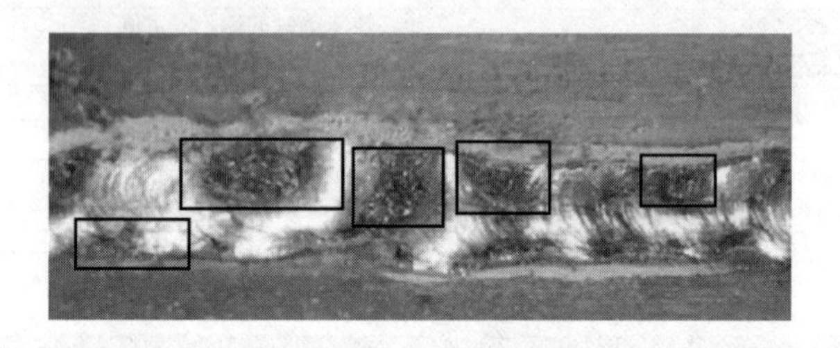

图 4-21　夹渣缺陷

入熔池；④焊接速度控制不合理等。

夹渣缺陷的存在显然会影响焊接结构的力学性能，含有夹渣缺陷的焊接结构在外载荷的作用下，微裂纹往往会在夹渣微粒内部或附近生成及扩展。当夹渣孤立存在时，微裂纹往往会在夹渣内部产生，且渣粒表面积越大时，产生微裂纹所需要的应力值就越低，产生的微裂纹数目就越大。但当夹渣凝聚成点链状时，微裂纹将在点链状夹渣之间的金属中产生，然后沿着夹渣的两侧进行扩展。呈点链状的夹渣对金属材料的服役性能的影响比以孤立形式存在的夹渣大得多，夹渣对结构的疲劳性能的影响较其力学性能的影响更大。

长期以来，关于夹渣的研究都是为了消除构件的夹渣缺陷，但大量事实证明在通常焊接条件下将夹渣完全去除掉是不可能的，研究人员开始转向含夹渣缺陷构件的服役性能的研究，希望在满足使用条件的情况下允许出现一定量的夹渣，这样可以减少去除夹渣需要的成本，获得理想的经济效益。

为了减少夹渣缺陷的形成，可以采取的措施有：①在焊接前用砂布对坡口周边 15mm 内的表面进行打磨处理，直到出现金属光泽；②在对一些大厚度的母材进行焊接时，及时清理其先焊位置所出现的焊渣；③在正式焊接前合理选择焊接材料，禁止使用偏芯以及受潮的焊条，如果选择的焊条为酸性，焊接过程中应提高电流，如果为碱性，建议严格控制焊接电弧的长度，防止电弧过长出现夹渣。

4.2.7　类裂纹缺陷的影响

在焊接过程中，由于受热面积以及金属熔点等原因，材料的可塑性、强度与焊接环境不相适应时，在焊接的中心区域金属的内力无法平衡，产生金属裂纹，焊接过程中产生的为热裂纹，焊后产生的裂纹为冷裂纹。由于铝合金的热影响区范围较大，再加之热膨胀系数大，焊接过程中很容易出现热裂纹，如图 4-22 所示。

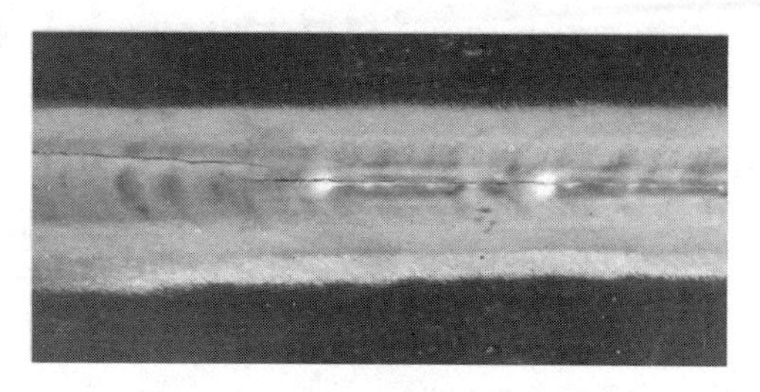

图 4-22　铝合金焊缝表面热裂纹

目前被广泛接受的观点是普罗霍洛夫理论[9]，该理论认为：当熔池内熔化的金属在开始凝固时，一小部分金属先进行凝固，成为凝固枝晶的主干，而剩余大部分合金及杂质仍在熔池内保持液体状态，随着温度的不断降低，枝晶渐渐增大，熔池中液态金属逐渐凝固，而杂质被排挤到晶界上，形成液态薄膜。同时存在液态薄膜与固态金属的温度称为脆性温度区间，金属在脆性温度区间时的塑性较小，当存在拉应力作用时，液态薄膜极易分离，然后就产生了微小的裂纹。如果没有充足的液态金属的补充，当熔池中的所有液态金属凝固结束后，之前产生的微小裂纹便被保留了下来，即形成了热裂纹。

当裂纹缺陷的尺寸小于临界尺寸，通常不会直接导致焊接结构在服役期间损坏，但由裂纹缺陷所引发的缺口效应，通常会导致裂纹尺寸逐渐增加，当裂纹尺寸大小超过临界值后会使得焊接结构断裂。裂纹缺陷相比于其他缺陷，产生的影响可能更大。根据裂纹缺陷的位置，检测裂纹的方法也不同，常用超声波法和射线法检测内部裂纹，染色渗透法常用于检测表面裂纹；金相法可快速检测焊接材料的裂纹缺陷。

可采用以下方法控制裂纹缺陷的产生：①严格控制焊缝金属的冷却速度，如果有必要，可使用小电流多层多道焊；②尽可能选用低氢型焊条，旨在降低焊缝氢气的扩散量，防止水分和油污进入焊接区；③加强金属材料防锈、防晒管理，妥善保管金属材料；④降低焊接残余应力，认真按照焊接工艺规程操作，并准确掌握金属材料的特性，选择适合的焊接工艺。

4.3 其他因素的影响

4.3.1 焊脚尺寸的影响

焊脚尺寸的大小是设计人员要关注的一项重点指标。当焊缝过宽、焊脚尺寸过大时，不但焊接接头受热严重，引起焊缝晶粒粗大，塑性、韧性下降，而且焊接热影响区较大，易产生焊接应力及变形，同时还浪费材料、增加成本。而焊缝过窄、焊脚尺寸过小时，可能使母材与焊缝熔合不良，同时还使焊缝易产生咬边、裂纹等焊接缺陷，影响接头强度，因此确定焊脚尺寸是保证结构强度与焊接质量的一项关键指标。

GB 50661—2011 规定了不同连接板厚度的焊脚[10]，标准规定：对于板厚≤6mm 的焊脚一般不能小于 3mm，承受动荷载的角焊缝最小焊脚尺寸为 5mm，其他厚度的最小焊脚尺寸见表 4-5。

表 4-5 角焊缝最小焊脚尺寸 （单位：mm）

母材厚度 t①	角焊缝最小焊脚尺寸②
$t \leqslant 6$	3③
$6<t \leqslant 12$	5
$12<t \leqslant 20$	6
$t>20$	8

① 采用不预热的非低氢焊接方法进行焊接时，t 等于焊接接头中较厚件厚度，应使用单道焊；采用预热的非低氢焊接方法或低氢焊接方法进行焊接时，t 等于焊接接头中较薄件厚度。

② 焊缝尺寸无须超过焊接接头中较薄件厚度的情况除外。

③ 承受动载荷的角焊缝最小焊脚尺寸为 5mm。

实际上焊脚尺寸的规定与焊缝的失效模式有关，如十字接头常见的失效模式（图 4-23），当裂纹萌生于焊趾时，扩展路径穿透母材为模式 A，这种情况表明焊脚尺寸可以满足强度要求。当裂纹萌生在焊缝处时为模式 B，这种情况表明焊缝处是薄弱区域，焊脚尺寸较小，在结构设计中应增大焊脚避免此类裂纹发生[11]。

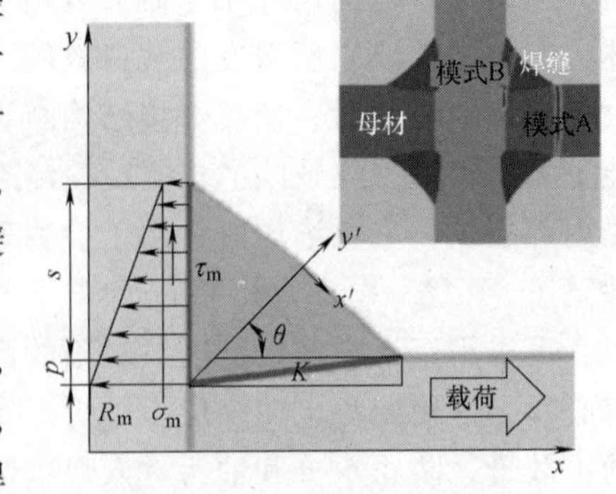

图 4-23 十字接头失效模式及应力分布示意图

采用结构应力计算角焊缝临界焊脚尺寸，对焊脚（K）与板厚（T）的比进行计算，对焊趾处（路径 A）、焊缝处（路径 B）、焊根处（路径 C）的应力集中系数（SCF）进行对比（图 4-24），可以看到 K/T 在 0.7～

0.8 之间三条路径相交，表明其应力集中系数相等，在 K/T 大于 0.8 之后，焊趾处（路径 A）应力集中系数高于其他两条路径，也就是当 K/T 大于 0.8 时，可能发生的失效最大可能是在焊趾处，焊脚尺寸可以满足强度设计要求，因此可以参考这条曲线进行焊脚尺寸设计。

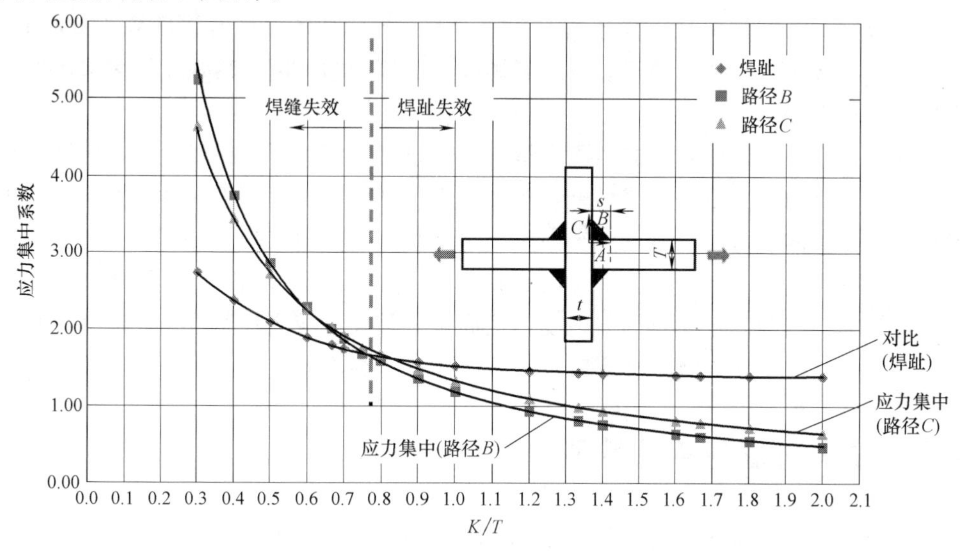

图 4-24 角焊缝不同路径临界焊脚尺寸对比

4.3.2 辅助垫板的影响

对接接头常采用辅助垫板，有时焊后垫板随构件保留下来。此辅助垫板对构件的疲劳性能影响较大，图 4-25 所示为带垫板的对接接头失效。为保障辅助垫板的效果，有时会在两侧断续焊接若干条短焊缝。在构件承受循环载荷时，带有辅助垫板的接头失效位置有三种可能：①焊缝正面焊趾处；②焊缝根部与垫板连接的焊缝处；③垫板外侧的角焊缝焊趾处。这三种失效位置差异较大，将辅助垫板点焊（或断续焊）在结构件中相当于搭接焊，这时会改变力的传递路径，辅助垫板处可能会产生较高的应力集中，因此在正常情况下，建议去除掉辅助垫板，或者将带有辅助垫板的位置用角焊缝设计标准考核其疲劳强度。

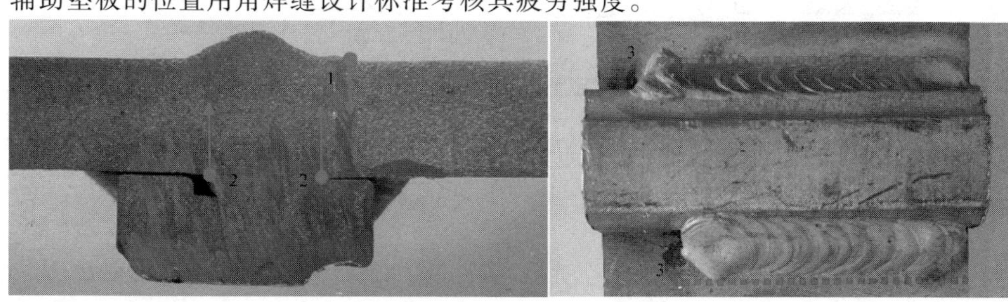

图 4-25 带垫板的对接接头失效

4.3.3 焊接接头非匹配性

焊接接头的非匹配因子为母材与焊缝的屈服强度之比。静载设计中，采用高匹配焊接接头来保证焊缝的有效承载，静拉伸载荷作用下，高匹配接头母材先于焊缝发生屈服，低匹配接头焊缝先于母材发生屈服[12]。但是当材料强度高于 600MPa 时，高匹配接头会导致氢脆开裂或断裂韧度不足等问题，因而高强度钢多采用低强度焊材进行焊接。

焊接接头不均匀性导致非匹配力学响应可以解释疲劳裂纹路径的不确定性，铝合金接头裂纹萌生后沿着焊缝熔合线扩展一定长度后，再垂直于外载荷方向进行扩展，因而裂纹的开裂路径是逐步转向垂直于外载荷的方向上的。

母材与焊缝金属的匹配性对中高周疲劳寿命几乎没有影响，而对低周疲劳寿命有一定影响，因为超过材料屈服强度的低周疲劳是通过应变控制进行评估，特别在超低周疲劳情况下，焊缝强度高时其疲劳寿命有时会高于母材。

4.4 接头质量与承载性能

1. 设计与制造时要重点考核焊接质量对应力集中的影响

如果焊接缺陷可以明显提高接头的应力集中系数（SCF），则该缺陷一般会对接头的疲劳寿命造成较为显著的影响。如果在没有缺陷时接头的 SCF 不大（即 SCF 在 1 附近），但是缺陷的引入会较为明显地提高接头的 SCF，那么该缺陷会导致疲劳寿命的明显下降，应该严格进行控制。如果在没有缺陷时，由于结构原因接头的初始 SCF 较大，而缺陷的引入进一步增加了接头的 SCF，那么该接头的初始 SCF 越大，缺陷的危害就越小。对于一些特殊的缺陷，它们的引入甚至能降低 SCF 的数值，这类缺陷并不十分重要，如图 4-26 所示。

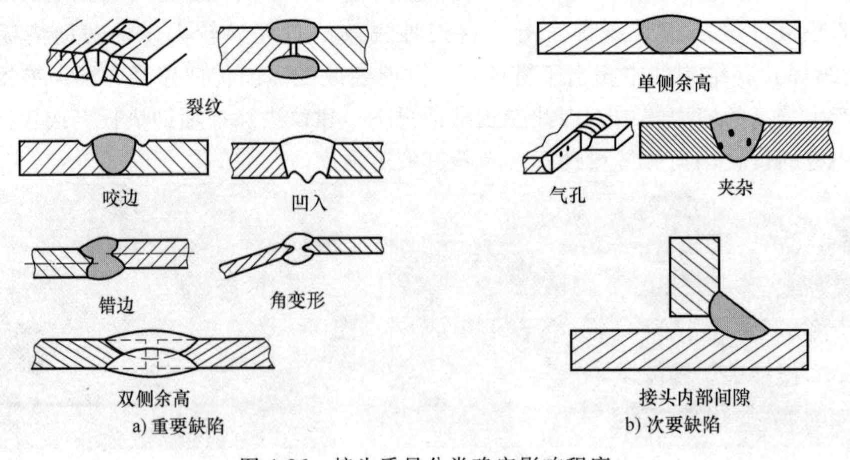

图 4-26 接头质量分类确定影响程度

2. 力的作用方向对考核焊接质量的影响

设计时焊缝最好位于非承载位置，对结构疲劳寿命的影响最小。根据载荷的类型，要区分各种连接焊缝的类别，设计标准和质量要求将在很大程度上取决于接头的主要功能，施加的载荷和结构几何共同建立了连接焊缝的性能。图 4-27 所示的简单焊接 T 形接头，可以根据所施加的力 $F_1 \sim F_4$ 而具有多种功能。

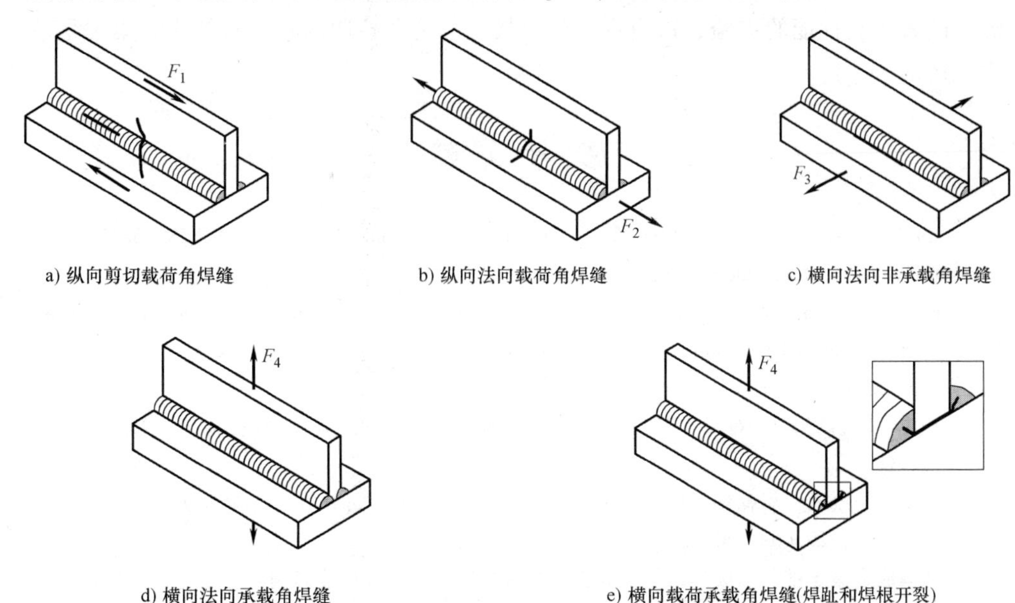

a) 纵向剪切载荷角焊缝　b) 纵向法向载荷角焊缝　c) 横向法向非承载角焊缝

d) 横向法向承载角焊缝　e) 横向载荷承载角焊缝(焊趾和焊根开裂)

图 4-27　接头分类根据接头载荷/功能确定

如果接头由 F_1 加载，则焊缝是承受剪切载荷的纵向焊缝。板梁中的腹板到法兰焊缝是此类焊缝的典型实例。在这种情况下，与焊趾相关的失效很少，失效可能会发生在焊根处。

对于由 F_2 加载的纵向焊缝，焊缝起止位置变得至关重要，熔合线的波纹形状可能对疲劳强度有很大影响。如果接头由 F_3 加载，则焊缝是非承载辅助焊缝，焊脚尺寸、焊趾过渡半径和底板的厚度变得至关重要。由 F_3 加载的焊缝也可以被认为是对制造的中等要求。在静载荷情况下，无载荷的附件焊缝永远不会是关键，但通常会导致疲劳失效。

对于承受 F_4 的承载角焊缝，焊脚尺寸、内部未熔合、焊趾过渡半径、咬边、接头错位、气孔率和焊缝熔深都可能对接头的疲劳强度产生很大影响。对于承受 F_4 的焊缝，根部疲劳裂纹也可能根据熔深程度而发展，因此 F_4 加载的焊缝在设计和制造方面都要求最高，必须同时考虑焊趾侧和焊根侧。

3. 焊接接头质量的改善措施

焊趾是疲劳失效位置，起弧端和收弧端也是疲劳薄弱点，其影响远大于焊缝形貌的影响。开展焊接结构的疲劳性能优化，可从焊缝几何形貌调修，或者从提高接头疲劳抗力两个角度入手[13]。前者意在降低焊趾处应力集中，减缓缺口效应，延长裂纹萌生寿命。目前多采用改善焊缝形貌、焊趾重熔或者熔修、焊趾打磨等技术。降低构件整体残余应力水平也可提高裂纹萌生寿命，过载、热处理、表面喷丸、超声波冲击焊趾等技术均有一定程度的工程应用。对比采用高频冲击接头与热处理后的疲劳试验数据，发现焊接变形引起的应力集中对疲劳寿命的影响远远超过焊后改善接头性能的措施，这也说明焊接接头的疲劳控制因素中减缓应力集中是最为关键的。

参 考 文 献

[1] European Norm. Fusion-weld in steel, nickel, titanium and their alloys: EN ISO 5817: 2003 [S]. Paris: EN, 2003.

[2] European Norm. Welding-Fusion-welded joints in steel, nickel, titanium and their alloys (beam welding excluded) -Quality levels for imperfections: EN ISO 5817: 2014 [S]. Paris: EN, 2014.

[3] 赵忠祥，陈芝瑞，刘凯，等. 焊缝错边问题的分析研究 [J]. 科技视界，2013 (35): 332-333.

[4] 高明，曾晓雁，胡乾午，等. 激光-电弧复合焊接咬边缺陷分析及抑制方法 [J]. 焊接学报，2008，29 (6): 85-88.

[5] 邵辉成，康建雄，刘庆华，等. 焊缝余高对焊接接头疲劳性能影响的定量分析 [J]. 热加工工艺，2011，40 (13): 12-14.

[6] 张春苗. V形焊缝未熔合缺欠解决办法 [J]. 焊接技术，2013，42 (1): 62-63.

[7] MENG W, LI Z G, LU F G, et al. Porosity formation mechanism and its prevention in laser lap welding for T-joints [J]. Journal of Materials Processing Technology, 2014, 214 (8): 1658-1664.

[8] 张玉凤，霍立兴. 气孔、夹渣对焊接接头力学性能的影响 [J]. 压力容器，1996，13 (4): 34-38.

[9] 周稔观. A M 普罗霍洛夫 [J]. 激光与光电子学进展，1983 (8): 13，41-42.

[10] 中华人民共和国住房和城乡建设部. 钢结构焊接规范: GB 50661—2011 [S]. 北京: 中国建筑工业出版社，2011.

[11] 刘永，王苹，马然，等. 铝合金非承载十字接头疲劳特性 [J]. 焊接学报，2016，37 (8): 83-86.

[12] 王苹，温学，米莉艳，等. 焊接接头等承载设计 [J]. 焊接，2019 (11): 1-7.

[13] 王占英，董惠芳，张艳辉. 压力容器 D 类焊接接头质量控制 [J]. 焊接，2009，38 (10): 50-53.

第5章

焊接残余应力与变形控制

在焊接结构的设计过程中，必然要考虑焊接残余应力与变形控制的问题。焊接残余应力与变形是由焊接时不均匀加热引起的，它影响着产品的制造质量和使用性能，特别是有些情况下残余应力与变形会严重影响产品的正常运用，有时还会带来经济损失。只有了解焊接残余应力与变形的产生和存在的一些基本规律，才能采取科学的方法减小、控制乃至防止其影响。

5.1 焊接残余应力

5.1.1 焊接内应力

没有外力作用的情况下，平衡于物体内的应力称为内应力。引起内应力的原因有很多，由焊接而产生的内应力称为焊接内应力。

1. 按产生内应力的原因分类

（1）热应力　热应力是在焊接过程中，焊件内部温度差异所引起的应力，故又称为温差应力，它随着温差消失而消失，热应力是引起热裂纹的力学原因。

（2）相变应力　相变应力是焊接过程中局部金属发生相变，其比体积增大或减小而引起的应力。

（3）塑性变形应力　塑性变形应力是金属局部发生拉伸或压缩塑性变形后所引起的内应力，对金属进行剪切、弯曲、切削、冲压、锻造等冷热加工时常产生这种内应力。焊接过程中，在近焊缝高温区的金属热胀和冷缩受阻时便产生塑性变形，从而引起焊接的内应力。

2. 按内应力存在的时间分类

（1）焊接瞬时应力　焊接瞬时应力是在焊接过程中，某一瞬时的焊接应力，随时间而变化。它和焊接热应力没有本质区别，当温差随时间而变化时，热应力也是瞬时应力，统称为瞬时应力。

（2）焊接残余应力　焊完冷却后残留在焊件内的应力称为残余应力，残余应力对焊接结构的强度、耐蚀性和尺寸稳定性等使用性能都有影响，主要产生的原因是加热时受热不均匀，冷却时焊后产生温度梯度。

5.1.2 残余应力产生机理及影响

在焊接过程中，具有热胀冷缩特性的金属材料，必然受到焊接热循环的局部高温加热和急剧冷却作用，因此焊缝区金属的急剧膨胀和冷却收缩会受到周围冷硬金属的拘束作用，这种热变形严重的不协调与较强的拘束行为，在加热过程中必然造成焊缝区金属产生较大的热压缩塑性变形[1]。由于焊缝区金属不仅达到完全塑性状态，甚至达到物理熔点，因而受到的压缩作用更为强烈，焊接残余应力与变形的产生，在随后的冷却过程中，其尺寸会收缩，但是这种行为在周围冷硬金属的弹性拘束下不会自由收缩，因而必然产生拉伸效应。最终，在结构中必然产生残余应力和变形，甚至产生较大的压缩塑性变形。

热过程伴随焊接过程的始终，而且过程十分复杂，其复杂性主要表现在：焊接热过程的局部性或不均匀性，焊接热过程非稳态的瞬时性，以及焊接热源做相对运动而导致的不稳定性。热过程虽然复杂，但是热过程产生残余应力的机理是清晰的。英国焊接研究所的格尔内博士在他的专著《焊接结构的疲劳》[2] 中的解释就具有代表性：大多数焊接过程是一个输入热能的过程，焊接热输入引起材料局部不均匀加热，使焊缝区熔化，与熔池毗邻的高温区材料的热膨胀则受到周围材料的限制，产生不均匀的压缩塑性变形。在冷却过程中，已发生塑性变形的这部分材料又受到周围条件的制约，而不能自由收缩，在不同程度上被拉伸形成拉应力。与此同时，熔池凝固形成的焊缝金属冷却收缩受阻时也将产生相应的拉应力，这样在焊接接头区产生了缩短的不协调应变，焊后热应力消失，内应力在室温条件下残留在焊件中，在构件中会形成与自身相平衡的焊接残余应力。

需要注意的是，焊后产生的残余应力不是热应力。焊接热过程中，热变形与塑性变形同时存在，且在热变形与塑性变形之间将产生一种变形协调体系。当焊件冷却以后，热变形一定消失，而塑性变形则被保留。然而塑性变形自身不能满足上述协调条件，因而形成了另外一种协调体系，即新的塑性变形协调体系。

可见，没有残余的塑性变形，就不可能产生残余应力。反之，因为有了残余的塑性变形，残余应力高达材料的屈服强度。产生任何残余应力的充分和必要条件是存在局部塑性变形，局部塑性变形产生的原因是存在严重的温度梯度而导致较高的热应力，并超出焊件的屈服强度[3]。

1. 一维杆单元残余应力的产生机理分析

构件中产生焊接残余应力的必要条件为局部塑性变形。焊接热源引起了瞬间非线性温度分布，正是这种不均匀的温度分布产生了热应力，热应力与残余应力的关系可以用图 5-1 中的一维杆（1D bar）模型进行解释[4]。

如图 5-1a 所示，假设一个长为 L_0 的金属杆两端被约束，使得加热后线性膨胀

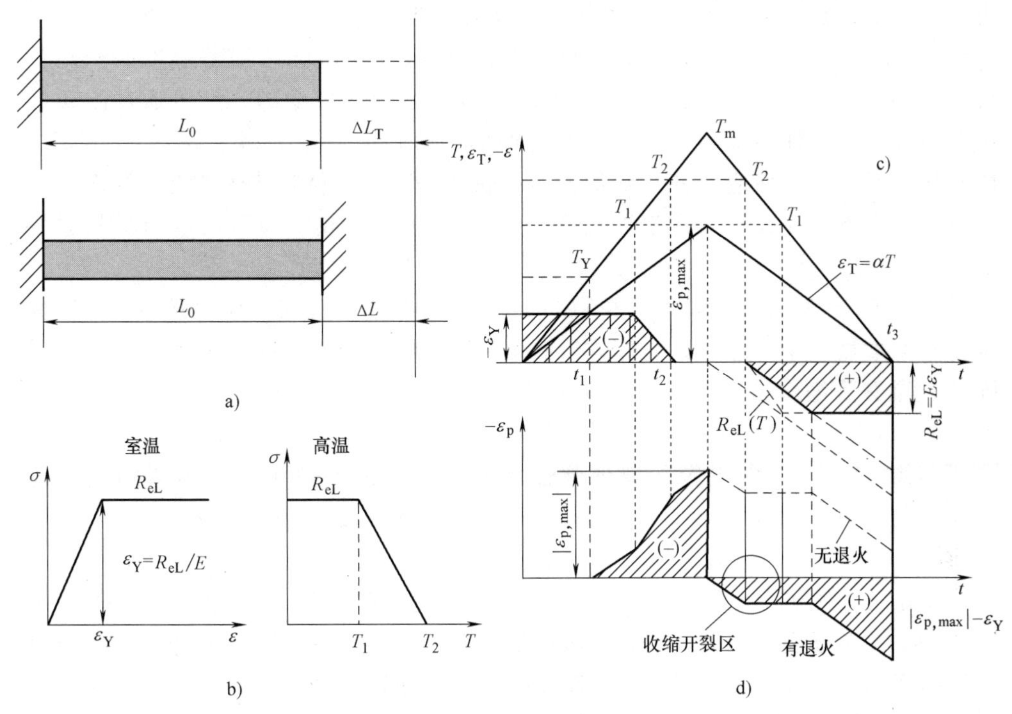

图 5-1 残余应力发展过程的热力学一维杆模型

(伸长)不能实现。

假设在环境温度($T=0℃$)下金属杆均匀受热,首先金属杆温度随着时间线性增加直到熔化温度($T=T_m$),然后线性降低到室温(图 5-1c)。进一步假定,杆的应力-应变行为按照弹性—理想塑性这一过程进行,屈服强度 R_{eL} 与温度 T 成函数关系,如图 5-1b 所示。根据塑性增量理论,任何可测量的总应变增量 $\Delta\varepsilon$ 可以按增量形式分解为以下应变分量:

$$\Delta\varepsilon = \Delta\varepsilon_e + \Delta\varepsilon_p + \Delta\varepsilon_T + \Delta\varepsilon_{Tr} \tag{5.1}$$

式中,$\Delta\varepsilon_e$、$\Delta\varepsilon_p$、$\Delta\varepsilon_T$ 和 $\Delta\varepsilon_{Tr}$ 分别为弹性应变增量、塑性应变增量、热应变增量和相变诱导应变增量。在完全约束条件下,整个加热和冷却阶段都必须保持 $\Delta\varepsilon=0$。任何时刻式(5.1)中产生的应变分配仅取决于热机械过程以及生成的应变增量类型。例如,在初始温度较低时,仅存在弹性应变增量 $\Delta\varepsilon_e$ 和热应变增量 $\Delta\varepsilon_T$,在一维应力状态下得出 $\Delta\varepsilon_e=-\Delta\varepsilon_T$ 或 $\Delta\sigma=-\alpha TE$,如图 5-1c 中的阴影区域所示,这里 α 和 E 分别是材料的线膨胀系数和弹性模量,为简化处理,在整个加热和冷却周期中均假定为常数。随着杆温度的持续升高,杆中的压应力达到材料的屈服强度 R_{eL}。此时,对应的压缩弹性应变为 $\varepsilon_Y=R_{eL}/E$,屈服强度对应的温度为 $T_Y=\varepsilon_Y/\alpha$。

温度超过 T_Y 的进一步加热不会导致应力或弹性应变的变化,直到温度达到 T_1

为止。然而如图 5-1c 所示，温度升高导致的热应变的增加全部与压缩塑性应变 ε_p 的增加相等。温度从 T_1 到 T_2 持续升高，材料的屈服强度随着温度的升高呈线性下降，并在 T_2 时接近零强度状态。该过程中塑性应变的发展可通过图 5-1d 中总热应变与塑性应变（阴影区域）之间的差值确定。图 5-1d 所示从 T_2 到 T_m，所有热应变变成塑性应变并达到最大值。在 $T=T_m$ 时，材料从固态变为液态，塑性应变定义不再存在，导致塑性应变为零（有退火）或冷却后恢复为材料原始状态。

在从 T_m 开始的冷却阶段，可以将 $\varepsilon_T=\alpha T$ 的标线垂直向下移动到零弹性应变位置来测量热应变的降低，这标志着收缩阶段的开始（图 5-1d）。由于材料的零强度，所有收缩应变在 T_m 之后变为塑性应变，直到冷却至 $T=T_2$。在焊接的情况下，这是一些材料容易发生热裂纹的区域。持续的拉伸塑性应变可以通过该线与图 5-1c 中包络阴影区域的弹性应变线之间的差值确定。预测的最终残余应力值正好为屈服强度（$\sigma=R_{eL}=E\varepsilon_Y$），塑性应变的值为 $|\varepsilon_{p,max}|-\varepsilon_Y$ 且为拉应变。

此处以材料 S15C 钢为例[5]，$R_{eL}=250\text{MPa}$，线胀系数 $\alpha=1.2\times10^{-5}/℃$，$E=200\text{GPa}$，由上述刚性拘束杆单元的热作用与应力-应变曲线分析，杆单元产生屈服的温度 $T_1=R_{eL}/(\alpha E)=104.2℃$。若杆单元最终保留塑性变形，即 $\varepsilon_{p,max}-\varepsilon_Y\geqslant0$ 时，单元冷却至室温时塑性应变无法恢复，当 $\varepsilon_{p,max}=2\varepsilon_Y$，即 $T=208.4℃$ 时，冷却至室温时杆的残余应力达到屈服强度，此温度远远低于焊接熔池的温度。

2. 二维板焊接残余应力分析

基于上一小节，本小节借助 3 杆模型分析焊接残余应力的二维分布规律。做如下假定：有限尺寸板长度为 L，厚度为 $B=1$；加热区域为图中深色区域，温度在厚度、长度上均匀分布，模型示意如图 5-2 所示，将二维板用图中的①、②、③三根杆取代。为便于分析，令杆②位于板中心，宽度为 w_2，杆①和③尺寸完全一致，杆宽 $w_1=w_3$，对称分布于杆②的两侧，相邻两杆中心的距离 $d_1=d_2$。模型中一端固定，另一端采用刚性连接，保持平面假设。

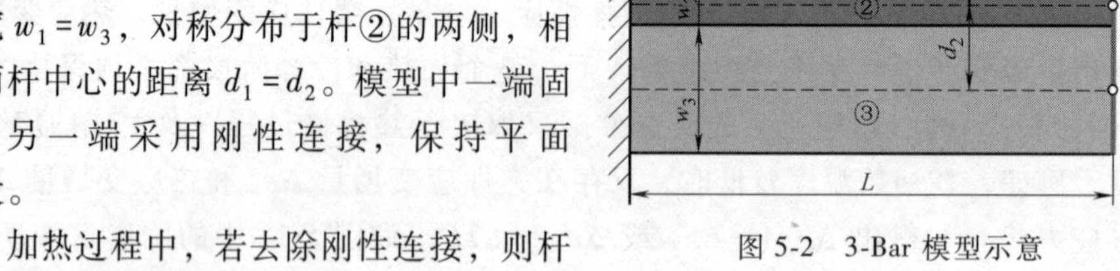

图 5-2　3-Bar 模型示意

加热过程中，若去除刚性连接，则杆②在热作用下自由伸长 ΔL_T，杆①与杆③保持原来位置不变；当将三根杆采用刚性连接时，杆②被压缩（F_2），杆①与杆③被拉伸（F_1、F_3），满足平面假设条件（图 5-3）。杆②在热作用下，其应力与应变可参照图 5-1 中刚性约束杆进行分析。令二维板的外观应变为 δ_h，外观变形为 δ_h+L，在长度方向上满足力与力矩平衡条件：

$$\begin{cases}F_1+F_3-F_2=0\\F_1d_1-F_3d_3=0\end{cases} \tag{5.2}$$

其中，

$$\begin{cases}F_1=E\delta_{\mathrm{h}}Lw_1\\F_2=E(\alpha\Delta T-\delta_{\mathrm{h}})Lw_2\\F_3=E\delta_{\mathrm{h}}Lw_3\end{cases} \tag{5.3}$$

此处仍采用材料 S15C 钢分析，当杆①与杆③的宽度为 $w_1=w_3=5w_2$ 时，杆②承受的载荷为其余两根杆之和，先达到屈服强度，当 $B=1$ 时，$F_2=R_{\mathrm{eL}}w_2$，因而

$$\Delta T=\frac{R_{\mathrm{eL}}\left(1+\dfrac{2w_1}{w_2}\right)}{E\alpha}=114.6℃$$

达到此温度后继续加热，三根杆上的应力不再改变，长度方向不再伸长，热应变全部转变为杆②的压缩塑性应变。

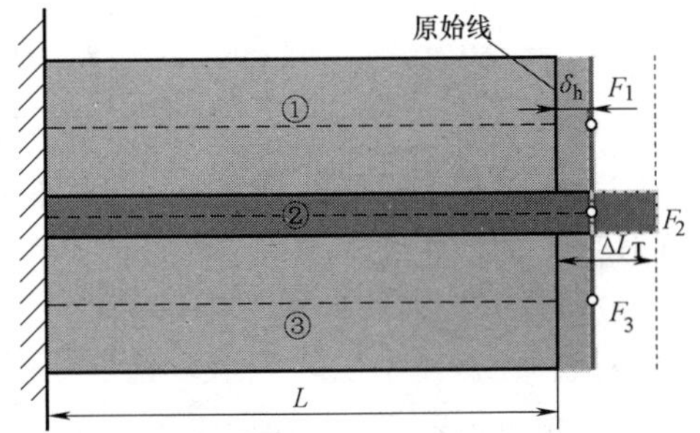

图 5-3　加热过程 3 杆平衡示意图

将模型中三根杆的相对尺寸与达到屈服条件需要的温差，及二维板的弹性应变（即外观应变）列于表 5-1 中。分析发现，两侧杆越宽对中间杆的约束作用越大，达到屈服的温差越小，外观变形越不明显。不同约束情况对二维板产生局部塑性应变的温差要求差别很小（相比于材料的熔点）。在无限宽板上加热中间的杆，温差达到 $T_{\max}=2\Delta T=208.4℃$时，即可产生局部塑性变形，残余应力恢复至室温时达到材料的屈服强度。这也直接说明焊接过程中增加约束控制变形的必要性，同时也说明无论何种焊接方法，焊后纵向残余应力均为材料屈服强度（不考虑硬化）。

表 5-1　杆宽度比与加热温差、外观应变的关系

w_1/w_2	温差 ΔT/℃	板弹性应变 δ_{h}
1	156.3	$\alpha\Delta T/3$
2	130.2	$\alpha\Delta T/5$
5	114.6	$\alpha\Delta T/11$
15	107.6	$\alpha\Delta T/31$
50	105.2	$\alpha\Delta T/101$
∞	104.2	→0

冷却过程中，同样借用 3 杆模型分析应力演变，继续将三根杆采用刚性连接，

杆②的自由收缩被限制，杆①和杆③始终与杆②保持力平衡。杆②的应力与应变历程如图 5-1 所示。降温伊始刚性约束杆②承受压应力，随着温度的降低，杆②中压应力递减并进一步转为拉应力，达到稳定状态时如图 5-4 所示，杆②中应力为屈服强度的拉应力，二维板的外观变形为 $\Delta L=L-\delta_c$。若去除刚性连接，杆②由于压缩塑性应变的存在会自由收缩，杆①与杆③中弹性应变释放，回到初始位置。

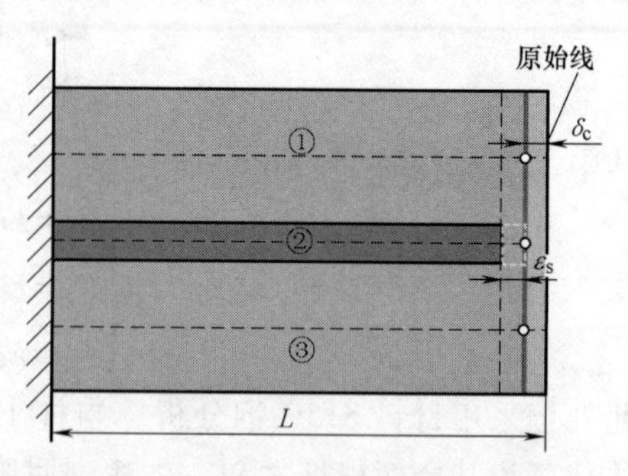

图 5-4　冷却至室温 3 杆模型示意

此过程仍满足式（5.2）中的力与力矩平衡条件，若加热峰值温度 $T_{max}\geqslant 2\Delta T$，则恢复至室温时满足

$$\begin{cases}F_1=E\delta_c L w_1\\F_2=E\varepsilon_s L w_2\\F_3=E\delta_c L w_3\end{cases}\tag{5.4}$$

二维板的杆②承受达到屈服强度的拉应力，杆①与杆③承受压应力，最终二维板在长度上的变化为

$$\Delta L=-\varepsilon_s L\frac{w_2}{2w_1}\tag{5.5}$$

二维板纵向残余应力的分布特征如图 5-5a 所示，在杆②对应区域残余应力沿着长度方向为接近或者超过材料屈服强度（考虑材料硬化）的均匀拉应力，杆①与杆③的对应区域为均匀分布的压应力，应力水平与其宽度相关。横向残余应力的分布特征：将上述二维板沿着塑性区 w_p 中心位置切开，如图 5-5b 所示，由于塑性区偏离中性轴，产生面内转动，二维板产生变形，此时若将二维板恢复至变形前，垂直于塑性区长度方向所施加的力即为真实的横向应力，在板两端为压应力，靠近中间位置为拉应力或者拉、压应力交替状态。横向应力分布与热加工工艺、结构几何特征及约束密切相关，难以用简单模型描述。

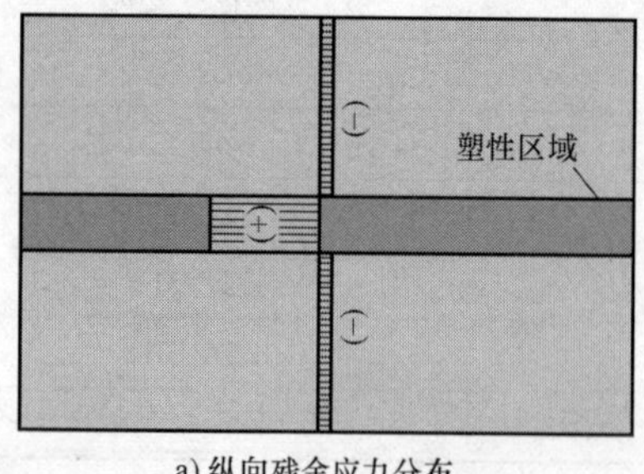

a) 纵向残余应力分布

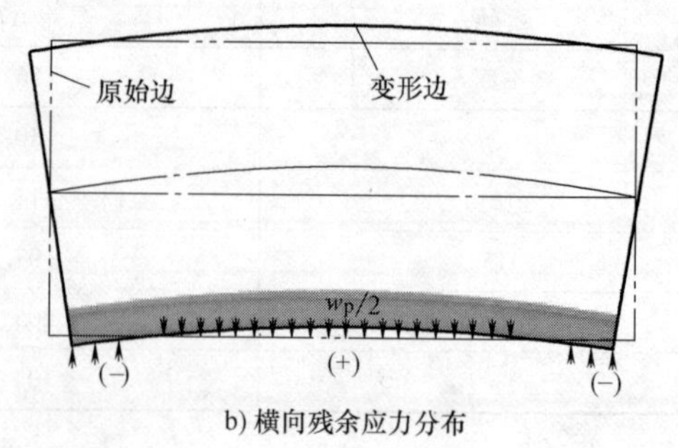

b) 横向残余应力分布

图 5-5　3 杆模型中残余应力分布示意

若需要提高分析精度，可将3杆模型扩展至 n 杆模型，开展二维板加热与冷却过程中残余应力的演化分析，本书不做深入探讨。

将3杆模型与热加工过程联系，分析发现：

1）现有热加工过程的加热温度区间均超过 $2\Delta T$，这意味着纵向残余应力基本上为材料屈服强度级别（不考虑硬化）。

2）3杆模型中，杆②即为塑性区域，当满足 $2\Delta T$ 温差条件时，即产生永久塑性变形。

3）二维板焊接时纵向收缩量 ΔL 与材料性能、板的尺寸及塑性区域尺寸直接相关，在焊接接头设计中，塑性区尺寸 w_2 的控制最为关键，此区域的宽度远超过焊缝区域宽度。

3. 焊后残余应力的位移控制属性

焊接后的变形与焊接残余应力构成了自平衡系统，因此焊接残余应力的大小与分布受结构的变形影响，即受位移的控制[6]。如图5-6所示的对接接头，中间黑色是焊缝，两侧是母材，在图5-6a接头加热状态中，焊缝与母材长度一样，在图5-6b中假设母材在焊缝冷却收缩时没有位移约束，焊缝收缩会变短。

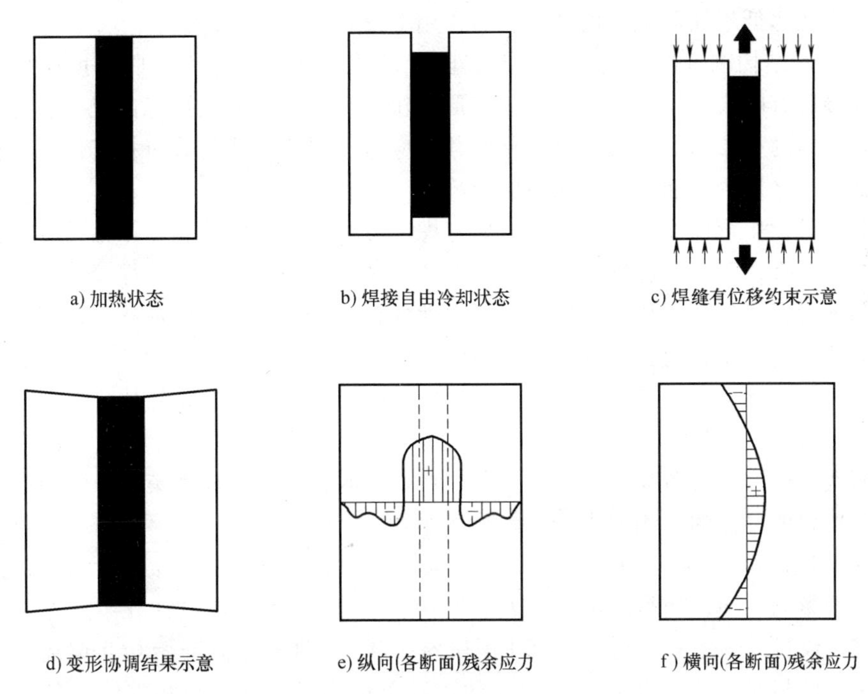

图5-6 焊接接头周围残余应力的形成

但焊缝与母材是相关的，母材在焊缝冷却收缩时有位移约束，如图5-6c所示。这时母材对焊缝的位移约束不允许焊缝收缩至图5-6b的状态，同时，母材对焊缝产生拉力（图中粗箭头所示），该拉力使焊缝产生塑性变形达到它的屈服状态。而母材约束焊缝的收缩，因此母材获得了与焊缝拉力方向相反的压力（如图中细箭头所示）。当接头冷却到室温状态时，如图 5-6d 所示，塑性变形使这两个内力将处于平衡状态，表现为焊后残余应力自平衡，且具有相同长度。这两个互相平衡的内力在焊缝区的纵向和横向上将产生如图 5-6e、f 所示的焊后残余应力分布，因此没有位移的协调，就没有焊后残余应力的平衡，也就是焊后残余应力具有位移控制属性。

4. 焊接残余应力的影响

（1）对结构静载强度的影响　对于光滑构件，只要材料有足够的塑性，塑性变形可使截面上的应力均匀化，残余应力的存在并不影响构件的承载能力，即对静载强度没有影响。如果材料处于脆性状态，或经热处理的材料以及在三向应力作用下的材料，由于材料不能塑性变形，构件截面上的应力不能均匀化，残余拉应力与工作应力叠加，使结构局部破坏，甚至导致整个构件断裂。

对于带缺口的构件，由于严重的应力集中，可能同时存在着较高的拉伸内应力。当构件中因其中的某种原因（如温度的下降、变形速度的增加或厚壁断面）受到大的作用力时，拉伸内应力和严重应力集中的共同作用，将降低结构的静载强度，使之在远低于屈服强度的外载应力作用下发生脆性断裂[7]。

（2）对结构刚度的影响　焊缝及其附近区域存在达到材料屈服强度的残余应力，焊接后有时会发生波浪变形、角变形、扭曲变形、弯曲变形等情况，这时结构刚度与实际的变形情况有关。当构件受载时应考虑屈曲方式与载荷相互作用，特别是在临界点之后的后屈曲平衡状态的影响。

对于易发生弯曲变形的梁来说，要考虑变形与载荷方向的相互作用，有时会使刚度有所下降，下降的程度与产生的塑性变形区大小和位置有关，焊缝靠近中性轴时对刚度的影响较小。压杆内应力对稳定性的影响与压杆的截面形状和残余应力的分布有关，若能使有效截面远离压杆的中性轴，可以改善其稳定性。

（3）对疲劳强度的影响　在裂纹扩展过程中，载荷控制的应力对应力强度因子的影响显著，而位移控制的影响则不显著，载荷控制与外载荷所引起的应力相关，而残余应力对疲劳裂纹的影响是受位移控制的，相对于应力集中，残余应力对焊接结构疲劳寿命的影响较小[8]。

图 5-7 说明了在纯弯曲工况下，应力强度因子 K 在载荷控制条件下与位移控制条件下的影响不同，当裂纹尺寸 a/t 非常小的时候，两种解决方法在本质上是相同的。当裂纹尺寸 a/t 增长到大于 0.1（临界深度），两种方案开始相互偏离：与载荷控制条件相对应的 K 作为裂纹尺寸的函数单调递增，而与位移控制条件相对应的 K 迅速下降。说明残余应力在小裂纹阶段对应力强度因子 K 影响明显，而在裂纹形成之后（$a/t>0.1$），由于是位移控制的，因此应力强度因子 K 并没有明显增加，原因是小裂纹产生后，原始的位移平衡条件被打破，焊缝处的残余应力要重新分布，还有可能减小，这样对疲劳寿命的影响就不明显了。

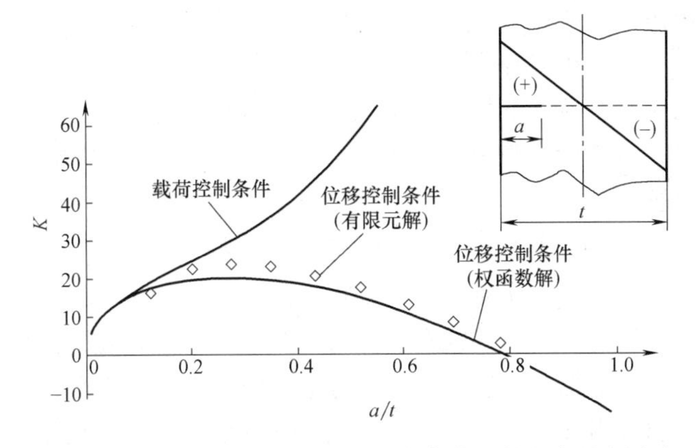

图 5-7 在载荷控制条件下与位移控制条件下的应力强度因子 K

对于以工程应用为目的的疲劳评估，还要说明的是残余应力的影响已经包含在焊接接头疲劳数据（S-N 曲线）里面，BS 7608 标准或其他规范和标准所提供的焊接接头 S-N 曲线数据就是这样，要做到这一点，焊件的疲劳试样应具有足够大的尺寸，以保持焊后残余应力的存在。

（4）对应力腐蚀的影响　应力腐蚀开裂是拉应力和腐蚀介质共同作用下产生裂纹的一种现象[9]。当材料受到的应力集中达到一定程度时，受腐蚀的部位会产生裂纹（图 5-8），并且随着裂纹的增加，塑性变形增大，裂纹处材料表面没有保护膜的保护，但是应力却一直存在，应力使腐蚀产生的裂纹沿纵向打开，腐蚀介质将源源不断地进入材料延伸到裂纹处，这就使得材料的腐蚀溶解加速，促使裂纹腐蚀持续增长，甚至发生腐蚀开裂。因此对于受腐蚀的结构，采取适当的消除残余应力的措施，或增加防护层阻止腐蚀介质进入，这将有利于提高耐蚀能力。

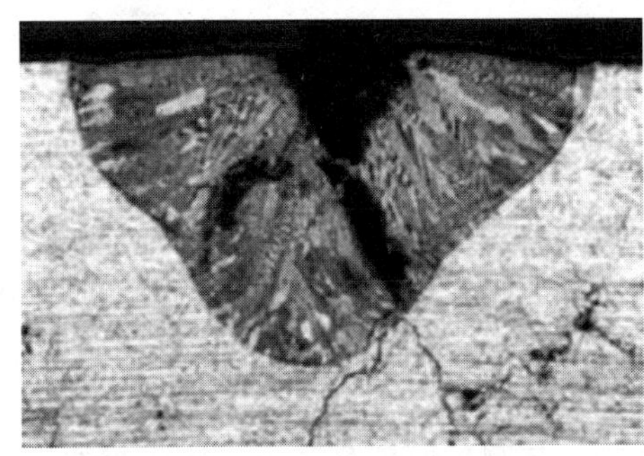
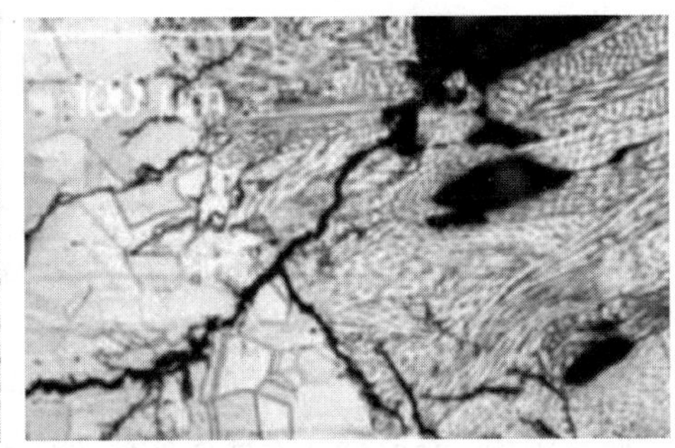

图 5-8 AISI 309 钢焊缝处应力腐蚀裂纹

（5）对机械加工精度和尺寸稳定性的影响　如果焊件中存在焊接残余应力，在用机械切削加工去除部分材料的同时，残余应力要重新分布，从而破坏焊件中的位置平衡，使焊件产生其他变形，加工精度因此也会受到影响。保证机械加工精度的有效办法是先消除焊接残余应力然后再机械加工。

此外，焊接构件中的残余应力随时间的延长会缓慢变化而重新分布，发生应力松弛，焊件尺寸也产生相应变化，影响到构件的精度和尺寸稳定性。组织稳定的低碳钢和奥氏体钢在室温条件下的应力松弛微弱，因此内应力随时间的变化较小，焊件尺寸比较稳定，而某些高温合金和高强度铝合金，由于不稳定组织随时间而转变，内应力变化较大。

（6）对其他的影响　焊接残余应力会影响外观质量，发生焊接变形、焊接错边等，这些均影响产品的外观质量。常采用火焰矫正方法来矫正变形，这时要避免在同一位置重复加热，避免加热区在矫正时承受拉应力，避免加热区选在承受拉应力的位置，避免对热敏感材料使用该方法等。同时，在加热部位应有支承，加热区要有足够的大小和适当分布。但是采用火焰矫正方法时需投入设备，耗费工时，浪费能源，甚至最终无法矫正而报废，造成经济损失，因此非必要尽可能减少应用。

5.2　残余应力测试方法

5.2.1　有损检测法

有损检测法的基本原理是采用机械加工使待测构件释放部分应力，从而产生相应的位移与应变，再在某些部位测定这些位移和应变，通过力学分析推算出原来的应力分布。常用的有损检测法有盲孔法、切条法、剥层法等[10]。

1. 盲孔法

盲孔法测量残余应力的原理可以概括为在存在残余应力的构件上钻孔之后，该孔周边的残余应力便被释放，进而孔区附近的残余应力场会发生变化。通过相应的应变片等测得该部位的应变变化量，即可计算出钻孔处释放前的残余应力值。假定一块各向同性的平板中存在某一残余应力，若钻一小孔则孔周边由于残余应力得以释放，因而在该处其径向应力变为零，进而引起孔区附近应力重新分布，前后应力的差值即为释放的残余应力的量，可以通过应变片测得应变后算出。通常表面残余应力是平面应力状态，有两个主应力和一个主方向角共三个未知数，可以设置三个应变敏感栅进行测量。

2. 切条法

切条法是一种对试件有破坏性的测量方法，其测量原理是：当试件内存在残余应力时，如果用机械方法或其他方法去除一部分材料，原有的残余应力就会松弛，从而产生弹性变形，然后根据弹性变形量（应变量）的大小来计算残余应力的数值。要避免切条过程中发生热应变和附加塑性应变。与其他方法相比，这两种方法具有测试速度快、操作简便、技术门槛低的特点，而且数学模型简单，结果直观可靠，适合生产现场对残余应力进行快速分析与评估。

3. 剥层法

剥层法属于全破坏性测定方法，通过对焊件表面进行腐蚀使材料内部逐层露出，然后通过测量焊件的弯曲挠度来推算各层的残余应力。剥层时可以沿表面层均匀剥层，也可以斜面腐蚀剥层。用力学或者黏弹性模型来计算剥除后测得的应力值及修正量，从而得到未剥层时焊件各层的应力值。剥层法是有损测量中最常用的一种方法，能够测量各种形状的高分子材料的残余应力。

5.2.2 无损检测法

1. 冲击压痕法

冲击压痕法基本上不破坏焊件，通过在焊件表面冲击加载的方式，在原来的应力场上叠加一个应力场，根据应变增量来计算原始的残余应力。冲击压痕法操作简便，具有一定的工程实用性，但仅适合用于测定硬度在50HRC以内的工件。在实际测定时必须先进行材料标定，且标定试板的组织状态应与被测工件的组织状态相同[11]。

冲击压痕法应变测量过程和步骤与盲孔法相似，即表面处理、粘贴应变片、施加附加应力场、测量应变增量和残余应力。在实际测量中对不同的材料要先进行材料标定，通过标定确定的基本参数要输入仪器的参数设置中，然后对同类材料通过测定应变增量即可直接进行残余应力的测定。

2. X射线法

根据弹性力学和X射线晶体学理论，理想晶体在不受应力的状态下，同一族的晶面间距是相等的，而受到残余应力的作用，晶面间距随残余应力的变化发生变化，根据这一特性，可以从X射线衍射谱线位移的大小计算出试样的残余应力。X射线波长较短，穿透性很强，射向待测件表面之后可深入待测件，使晶体中的正电金属粒子成为散射波的中心，进而使散射波相互干涉产生衍射现象，通过测量衍射光强度为极大的方位角 θ_i，带入公式即可求出待测方向应力 σ_φ。

3. 磁测法

利用铁磁物质的磁致伸缩效应测定应力，当铁磁体内部存在应力时，铁磁体具有各向异性，不同应力状态的部位具有不同的磁导率，实际试验中利用感应线圈中感应电流的变化来反应磁导率的变化，进而测量残余应力。

铁磁性材料在载荷的作用下会发生磁致伸缩效应的形变，引起磁畴位移，通过磁化增加磁弹性能抵消载荷应力，当载荷应力消失后，增加的磁弹性能仍然存在，通过对该部分磁场的检测即可测出应力。

4. 巴克豪森噪声法

铁磁材料的磁化有一特性为磁滞回线，其斜率最大处是阶梯式抖动变化的，即在铁磁材料被外磁场磁化时，置于材料上的线圈会以电压的形式产生一种噪声脉冲，该脉冲与材料微观结构有关，材料应力情况会影响畴壁位移，通过测量外在磁性特征即可测得应力状态，具体特征为磁巴克豪森噪声（MBN），通过比较有无应力两种状态的MBN强弱来计算残余应力[12]。

5. 超声检测法

超声波在材料中的传播速度与材料上的应力状态有关，通过测量超声波传播速度的变化就能测出残余应力的大小。基于有限变形弹性理论，在物体中传播的超声波有垂直平面应力作用面传播的超声偏振横波和垂直平面作用面的超声纵波，可根据两种波的传播速度与主应力之间的函数关系计算应力值。

5.3 去除残余应力的方法

焊后残余应力的消除方法通常有：热处理法、自然时效法、锤击消除法、振动时效法、静态过载法、热冲击时效法、超声波时效法等[13]。

1. 热处理法

工程上主要用退火处理。理论上已经证明了在热处理的加热过程中，是材料的蠕变行为去除了材料内部的残余应力，基于这一见解，如果对材料给予充分的加热时间，残余应力可以在理论上被完全去除，然而那却是不可行的，因为温度过高、时间过长，将导致材料软化而失去功能。鉴于此，通常的焊后去除残余应力热处理的执行方案是：将焊件加热升高到材料的退火温度，保温一定时间，然后再缓慢冷却至室温，这个过程不仅可以去除大部分残余应力，也可以改善材料的力学性能，甚至有利于焊件尺寸稳定性的保持。但是一些焊后退火工艺方案规定的保温时间并不合理。研究已经表明：材料的蠕变行为使残余应力松弛的过程是在升温阶段完成的，这一过程与保温时间的长短并不关联，而认为退火时较长的保温时间有利于残余应力的去除，其实是一种认识上的误解。

对大部分结构钢来说，试验数据已经证明焊后残余应力对疲劳强度影响很小，是否需要采用焊后热处理工艺去除残余应力？对于这个问题需要企业以最终目标为导向进行综合决策。例如，有的企业认为焊后热处理还有利于改善焊接热影响区的力学性能，有的企业认为焊后热处理还有利于保持焊接结构的尺寸稳定性等，因此这些企业认为采用焊热处理方案是值得的。这里建议当构件碳含量或碳当量较低，主要构件已经过消除应力退火，板、壳厚度不大，柔性结构，焊接区已预热，缺陷检查情况良好，材料塑性较好时，应避免采用焊后热处理。

2. 自然时效法

自然时效法是通过把零件暴露于室外，经过长时间甚至几年的时间，使其尺寸精度达到稳定的一种方法。这种时效方法早已被普遍采用，大量的试验研究和生产实践证明，自然时效具有稳定尺寸的效果。

3. 锤击消除法

焊后采用带圆头面的手锤锤击焊缝及近缝区，使焊缝及近缝区的金属得到延展变形，用来补偿或抵消焊接时所产生的塑性变形，使焊接残余应力降低。锤击时要掌握好打击力量，保持均匀、适度，避免因打击力量过大造成加工硬化或将焊缝锤裂。另外，焊后要及时锤击，除打底层不宜采用锤击外，其余焊完每一层或每一道都要进行锤击。

利用大功率的豪克能推动冲击工具以每秒两万次以上的频率冲击金属物体表面，由于豪克能的高频、高效和聚焦，使金属表层产生较大的压缩塑性变形。同时，豪克能冲击波改变了原有的应力场，产生一定数值的压应力，并使被冲击部位得以强化[14]。

4. 振动时效法

以共振的形式给工件施加附加动应力，当附加动应力与残余应力叠加，达到或超过材料的屈服强度时，工件发生微观或宏观塑性变形，从而降低和均匀了工件内部的残余应力，并使其尺寸精度达到稳定。该方法还可避免金属零件在热时效过程中产生的翘曲变形、氧化、脱碳及硬度降低等缺陷。

5. 静态过载法

以静力或静力矩的形式暂时加载于构件上，并在这种载荷下保持一段时间，从而使零件尺寸精度稳定的时效方法。用于焊件时需要将载荷加大到使原来应力与附加应力之和接近于材料的屈服强度，才能消除残余应力。静态过载法的精度稳定性效果取决于附加应力的大小及应力下保持时间，特别指出，静态过载法处理后构件中仍然保持着相当大的残余应力。

6. 热冲击时效法

将工件进行快速加热，使加热过程中造成的热应力正好与残余应力叠加，超过材料的屈服强度引起塑性变形，从而使原始残余应力很快松弛并稳定化。

7. 超声波时效法

在超声频率（≥16kHz）下，应用束状冲头对焊趾和焊缝表面进行冲击。以点接触、压应力屈服为主要特征的“面效应”型消除应力工艺，伴随一定的振动时效效果，比较适合高拘束状态短焊缝的局部处理。但是由于超声波时效法只能解决构件表层一定深度内的应力问题，所以相对应用环境较窄，且成本颇高。

8. 其他方法

其他方法有爆炸法、打压法、喷丸强化法、滚压法等。其中，喷丸强化法是行之有效、应用广泛的强化零件的手段，喷丸的同时也改变了表面残余应力状态和分布，而喷丸产生的残余压应力又是强化机理中的重要因素。

5.4 焊接变形与控制

5.4.1 焊接变形及影响因素

焊接变形与焊件形状尺寸、材料的热物理性能及加热条件等因素有关。如果是简单的金属杆件在自由状态下均匀地加热或冷却，该杆件将按热胀冷缩的基本规律在长度方向上产生伸长或缩短的变形，但焊接是不均匀加热过程，热源只集中在焊接部位，且以一定速度向前移动，因此局部受热金属的膨胀能引起整个焊件发生平面内或平面外的各种形态的变形。变形从焊接开始时便产生，并随焊接热源的移动和焊件上温度分布的变化而变化。一般情况下，施焊时工件受热发生膨胀变形，后面在开始凝固和冷却处发生收缩[15]，膨胀和收缩在这条焊缝上不同部位分别产生，直至焊接结束并冷却至室温变形才停止。

1. 焊接残余变形分类

焊接过程中随时间而变化的变形称为焊接瞬时变形，它对焊接施工过程造成影响。焊完冷却后焊件上残留下来的变形称为焊接残余变形，它对产品质量和使用性能造成影响。人们关心最多的是焊接残余变形，因为它直接影响焊接结构的使用性能，所以在没有特别说明的情况下，一般所说的焊接变形是指焊接残余变形。焊接残余变形的分类见表 5-2。

表 5-2　焊接残余变形的分类

类型		示意图	说　明
板平面内的变形	横向收缩		垂直于焊接方向的收缩
	纵向收缩		在焊接方向收缩
	回转变形		在开坡口焊接时，焊接过程中坡口间隙时而张开时而闭合的变形。在热源前方完全没有拘束的情况下，因连续焊接，坡口间隙常常张开，焊接热输入越大，张开量越大

（续）

类型		示意图	说 明
面外变形	横向弯曲变形（角变形）		在板厚方向由于焊接而使温度分布不均匀时，沿板厚横向收缩不均匀，使板件在焊缝中心线处发生弯曲变形，又叫角变形
	纵向弯曲变形		焊接方向偏心收缩引起的弯曲变形
	屈曲产生的波浪变形		在薄板焊接时，由于焊接产生的压缩残余应力，使板件出现因屈曲形成的波浪变形
	扭曲变形		细长构件，纵向焊缝的横向收缩不均匀或组装质量不良，使构件绕自身轴线扭转

2. 影响焊接残余变形的主要因素

1）材料热物理特性：包括线胀系数、导热系数等。

2）结构刚性：包括整体刚性、局部刚性、附加拘束等。

3）焊接填充量：涉及接头、坡口形式等。

4）焊缝分布及数量：影响焊缝收缩力与力矩大小。

5）装焊顺序：涉及装配、焊接顺序及施焊方向等。

6）焊接热输入：焊接方法及焊接参数。

7）电弧对中及冷却：影响焊接错边及变形量。

8）间隙与定位焊：包括装配间隙大小，定位焊道数量、长度、位置等。

9）焊接区应力状态：与工件支承、初始应力等相关。

10）工艺操作技巧：可选择对称焊、多道焊、分段退焊、锤击焊道、短弧焊等。

5.4.2 焊接变形控制

焊接变形控制即为塑性区的控制，局部塑性区的尺寸、形状及所在的位置是影响和控制焊接变形的关键点，因此焊接结构设计与制造时焊缝布置的策略就是要减小塑性区的尺寸，控制塑性区的位置及分布。当局部塑性应变非对称分布于中性轴时，焊接结构便会表现为一定程度的焊接变形，在残余应力作用区，由于残余应力的自平衡特征，结构刚度不足时就会出现非线性变形。因此在焊接过程中要减少面内约束，或采用针对焊缝塑性区的有效装夹，控制焊接变形量。以下介绍焊接变形控制的常用方法[16]。

1. 焊接顺序法

焊接顺序对残余应力和变形的产生影响极大，因此质量要求较高的焊接结构均要在其焊接工艺流程中精细安排焊接顺序。拼板应先焊错开的短焊缝，后焊直通长焊缝，并由中央向两端施焊。先焊结构中焊接收缩量最大的焊缝，采用较小焊接热输入，减少焊接变形与降低焊接应力应综合考虑，权衡利弊。

例如，对于圆筒形结构的拼焊，要先焊纵向焊缝，再焊周向焊缝。对于带有加强筋的板件，应先焊板材间和筋板间的对接焊缝，后焊板材与筋板间的角焊缝。图5-9c、d 所示的焊接变形要小于图 5-9a、b 所示的焊接变形。

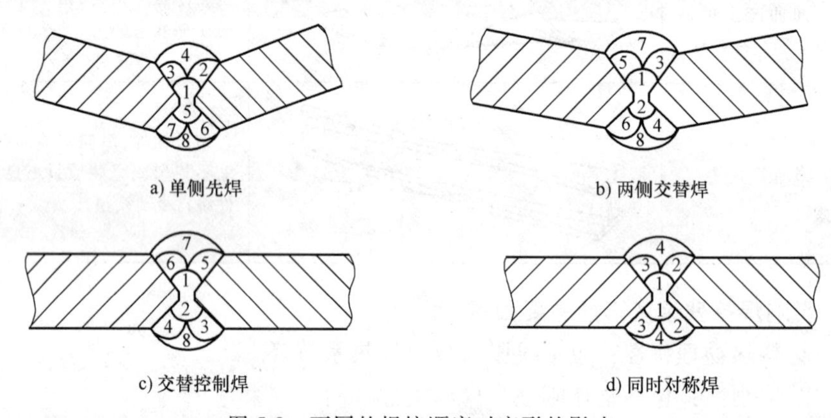

图 5-9　不同的焊接顺序对变形的影响

2. 分段退焊法

分段退焊法主要用于解决低速焊接长焊缝时，焊缝熔池前方坡口容易出现楔形张开或闭合这一问题。分段退焊法第一步是进行短缝定位焊（要注意先两边再中间的次序）；第二步是在定位点间，按与焊缝整体相反的方向进行焊接；第三步是其余的焊层，可在交替改变焊接方向后连续焊接（图 5-10）。分段退焊法被广泛用于船舶或储罐等大型结构的焊接。

3. 同时对称焊法

焊接构件中经常会有对称布置的焊缝，如果能同时施焊，便可起到明显减少焊接变形的作用。例如，对于坡口横截面形状对称性良好的焊缝（如 X 形坡口焊缝），各焊层应以工件板中心平面为对称布置，且同时施焊，这样便可避免角变形并提高效率。

4. 预热法

焊接残余应力和焊接变形均可通过预热而减少，特别是由于冶金方面的原因，

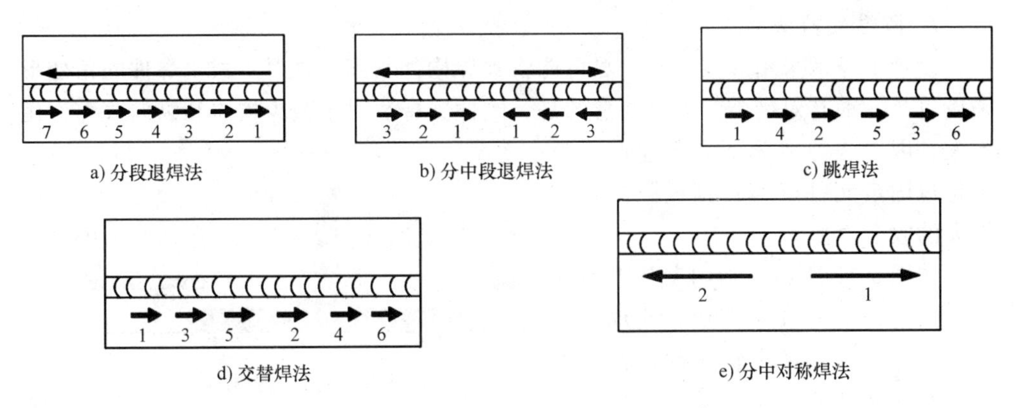

a) 分段退焊法 b) 分中段退焊法 c) 跳焊法

d) 交替焊法 e) 分中对称焊法

图 5-10 采用不同焊接顺序的对接焊缝

对于钢材来说，预热可能是很有必要的。钢材焊前预热主要有两个作用：一是降低热影响区的冷却速度，二是减少了氢扩散以防止产生裂纹，而且焊缝两边的预热面积应尽可能大。

焊缝区的预热可用（气焊）焊炬、加热垫或感应线圈局部进行。使用石棉垫可减少热损失而且能保护操作工人，一般不需要采用炉中整体预热。

5. 冷却法

为了限制熔化区的宽度，可在焊接的同时进行冷却，减少热影响区，这样也具有减少残余应力和变形的作用。例如，电渣焊时焊缝表面靠水冷铜质滑块成形，闪光对焊时工件由水冷钢钳夹持，点焊时采用水冷铜质电极等。

6. 反变形法

焊接构件在焊前采取变形补偿或安装（即反变形安装），可在一定程度上解决角变形问题。例如，焊接翼板与腹板接头时，可让翼板偏离其正常位置而相对于腹板转动一定角度，随后依次焊接双面纵向角焊缝，以其角变形使翼板复位（图 5-11）。

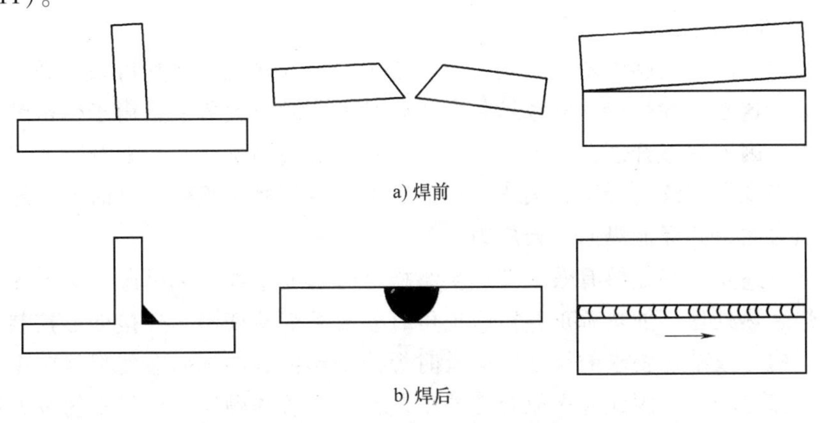

a) 焊前

b) 焊后

图 5-11 反变形控制

7. 刚性夹持法

设计中经常采用焊接夹具，尽可能将被焊构件紧固，这对于减少焊件的角变形来说也是一种有效措施。需要注意的是：刚性夹持法对于减少横向和纵向收缩作用不大，因为这种情况下会迅速产生超过固定元件摩擦自锁极限的极大的收缩力。

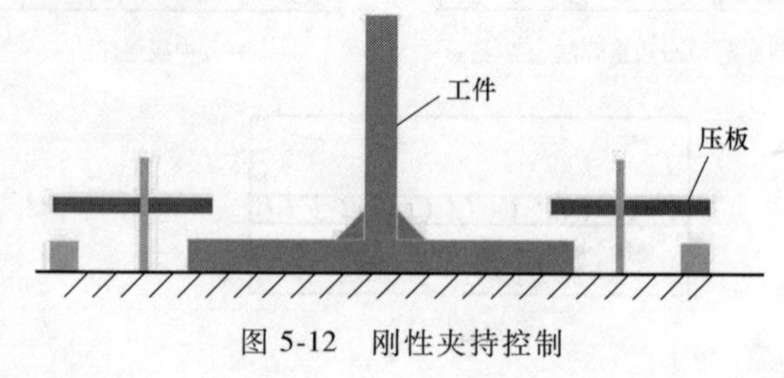

图 5-12　刚性夹持控制

如图 5-12 所示，利用夹具限制焊接过程中的收缩变形，使焊缝区在冷却过程产生较大的拉伸塑性变形，以抵偿加热过程产生的热压缩塑性变形，适用于控制薄板波浪变形和角变形。

8. 过载法

过载法作为整个制造工艺过程的一部分，可用于矫正或成形，也可用于提高结构的强度。过载引起的局部屈服会产生局部硬化并降低残余应力。但是要注意，此法以材料具有较高塑性为先决条件，因此构件通常要预热。

如图 5-13 所示，铁路客车侧墙组焊时，在未焊接立柱、横梁之前，对侧墙板进行预拉伸，使母材内部达到一定程度的拉伸效应，最好达到屈服强度，然后进行立柱、横梁的装配、焊接，直到部件完成装焊，最后松开夹具，使其内部应力释放，这样能够大大减轻侧墙的波浪变形，控制侧墙部件的平整度。

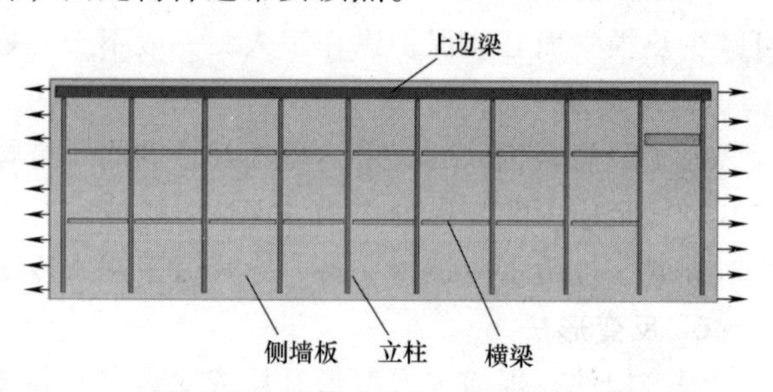

图 5-13　侧墙预拉伸过载变形控制

9. 锤击、滚压法

如果母材具有足够的塑性，则无论其处于冷态或热态下，均可采用锤击方式来延展焊缝，这是消除焊缝纵向收缩与弯曲收缩的一种有效方法。由于锤击降低了残余拉应力，因而焊缝开裂的可能性也得以减小。焊缝锤击法在船舶制造业等大型构件焊接中得到了广泛的应用，滚压产生的延伸作用在减小板厚的同时，还能消除纵向收缩与弯曲，并降低纵向残余应力[17]。

以上所述是一些能够有效降低焊接结构件焊后变形的工艺措施，除上述工艺方法外，焊后热处理、加热矫正等措施也可有效改善焊接变形。焊接变形控制主要目的是保证构件或结构要求的尺寸，但有时焊接变形控制的同时会使焊接应力和焊接裂纹倾向随之增大，因此应采取合理的工艺措施、装焊顺序、热量平衡等方法来降低或平衡焊接变形，避免采取刚性固定或强制措施来控制变形。

与此同时，设计人员在方案设计时首先要对可能引起焊接变形的结构进行评估，设计时要合理分布焊缝，使其接近结构中性轴或对称分布，不要过于密集，尽可能减少焊缝数量，并选择填充量小的焊缝尺寸及坡口形式，中间组件的设计也要有一定的刚度，避免因结构设计的原因造成焊接变形难以控制。

参考文献

[1] 方洪渊. 焊接结构学 [M]. 北京：机械工业出版社，2008.

[2] 格尔内. 焊接结构的疲劳 [M]. 周殿群，译. 北京：机械工业出版社，1988.

[3] 宋天国. 焊接残余应力的产生与消除 [M]. 北京：中国石化出版社，2005.

[4] 余昌莲. 焊接结构的残余应力研究 [D]. 武汉：武汉理工大学，2006.

[5] 潘涛，杨志刚，白秉哲，等. 钢中夹杂物与奥氏体基体热膨胀系数差异导致的热应力和应变能研究 [J]. 金属学报，2003，39 (10)：1037-1042.

[6] GU D D，MEINERS W，WISSENBACH K，et al. Laser additive manufacturing of metallic components：materials，processes and mechanisms [J]. International Materials Reviews，2013，57 (3)：133-164.

[7] 赵智力，王光临，张远健，等. 焊接残余应力对高强度钢低匹配对接接头静载强度的影响 [J]. 焊接学报，2016，37 (6)：114-117.

[8] SONSINO C M. Effect of residual stresses on the fatigue behaviour of welded joints depending on loading conditions and weld geometry [J]. International Journal of Fatigue，2009，31 (1)：88-101.

[9] HINDS G，WICKSTROM L，MINGARD K，et al. Impact of surface condition on sulphide stress corrosion cracking of 316L stainless steel [J]. Corrosion Science，2013，71：43-52.

[10] 李晨，楼瑞祥，王志刚，等. 残余应力测试方法的研究进展 [J]. 材料导报，2014 (2)：153-158.

[11] 于哲夫，赵颖华，陈怀宁，等. 冲击压痕测量残余应力的方法 [J]. 沈阳建筑工程学院学报，2001，17 (3)：200-202.

[12] 朱寿高. 基于巴克豪森噪声应力检测系统的研究 [D]. 南京：南京航空航天大学，2009.

[13] 张铁浩，王洋，方喜风，等. 残余应力检测与消除方法的研究现状及发展 [J]. 精密成形工程，2017，9 (5)：122-127.

[14] 刘兴龙. 锤击消除焊接应力的数值模拟 [D]. 济南：山东大学，2005.

[15] DENG D. Influence of deposition sequence on welding residual stress and deformation in an austenitic stainless steel J-groove welded joint [J]. Materials Design，2013，49：1022-1033.

[16] 付荣柏. 焊接变形的控制与矫正 [M]. 北京：机械工业出版社，2006.

[17] 董涛，李兴春. 焊接变形的控制方法 [J]. 现代制造技术与装备，2007 (2)：15-17.

第6章

焊接结构设计实践

焊接结构设计不但要关心整体结构的性能要求，更要关心每条焊缝的设计细节，往往出现的问题就在结构设计的细节中。一条焊缝的细节考虑不周，就可能影响产品的整体性能，这方面的经验与教训实在太多，因此从宏观到细节都要认真考虑。本章将从实际应用的角度重点对焊接接头的设计细节进行介绍，并通过更多实例的对比与分析，帮助设计人员提高实践能力。

6.1 焊接结构设计指导

焊缝处所产生的应力集中经常会产生疲劳裂纹，甚至导致母材裂纹直接牵连到结构的本体，更严重会引起整体结构断裂，造成巨大危害[1]。因此在制订设计方案时要尽可能周密精细，如材料的选择、焊接方法选用、接头形式的选择等，特别是针对结构细节的设计更应认真分析与评估，以下是焊接结构设计时要注意的问题，可作为结构设计人员的参考。

6.1.1 焊接结构的材料选择

1）对钢材的焊接性能而言，一般要求其抗裂性能要好，因此材料在焊接时要求淬硬程度低、冷裂倾向小，在成分上希望材料的碳当量低。在满足使用性能的前提下，尽量选用焊接性能好的材料，尽可能避免选用异种材料和不同成分的材料。可优先选择热轧或冷弯型钢，以减少焊缝数量，简化焊接工艺，保证焊件的强度和刚度。

表6-1是GB 50661—2011《钢结构焊接规范》[2] 给出的钢结构焊接难度等级划分表与碳当量计算公式，但碳当量只是作为制订焊接工艺评定方案时必须考虑的因素，而非唯一因素。

2）选择焊接结构材料要注重材料的冶金质量。材料的冶金质量包括冶炼时脱氧完全程度，杂质的数量、大小及分布状况等。镇静钢脱氧完全、组织致密，重要的焊接结构应选用这种钢材[3]。沸腾钢含氧较高，冲击韧性较低，性能不均匀，焊接时易产生裂纹，厚板焊接时还可能产生层状撕裂，不可用于制造承受动载荷或低温工作的重要焊接构件，但可用于一般焊接结构。

3）异种钢材或异种金属的连接，需特别注意它们的焊接性能，要尽量选择化学成分、物理性能相近的材料。合理选择焊接结构材料供应时的尺寸、形状规格，以便下料、套料，减少边角余料的损失和减少拼料时的焊缝数量。

表 6-1 钢结构焊接难度等级划分

焊接难度等级	焊接难度影响因素①			
	板厚 t/mm	钢材分类 标准屈服强度/MPa	受力状态	钢材碳当量② $C_{eq\,IIW}(\%)$
A 易	$t \leqslant 30$	Ⅰ ($\sigma_s \leqslant 295$)	一般静载拉、压	$\leqslant 0.38$
B 一般	$30 < t \leqslant 60$	Ⅱ ($295 < \sigma_s \leqslant 370$)	静载且板厚方向受拉或间接动载	$0.38 < C_{eq} \leqslant 0.45$
C 较难	$30 < t \leqslant 60$	Ⅲ ($370 < \sigma_s \leqslant 420$)	直接动载、抗震设防烈度大于或等于 8 度	$0.45 < C_{eq} \leqslant 0.50$
D 难	$t > 100$	Ⅳ ($\sigma_s > 420$)		$C_{eq} > 0.50$

① 根据上述因素所处最难等级确定整体焊接难度。

② $C_{eq\,IIW}(\%) = C + \frac{Mn}{6} + \frac{Cr+Mo+V}{5} + \frac{Cu+Ni}{15}(\%)$（适用于非调质钢）。

6.1.2 焊接方法的选用

1）焊接方法选用时，应根据材料的焊接性、焊接厚度、焊缝长度、生产批量及产品质量要求等因素，并结合各种焊缝方法的特点和应用范围来考虑。选用的原则应是：在保证产品质量的前提下，优先选用常规焊接方法，若批量大必须考虑尽量提高生产率和降低成本的焊接方法。

2）低碳钢和合金钢可用多种焊接方法焊接，具体选用哪种方法要根据具体条件确定[4]。若焊件为中等厚度（10~20mm），可选用焊条电弧焊、埋弧焊和气体保护焊。氩弧焊成本高，一般不宜选用。若焊件为长直焊缝或大直径环形焊缝，生产批量也较大，可选用埋弧焊。若焊件为单件生产，或焊缝短而且处于不同空间位置，可选用焊条电弧焊。若焊件为 40mm 以上的厚板重要结构，可选用电渣焊。若焊件为薄板轻型结构，无密封性要求，可选点焊，若有密封性要求，可选用缝焊。

3）高合金钢、不锈钢或铜及铜合金的一般工件可选用焊条电弧焊[5]。若质量要求较高，可选用氩弧焊。铝及铝合金应选用氩弧焊，质量要求不高或无氩弧焊设备时可选用气焊。铜和铝异种金属的焊接可选用压焊，若为薄板或细丝的焊接，也可选用钎焊。铝和钢的焊接一般选用压焊，若焊材为棒料，则可选用摩擦焊。焊接方法的确定还要考虑现场设备和环境条件，在实际条件许可范围内合理选择焊接方法。

6.1.3 常用焊接接头形式选择

1）对接接头是焊接结构中最常用的接头形式，这种接头应力集中较低，但在组对时要求较高，并要严格控制焊接质量（图 6-1a）。

2）搭接接头应用于板料工件，搭接长度一般大于板厚的 4 倍，搭接接头的应力集中较高，不是焊接结构的理想接头，但组对灵活、工艺性相对较好（图 6-1b）。

3）T 形接头和角接接头通常是垂直连接件（或成一定角度），都是由角焊缝连接起来的接头，它们的应力集中也较高，但非传力的角接头对其强度影响不大。角接接头多用于箱形构件上，对于 T 形接头应避免采用单面角焊缝，因为这种接头的根部有可能有未焊透的缺口，其承载能力相对较低（图 6-1c、d）。

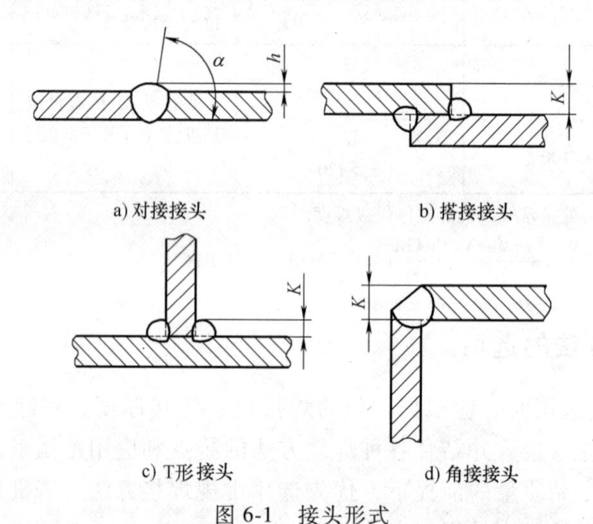

图 6-1 接头形式

4）焊接接头的形状会影响力流的走向，力线走向平滑程度不同，造成的局部应力集中也会不同，几种接头形式的力流如图 6-2 所示。对接接头力线平滑、应力

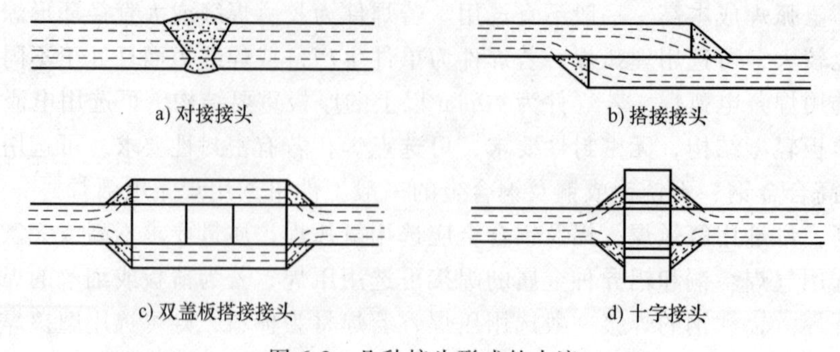

图 6-2 几种接头形式的力流

集中程度低，相对其他接头形式，疲劳性能更好，应该优先选用对接接头。对接接头的焊缝余高尽可能的小，最好焊后磨平或机械加工，以进一步减小应力集中。十字接头因力流走向变化，其疲劳强度低于对接接头，对于这种接头应尽量开坡口焊接。搭接接头的疲劳强度较低，尽量不用搭接接头。

6.1.4 焊接接头坡口形式的确定

为了增加熔深保证焊透，在焊接厚板时通常需要开坡口。焊条电弧焊的坡口形式有 I 形、V 形、U 形等（图 6-3），坡口形状有多种类型，表 6-2 给出了接头形式及坡口形状代号。

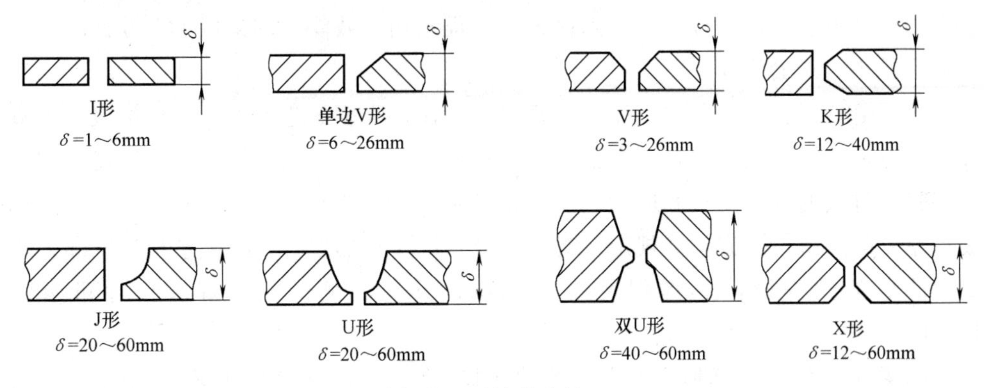

图 6-3 对接接头坡口

表 6-2 接头形式及坡口形状代号

接头形式			坡口形状	
代号		名称	代号	名称
板接头	B	对接接头	I	I 形坡口
	T	T 形接头	V	V 形坡口
	X	十字接头	X	X 形坡口
	C	角接接头	L	单边 V 形坡口
	F	搭接接头	K	K 形坡口
管接头	T	T 形接头	U①	U 形坡口
	K	K 形接头	J①	单边 U 形坡口
	Y	Y 形接头		

① 当钢板厚度≥50mm 时，可采用 U 形或 J 形坡口。

1）V 形和 U 形坡口可单面焊接，焊接性较好，但角变形有可能较大，消耗焊条多。双 V 形和双 U 形坡口需两面施焊，受热均匀变形较小，焊条消耗少。U 形和双 U 形较 V 形和双 V 形坡口易焊透，消耗焊条少，但形状复杂，加工困难，成本高，一般在重要厚板结构中采用。

2）在封闭空间操作对工人健康十分有害，因此在容器内部的焊接接头应尽量采用单面V形或U形坡口，使焊接工作在容器外部进行，将在容器内部施焊的工作量减少到最低限度[6]。

3）对接接头的坡口一般根据板厚和焊接方法选取（图6-3），同时还要考虑焊接工作量、坡口加工的难易、预防焊接变形以及方便焊接等问题。通常对接接头厚度小于6mm的一般用I形坡口，在对接处留适当间隙。

6.1.5 合理地确定焊缝尺寸

焊缝尺寸直接关系到焊接工作量和焊接变形的大小，焊缝尺寸大不仅焊接工作量大，而且也会影响焊接变形。因此，在保证结构承载能力的条件下，设计时应尽量采用较小的焊缝尺寸。

角焊缝的焊脚尺寸可由强度计算确定，在保证强度的条件下，应尽量减小焊脚尺寸。过大的焊脚尺寸不仅会多消耗焊接材料和工时，增加热影响区的宽度，同时还会引起过大的焊接变形和应力。对于角焊缝，GB 50661—2011[2] 规定了不同连接板厚度的焊脚，国家标准规定：对于板厚≤6 mm的焊脚一般不能小于3mm，承受动荷载的角焊缝最小焊脚尺寸为5mm，其他厚度的最小焊脚尺寸可参见4.3.1节。

如果通过强度计算所需角焊缝的焊脚较小，还应该考虑工艺上的可能性问题，如果焊脚尺寸太小的焊缝，冷却速度过快容易产生一系列的焊接缺陷，如裂纹、热影响区硬度过高等，因此一般需要根据板厚来选取工艺上可能的最小焊脚尺寸。

6.1.6 焊缝的合理设计与布置

焊接结构中的焊缝布置对提高结构强度，防止应力集中和变形，保障工艺实施，提高生产率，确保质量要求有着重要的影响，焊缝的布置应注意以下问题：

1）焊缝要能够焊接、便于焊接，并能保证焊接质量。应尽量设置平焊缝，避免仰焊缝，减少立焊缝。要留有足够的操作空间，焊接时尽量少翻转以提高生产率（图6-4）。

2）焊缝要避开承载应力较大的部位，特别是应力集中的部位，避免在受拉伸梁翼上利用横向焊缝焊接附属部件。要避开加工部位，尤其是产生加工硬化的部位（图6-5）。

3）焊缝要避免密集和交叉，以减少应力集中、变形、过热和其他缺陷，转角处应平缓过渡（图6-6、图6-7）。

4）焊缝应尽量对称，以抵消或减少焊后变形（图6-8）。

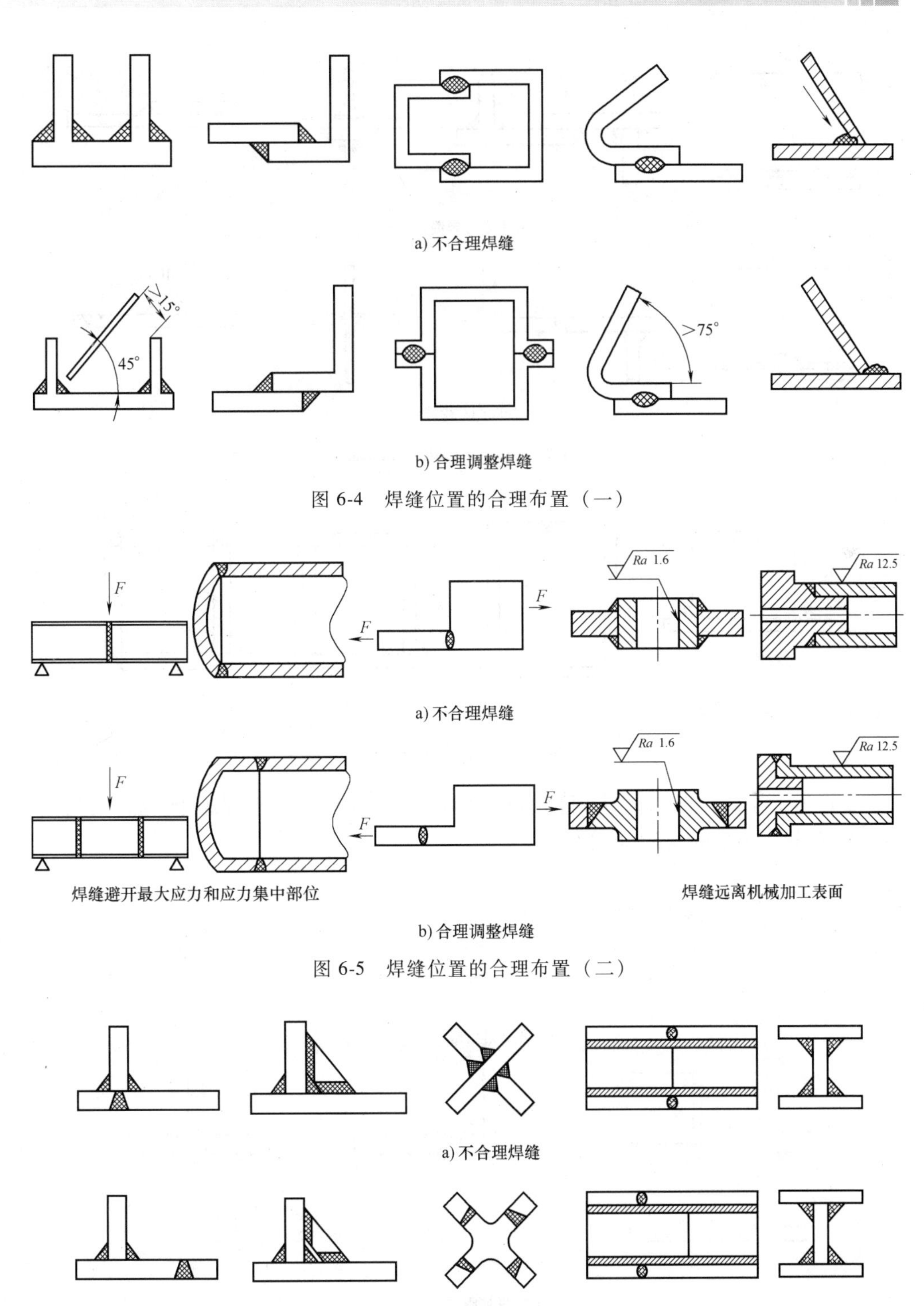

a) 不合理焊缝

b) 合理调整焊缝

图 6-4　焊缝位置的合理布置（一）

a) 不合理焊缝

b) 合理调整焊缝

图 6-5　焊缝位置的合理布置（二）

a) 不合理焊缝

b) 合理调整焊缝

图 6-6　焊缝避免交叉密集设置

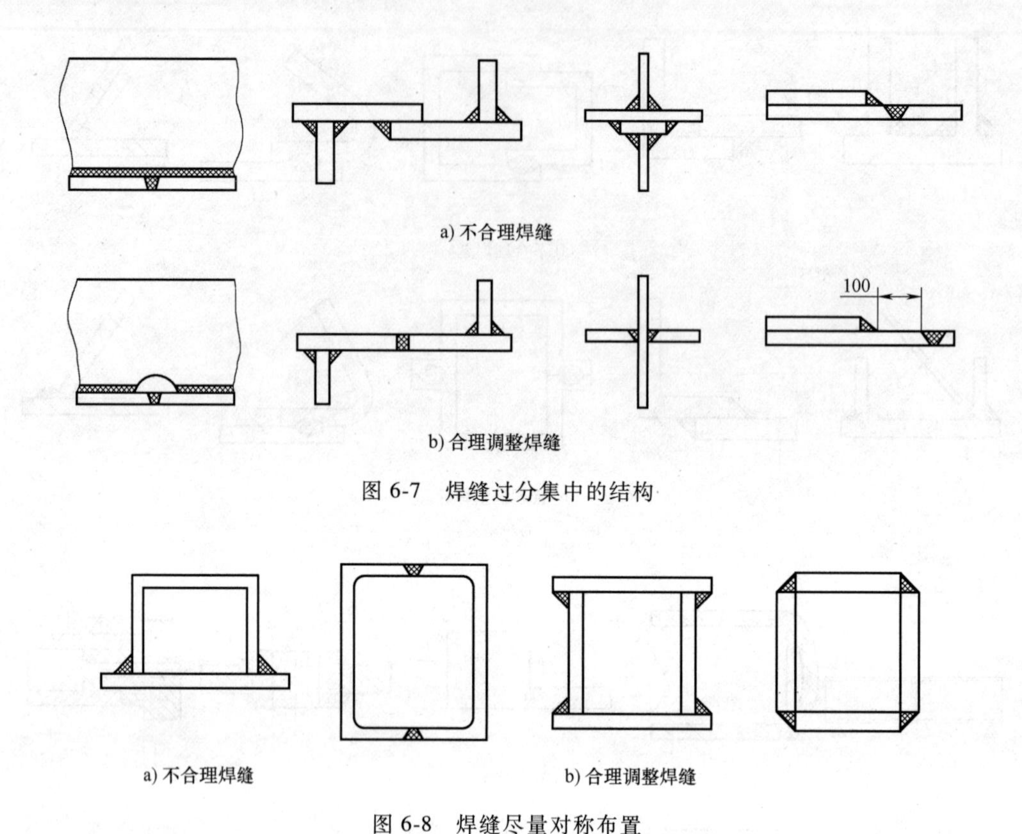

a) 不合理焊缝

b) 合理调整焊缝

图 6-7　焊缝过分集中的结构

a) 不合理焊缝　　b) 合理调整焊缝

图 6-8　焊缝尽量对称布置

5）为了在焊接时使接头两侧加热均匀，要求接头处加工成相同或相近的尺寸，避免断面突变的结构（图 6-9）。

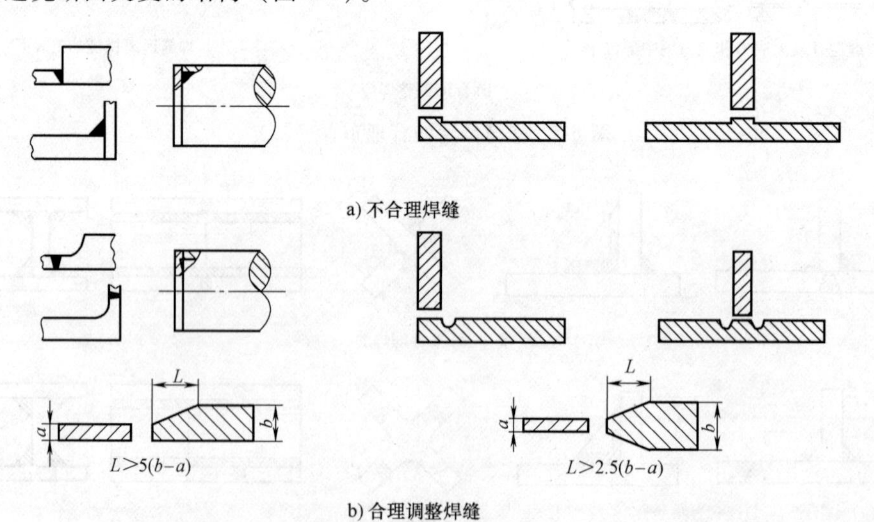

a) 不合理焊缝

b) 合理调整焊缝

图 6-9　断面突变的结构

6）焊缝应尽量减少长度和截面（图 6-10），型钢组合件其连接处的接头一般采用型钢截面配切法（图 6-11）。

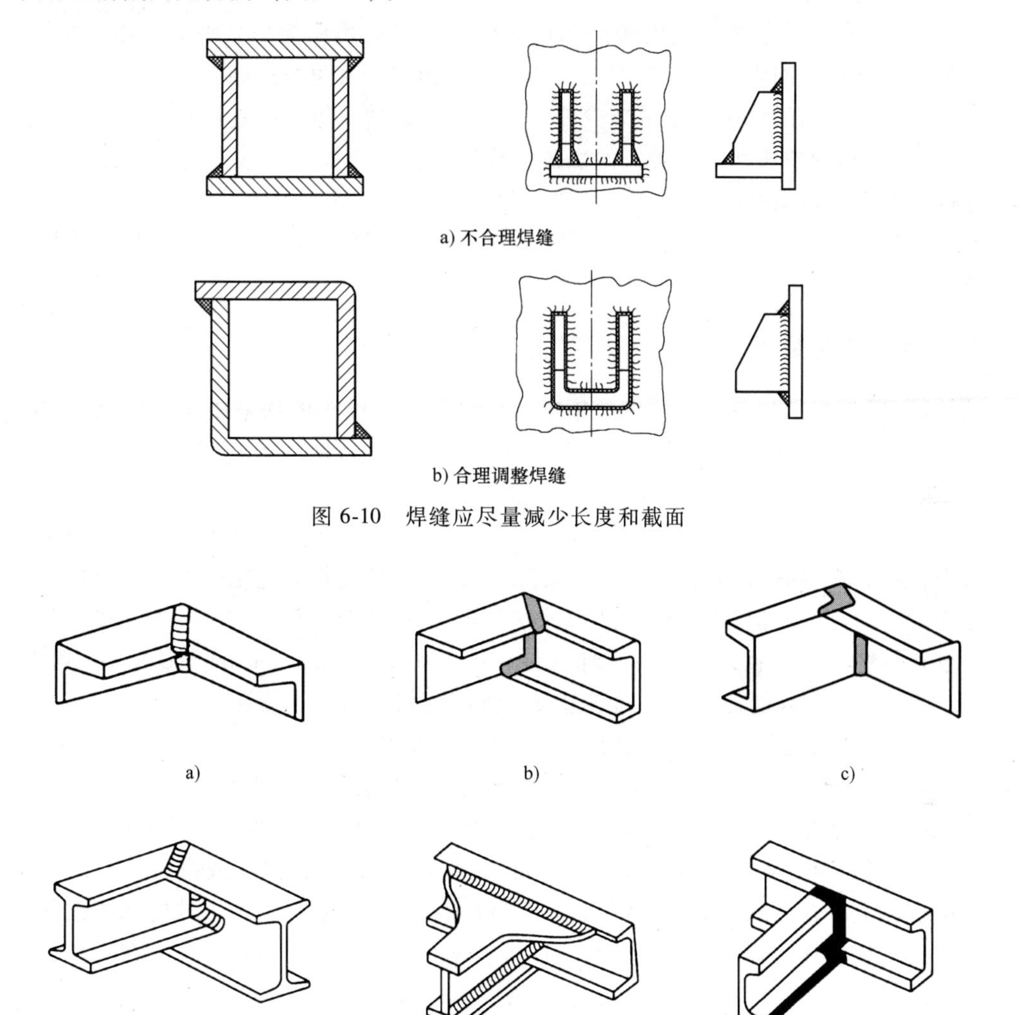

a) 不合理焊缝

b) 合理调整焊缝

图 6-10　焊缝应尽量减少长度和截面

a)　b)　c)

d)　e)　f)

图 6-11　型钢组合件接头设计

7）焊缝的布置还应照顾到其他工序的操作方便和生产安全，如检验、热处理、机械加工等，保证设计精度要求。

6.1.7　合理设计整体结构

1）根据强度、刚度和稳定性的要求，以最理想的受力状态去确定结构的几何形状和尺寸，切忌仿效铆接、铸造、锻造结构的构造形式。

2）在设计时应考虑结构整体力的传递，保证结构承载而非单块板或座承载，如吊座与箱形梁的焊接，吊座背面必须有沿吊座受力方向布置的筋板。同时，考虑焊缝和所受力的方向，按有利于提高焊缝疲劳强度的方向设计焊缝。

3）要有利于实现机械化和自动化焊接，应尽量采用简单、平直的结构形式，减少短而不规则的焊缝。一条焊缝上其截面应相同，避免采用难以弯制或冲压的具有复杂空间曲面的结构，尽量减少施焊时的翻转次数，组装时定位和夹紧应方便。

4）结构的整体性意味着任何部位的构造都同等重要，焊接结构属刚性连接的结构，许多焊接结构的破坏事故起源于局部构造设计不合理处[7]，对于应力复杂或应力集中部位更要慎重处理，如结构中的结点、断面变化部位、焊接接头的焊趾处等。

6.1.8 其他要求

1）降低焊接缺陷引起的应力集中，对每种焊接接头的缺陷质量等级进行具体要求，对于关键部位焊缝进行表面或内部探伤检查，特别注意表面缺陷对疲劳寿命的影响更大，要防止裂纹和未熔合的产生。

2）对焊缝进行整体打磨，消除焊缝表面缺陷，可以改善焊缝形状，降低应力集中，提高焊缝疲劳。可以采用局部打磨方法，用砂轮按焊缝主应力方向对焊趾部位光滑圆顺打磨，能缓解应力集中，提高焊缝的抗疲劳能力。采用合理焊接工艺方法改善焊缝几何形状，如钨极惰性气体保护电弧焊（Tungsten Inert Gas Arc Welding，TIG）焊熔修能使焊趾处圆滑过渡，提高几何形状的连续性。

3）确定结构中焊缝的外观要求，有时许多设备零件上的焊缝完全被隐藏起来，这样可以减少为了提高焊缝外观质量而增加的焊缝打磨、修磨的费用。为便于操作者知道哪些焊缝需要进行打磨、修整保证良好的外观，应在这些部位进行标记。

4）通过合适的焊接设计来保证防腐问题，如采用搭接段焊或搭接塞焊时，由于接合面上存在着缝隙，水汽可以渗透到缝隙中，而涂在接合面上的防锈漆已在焊接过程中被烧坏，焊后又无法补涂，使接合面很容易产生夹锈。因此，在容易积存水汽的地方，不宜设计这两种形式的焊接接头。

5）设计时应使设计方案满足零件各部位强度和刚度的要求，但不能超出安全设计标准，如果设计要求的指标设定过高，会因额外材料、焊接工艺和生产组织等方面的增加而提高整个过程的成本，还可能增加用户燃料、能源和维护等方面的费用，因此设计时应请有经验的工程技术人员严格检验设计方案的合理性和经济性。

6.2 焊接接头设计流程

结合上节内容，本节将依据英国标准（EN 15085）《铁路上的应用-铁路车辆及其部件的焊接》[8] 的设计流程为指导，给出焊接接头的完整性设计技术。之所以选择 EN 15085 标准为指导，是因为这个标准中提供了从设计要求、安全要求、质量标准、到检测要求等比较系统的设计流程，可以为焊接结构设计人员提供良好的指导，同时这个标准已经在我国国家标准 GB/T 25343《铁路应用 轨道车辆及其零部件的焊接》中得到应用[9]。

在 EN 15085 标准中，焊接接头设计、生产、检查是三个递进环节。首先需要对焊接接头进行静强度设计评估和疲劳强度设计评估，疲劳强度设计评估的目的是通过疲劳寿命计算获得应力因子，有了应力因子后就可以确定应力状态，然后根据结构的安全类别就可以确定结构的质量等级及检测方法。

1. 计算应力因子确定应力状态

应力状态的高、中、低是由应力因子确定的，应力因子是指接头处计算或试验得到的疲劳强度对应的应力 $\Delta\sigma_n$，与考虑安全系数时确定的疲劳循环次数所允许的疲劳应力 $\Delta\sigma_{ref}$ 之比，即 $S=\Delta\sigma_n/\Delta\sigma_{ref}$，允许的疲劳应力数值标准和数据源应在客户与制造商间协商达成一致，表 6-3 给出了应力等级与应力因子（S）的对应值。

表 6-3 应力等级与应力因子

应力等级	应力因子(S)		
	计算标准中的疲劳强度	典型接头样品疲劳测试值	
		选项 1	选项 2①
高	≥0.9	≥0.8	≥0.9
中	$0.75\leqslant S<0.9$	$0.5\leqslant S<0.8$	$0.75\leqslant S<0.9$
低	<0.75	<0.5	<0.75

① 关键的极限值应与用户或验收机构达成一致。

2. 确定安全类别

安全类别主要定义的是单个焊接接头的缺欠对人、设备以及环境的影响，安全类别按照如下方式分类：

1）高：焊接接头的失效会导致人身伤害事件和结构综合功能的整体下降。

2）中：焊接接头的失效直接影响其总功能的减损，或可能造成人身伤害事件。

3）低：焊接接头的失效不会导致结构综合功能的直接损害，不可能造成人身伤害事件。

如果合同有特定要求，设计人员对各焊缝安全等级的验收应经过客户批准。另外，在确定安全等级时，还应考虑到采用计算标准或指导准则中焊接接头评定的安全假定和要求。除此之外，还应参考在疲劳设计中收集的所在领域内的实践经验。为了帮助定义高、中安全等级，设计人员应对下列问题是否适用做出评估：

1）疲劳故障出现之前发出警告。

2）定期检查具有出现裂纹的可能性。

3）部件的设计提供了一种可替代负载的结构或方法（非静态确定系统或多余的部件）。

4）焊接部件的设计包含抑制扩展型裂纹的特性。

应当结合上述内容确定高、中安全等级，即：以上准则都不适用时为高安全等级；以上任何一项准则可用时为中安全等级。

3. 确定焊接接头的质量等级及检查方法

确定应力等级和安全等级后，就可以按表6-4确定焊接结构的焊缝质量等级、缺陷质量等级、焊缝检验等级及焊接质量检查方法，这样使结构设计、制造工艺、质量检查能有效结合，为产品质量的提升提供了进一步保障。

表6-4 EN 15085焊接接头的质量等级确认

应力等级	安全等级	焊缝质量等级	参照EN 5817与EN 10042标准的缺陷质量等级	焊缝检验等级	立体检查：超声检测或射线检测	表面检查：磁粉检测或渗透检测	外观检查：目视直接或间接检测
高	高	CP A①	钢材为B，其他不允许或不适用（符合EN 5817的缺陷1.1至1.6、1.13、1.15、1.18、1.19、1.22、2.1、2.7、2.8、2.11至2.13）	CT 1	100%	100%	100%
	中	CP B③	B	CT 2	10%	10%	100%
	低	CP C2	C	CT 3	不需要	不需要	100%
中	高	CP B②	B	CT 2	10%	10%	100%
	中	CP C2	C	CT 3	不需要	不需要	100%
	低	CP C3	C	CT 4	不需要	不需要	100%
低	高	CP C1④	C	CT 2	10%	10%	100%
	中	CP C3	C	CT 4	不需要	不需要	100%
	低	CP D	D	CT 4	不需要	不需要	100%

① 焊缝质量等级CP A是一种特殊等级，仅适用于生产和维护时具有完全焊透及完全可检查的焊缝。

② 焊缝质量等级CP B：安全等级为“高”的CP B只对生产和维护时具有完全焊透及完全可检查的焊缝有效。

③ 安全等级为“中”的CP B仅对不可能进行内部检查的焊缝有效，在这种情况下，图样上应增加一特别的标注“安全等级为中/要求增加表面检查”。

④ 焊缝质量等级CP C1对不能进行内部检测的焊缝也有效，在这种情况下，图样上应增加一特别的标注“需要表面检查”。

由上可见，上述过程是逻辑性较强并可以定量的完整流程，该流程对焊接接头设计具有良好的指导价值。

4. 基于EN 15085标准的焊接结构设计流程（图6-12）

结合上述流程及EN 15085给出的流程图，一般焊接结构设计的执行步骤可以归纳如下：

第一步：接头特性的记录，其中包括几何形状、材料等。

第二步：通过计算获得焊接应力。

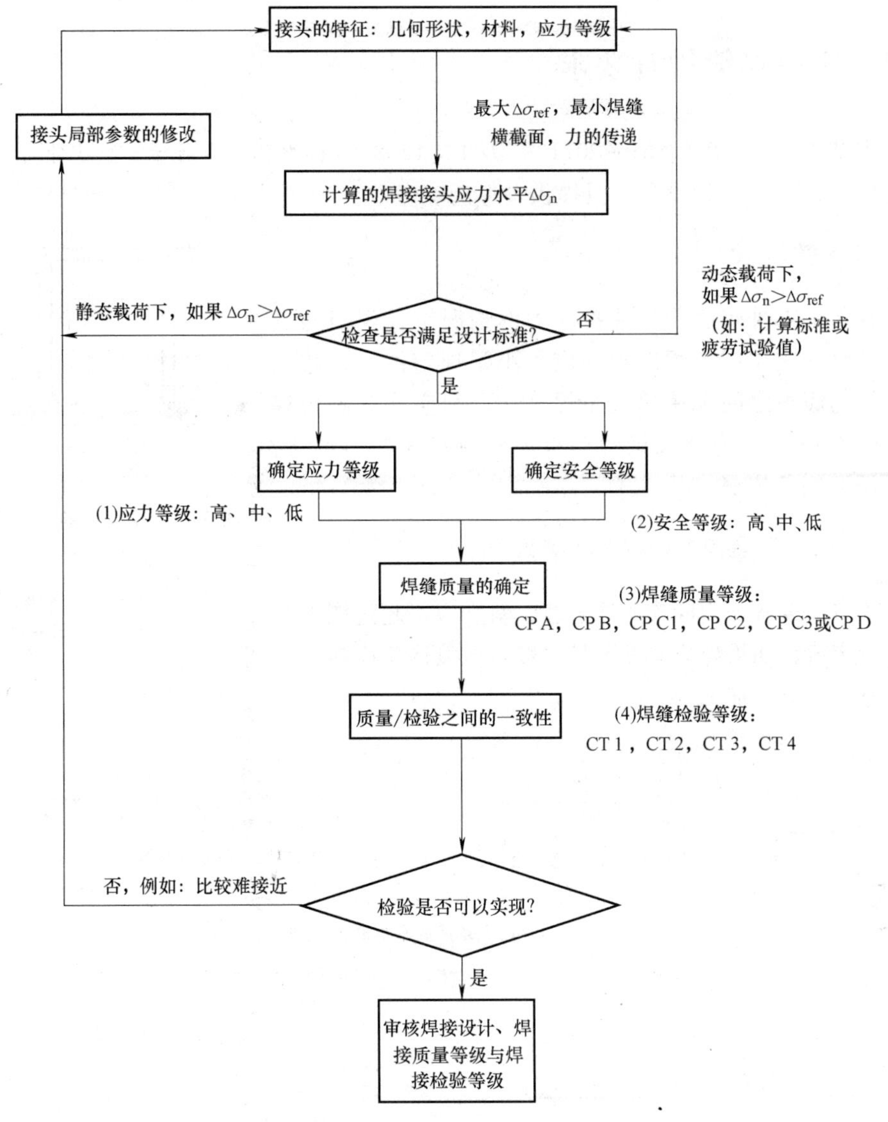

图 6-12　焊接结构设计流程

第三步：进行静强度校核（应力检查）。按照规定，检查应力是否大于静强度的许用应力，如果大于，接头局部特征修改，返回到第一步。如果应力大于动态载荷作用下的许用应力，也需要修改设计，返回到第一步。如果应力均小于上述要求，进入到第四步。

第四步：计算疲劳寿命，如果计算得到的疲劳寿命大于规定的寿命，返回到第一步。否则，计算应力因子，然后参考表 6-3，确定应力等级（高、中、低）。

第五步：根据接头的安全等级要求，参考表 6-4，确认接头性能等级、焊接质量等级及检验等级。

6.3 典型焊缝设计要求

本节将结合 GB 50661—2011[2] 及 EN 15085-3 标准[8] 为指导，给出常用典型焊缝的设计要求，为设计人员提供具体的参考。

6.3.1 箱形梁

在箱形部件焊缝受弯曲拉应力的情况下，仅当通过强度计算证明梁腹板焊缝根部应力小于规定值时，才允许翼板与腹板之间采用单侧角焊缝，否则应采双侧角焊缝。图 6-13 所示为受拉梁的翼板内应力较高的箱形梁，应采用双侧角焊缝。

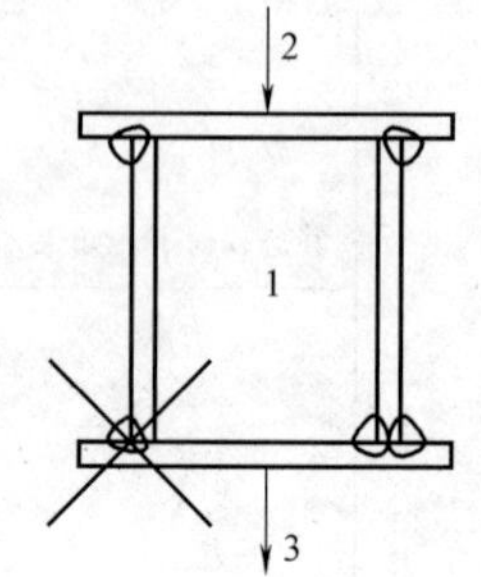

图 6-13 受拉梁的翼板内应力较高的箱形梁

1—箱形承载梁 2—受压梁的翼板 3—受拉梁的翼板

6.3.2 不等厚度部件的对接焊缝

不等厚度各截面间应平缓过渡，斜度应不超过图 6-14 中的给定值，如果焊缝厚度不足以覆盖过渡区，应对较厚部件进行相应的加工。

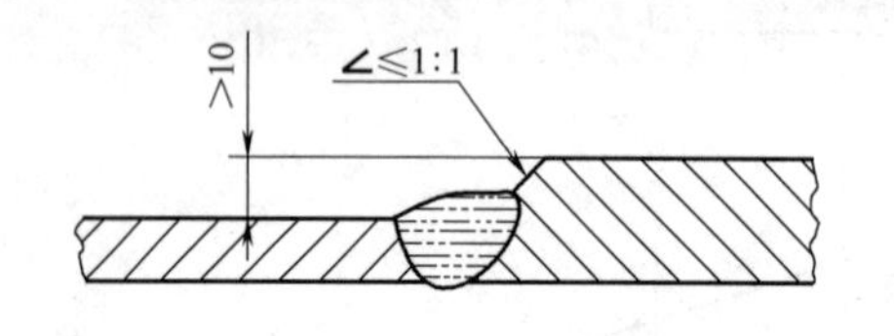

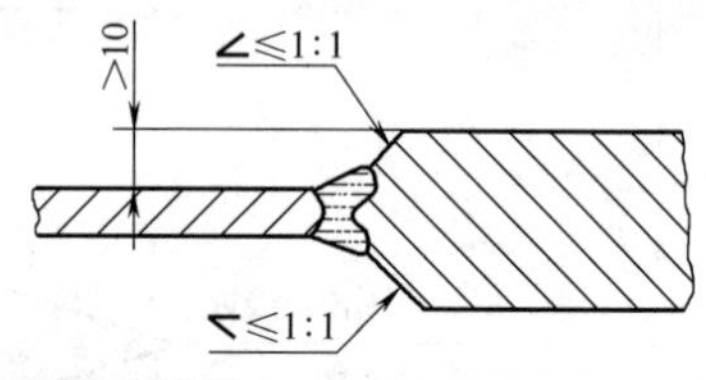

注：1:1适用于焊缝质量等级CP C3与CP D。

a)

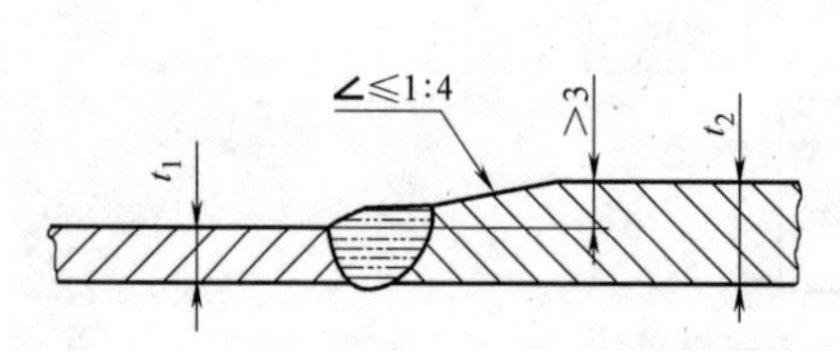

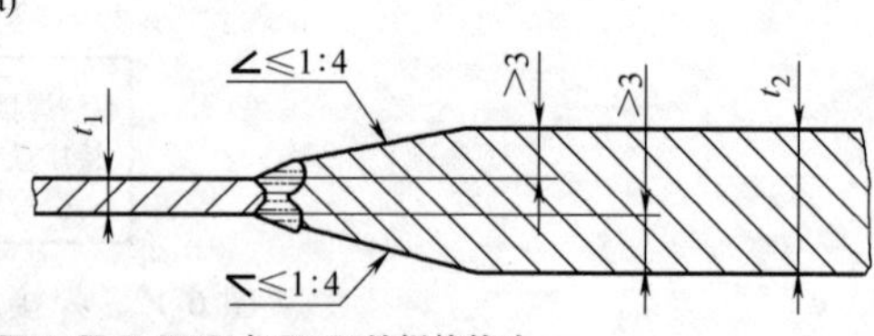

注：1:4适用于焊缝质量等级CP A,CP B,CP C1与CP C2的焊接接头。

斜度≤1:1表示角度≤45°,斜度≤1:4表示角度≤14°。

b)

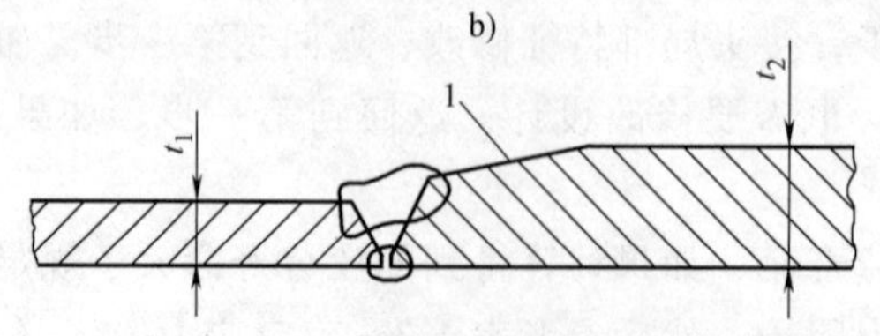

注:1—斜度，斜面的加工使焊缝外形与斜度保持一致。

c)

图 6-14 不等厚度部件的对接接头

6.3.3　塞焊与槽焊焊缝

仅承受剪切应力的塞焊和槽焊缝，只能用于焊缝质量等级 CP C2，CP C3 或 CP D 的焊缝。圆形或椭圆形槽的尺寸应允许电焊条或焊炬以最小 45°的角接触到焊接处（图 6-15）。对于薄板要求孔直径大于或等于部件厚度四倍或椭圆孔总长大于或等于孔径三倍（图 6-16）。孔内或者槽内角焊缝应满足以下尺寸要求：孔直径 $d=(3\sim4)t_2$；槽宽度 $c>3t_2$。

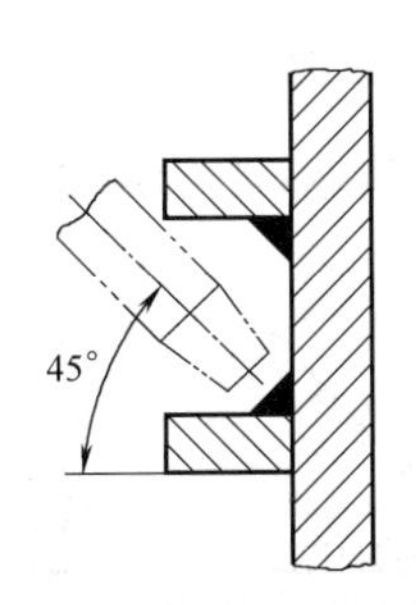

图 6-15　塞焊与槽焊孔的焊接可接近性

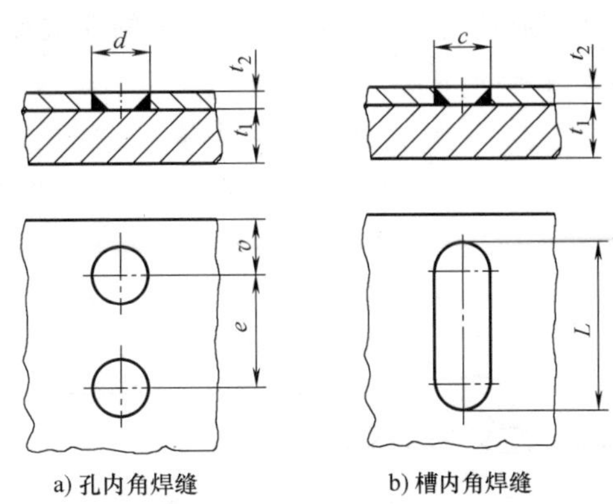

图 6-16　塞焊与槽焊焊缝尺寸

注：d 最小为 12mm；c 最小为 12mm；$v\geqslant d$；$3d\leqslant e\leqslant 4d$；$L\geqslant 2c$。

6.3.4　两接头间的距离

焊缝间的距离应避免热影响区交叠，只有在设计时已经考虑到了热处理区域或硬化区域的影响时（如残余应力、强度下降及硬度下降等），才允许在热影响区出现交叠现象。

为了减少角部变形与应力叠加，应根据部件连接的材料厚度和组件的夹具布置来决定两接头间的最小距离。对于厚度小于 20mm 的材料，特别对于铝及高强度钢，建议熔合区间隔至少为 50mm，如图 6-17 所示。

6.3.5　纵向焊缝上的加强板

当一条角焊缝与一条对接焊缝交叉时，应避免部件上的开口。将该区域对接焊缝的余高磨平以确保交叉焊缝处实施连续的焊接（图 6-18）。

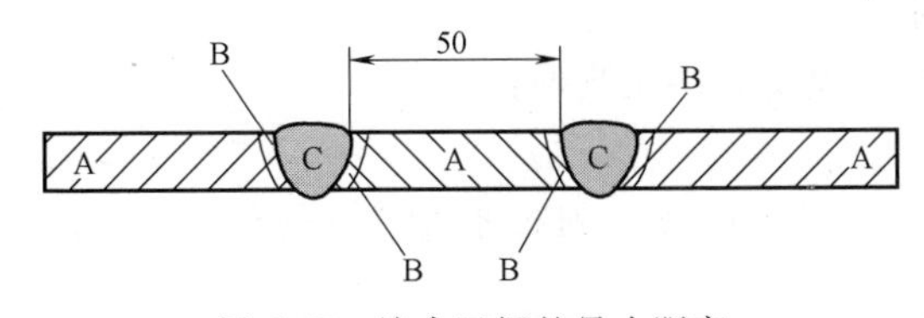

图 6-17　熔合区间的最小距离

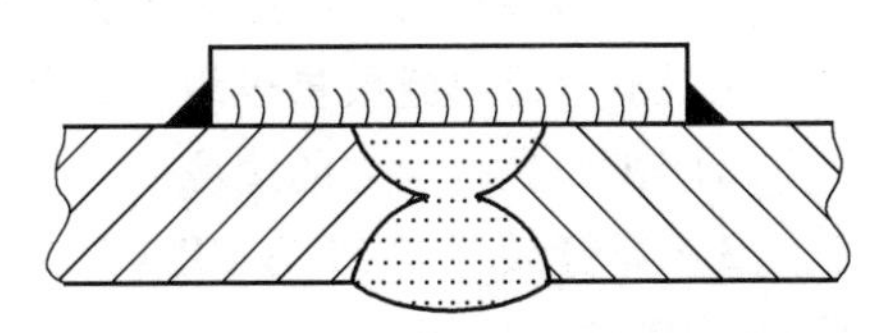

图 6-18　垂直纵向焊缝的加强板

6.3.6 填充金属及穿越孔

通常应避免出现穿越孔，需要有焊缝穿越孔时，开孔尺寸应足够大，以熔敷完好的焊缝金属，避免在连续焊缝热影响区出现应力集中（图 6-19）。

6.3.7 角接板与加强板端部

设计角接板端部和加强板端部时，为了确保在适当的条件下实施端部周边焊，角接板和加强板端部应符合图 6-20 中的相关要求，承受高应力组件的角接板应进行连续焊接。

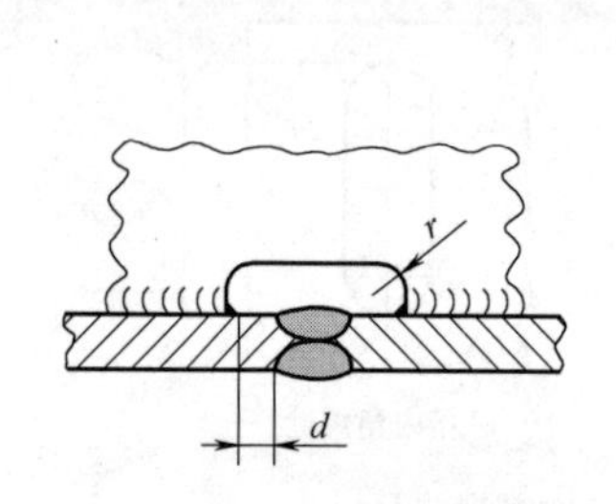

图 6-19 填充金属和穿越孔

注：r 符合 EN 1708-2 的规定，但最小为 30mm；$d \geqslant 20$mm。

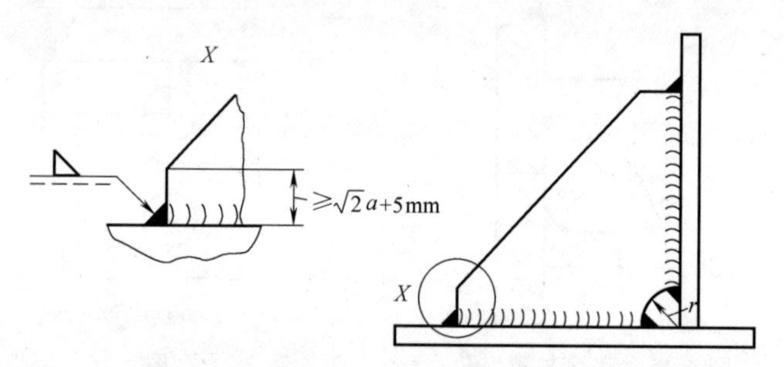

图 6-20 角接板与加强板端部的设计

注：a 为焊脚尺寸，r 参照 EN 1708-2 标准，但最小为 30mm。

6.3.8 角接板的形状

角接板的形状设计要考虑刚度协调的问题，影响承受疲劳载荷的部件（承受动载的零件）的大部分故障都是由与形状有关的问题引起的，这些问题不但具有不良的力线传递，而且由于刚度不协调还会引起应力集中（图 6-21）。

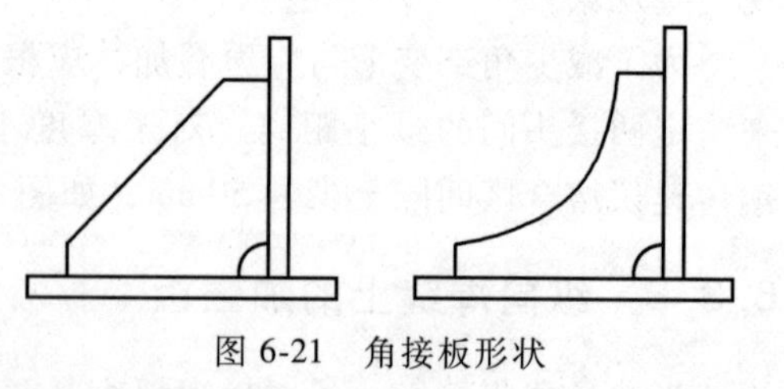

图 6-21 角接板形状

6.3.9 焊缝周边焊

应沿着角接板端部施焊，在长度为 L 上应没有间断，即 L 应至少等于 $2t$（图 6-22）。焊缝周边焊主要考虑下列问题：

1）不考虑焊缝质量等级，通常是为了避免板端出现腐蚀问题。

2）在承受高应力的边缘。

3）焊缝质量等级为 CP C3 或者 CP D 的焊缝，则焊缝端部周边焊不是必需的。

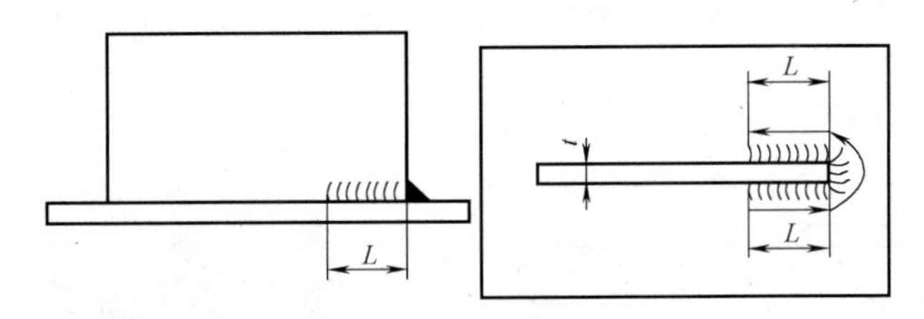

图 6-22　焊缝周边焊

注：$L \geqslant 2t$，其中 $L_{min}=10mm$。t 为钢板厚度；L 为连续焊缝的长度。如果可能的话，应不间断地实施焊缝周边焊。

6.3.10　角焊缝

角焊缝通常应是等腰的，如果因结构原因或更好的力线流，除焊缝厚度 a 外，角焊缝焊脚长度 z 也应在图样中标注。角焊缝焊缝厚度 a 不应超过计算值，然而因工艺或焊接工程的目的，这一值也可增大（图 6-23）。

对于厚度小于 20mm 的材料，特别是对于铝及高强度钢，最小搭接尺寸应为 50mm，如图 6-24 所示。

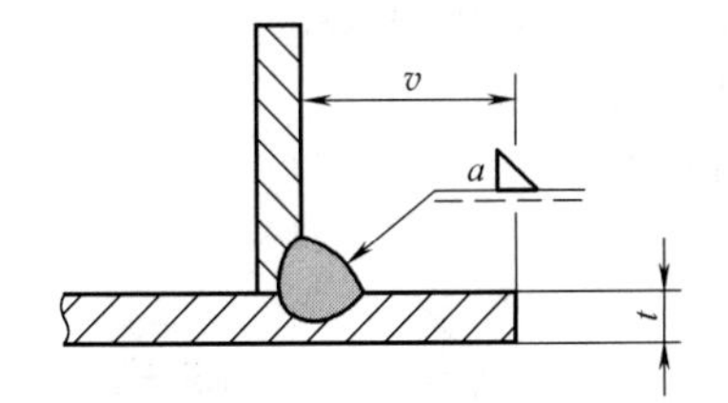

图 6-23　角焊缝边缘的距离

注：边缘距离 $v \geqslant 1.5a+t$。

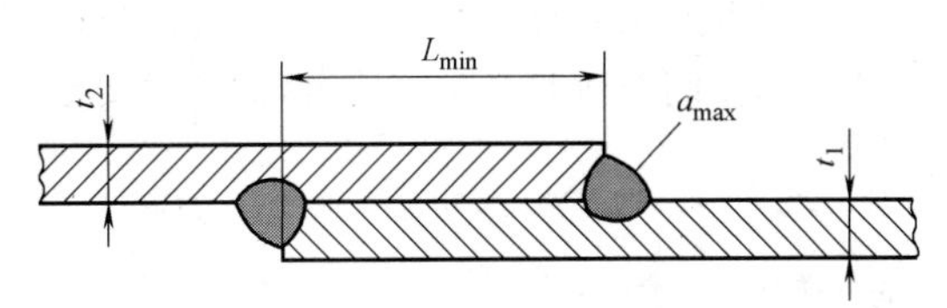

图 6-24　搭接焊缝最小搭接尺寸

注：$t_2 \leqslant t_1$；$L_{min}=3t_2$（$5mm \leqslant t_2 \leqslant 20mm$，最小 50mm）；$a_{max}=\frac{t}{\sqrt{2}}-\frac{t}{10}$。截面规定的 a 应小于或等于计算的最大厚度 a_{max}。

6.3.11　对接焊缝

焊接质量等级为 CP A 和 CP B 的焊缝，应在其始端和终端采用起弧板和引出板，如图 6-25 所示。对于其他对接焊缝，可以使用引弧板和引出板防止焊道开始处出现未焊透现象和在结束时出现焊接裂纹（见 EN 15085-4：2007 中 5.2.1）[8]，引弧板和引出板应在图样上进行标注。

引弧板与引出板的安装应保证焊接能在其需要的长度以外开始和停止，设计或焊接部件中引弧板和引出板应与母材材质相同。引弧板与引出板的坡口形式应与要焊接的接头的坡口形式相同。引弧板与引出板既可采用机械方法固定，也可采用磁力方法固定，也可以采用焊接的方法。在完成接头焊接后，可采用机械方式去除引弧板与引出板，或采用火焰、等离子等方法切割去除。去除后应沿纵向打磨，严禁敲击造成破损。

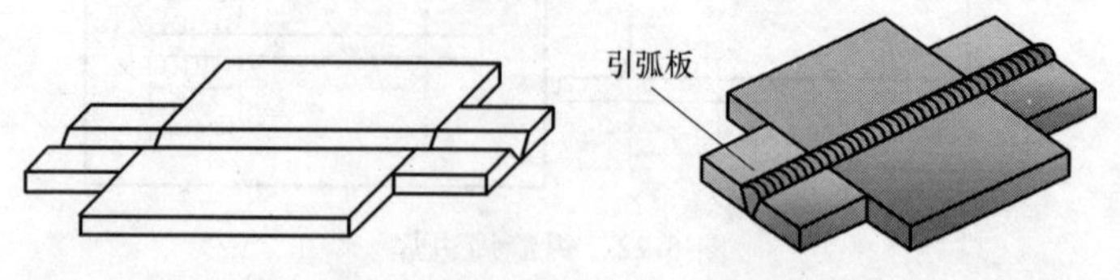

图 6-25 对接焊缝引弧板与引出板示例

6.3.12 有拘束的接头

冷裂纹和热裂纹是造成很多部件失效的原因。设计人员应注意：拘束焊缝（残余应力）容易造成冷热两种裂纹的进一步扩大，由拘束引起的焊接接头残余应力增加会导致产生冷裂纹及热裂纹[10]。应避免下面几种特定的组件，因为其残余应力可导致以下这类问题的发生，为了避免出现裂纹，应根据要连接的钢板厚度确定最小角焊缝厚度。

1）在厚钢板上焊接圆钢或厚壁管材时，焊缝无法在某个方向上收缩（图 6-26a）。

2）焊接小型厚钢板（加强板）时，会保持原有形状（图 6-26b）。

3）焊接筋板到厚壁钢管内时，会保持原有形状（图 6-26c）。

4）焊接两个刚性连接部件时，会保持部件原有形状。

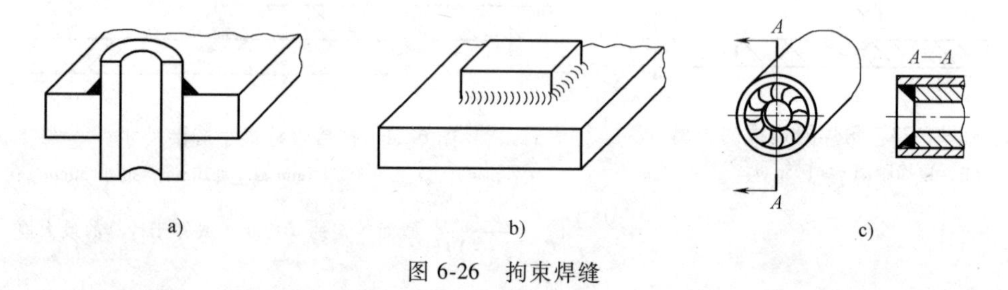

图 6-26 拘束焊缝

6.3.13 混合的接头类型

应当避免图 6-27 所示的组件形式，因为只有其中一个部件受力。焊接与螺栓连接的组合件不能叠加传递载荷，也不能减小焊缝收缩产生的应力（图 6-27）。在这种情况下，只有焊缝承受应力，因此焊缝可能在混合组件上承受周期性应力并易出现疲劳裂纹的部位，计算应按照独立的焊缝进行，同时，只有证明了可焊性的螺母才能焊接以防止转动。

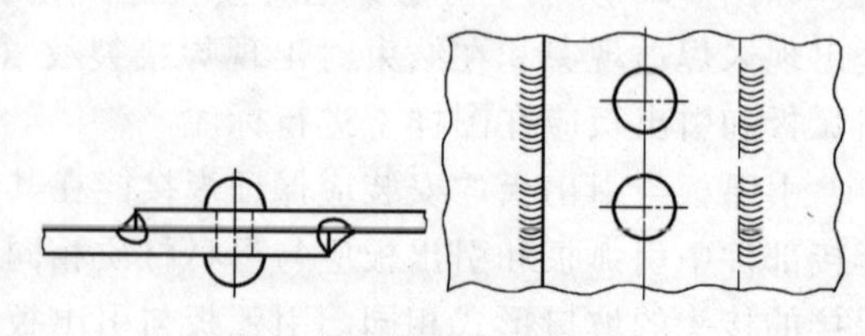

图 6-27 混合的接头类型

6.3.14 防腐

必要时，为了防止出现与腐蚀有关的问题，设计人员应通过焊缝周边焊、封底焊或密封复合材料等确保焊缝背面的密封可靠性（图 6-28）。

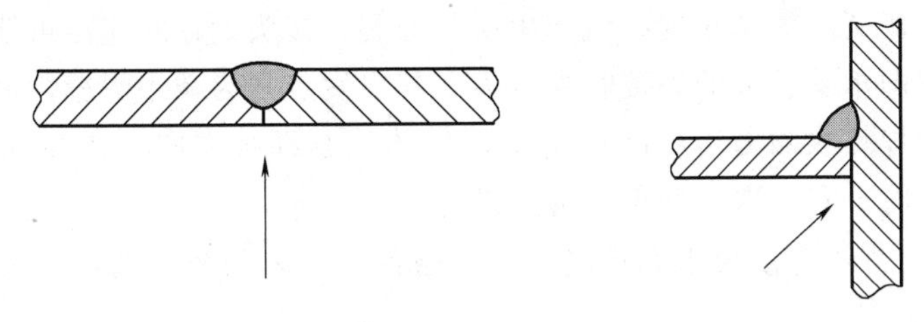

图 6-28 腐蚀位置

6.3.15 焊趾、焊缝形状的改善

组焊完成后，改善或改进焊缝形状可以提高焊缝疲劳性能，这种改进减小焊道几何特征的应力集中（缺口效应）可以降低峰值应力，最典型的实例是角焊缝的焊趾处的改善。对焊缝进行焊趾改善工作应在工艺文件中做出规定，许用应力的增加应经过设计人员的核实。

对焊趾打磨时，打磨深度 $k \leqslant 0.3$mm，半径 $r \geqslant 3$mm，如图 6-29 所示，打磨痕迹的方向应与主应力方向一致。

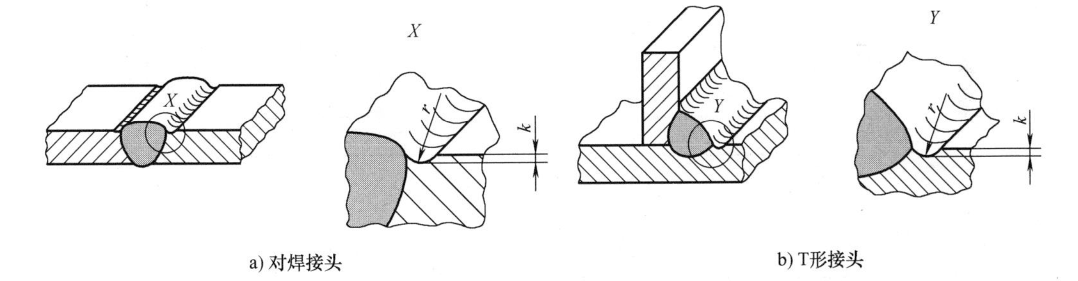

图 6-29 焊趾改善

6.3.16 断续焊缝

断续焊缝的最小焊缝长度要求：

当 $t_{max}<10$mm 时：$L_{min}>5t_{max}$，钢板至少应为 20mm，铝合金至少应为 30mm；当 $t_{max}>10$mm 时：$L_{min}>3t_{max}$，至少应为 50mm，如图 6-30 所示。

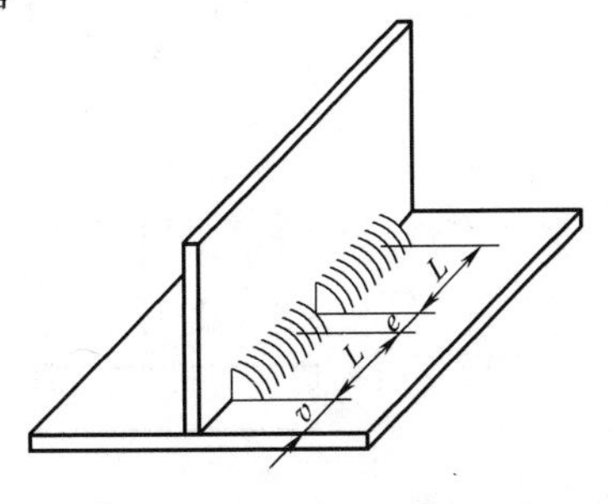

图 6-30 断续焊缝

注：$e \leqslant 3L$，$v \leqslant 0.5L$。

6.3.17 防止层状撕裂

在T形、十字形及角接接头中，当翼缘板厚度≥20mm 时，由于焊接收缩应力作用于板厚方向（即垂直于板材纤维的方向），易使板材产生沿轧制带状组织晶间的台阶状层状撕裂。为防止翼缘板产生层状撕裂，接头设计时应尽可能避免或减少使母材板厚方向承受较大的焊接收缩应力，其出发点是为减小焊缝截面、减小焊接收缩应力、使焊接收缩力尽可能作用于板材的轧制纤维方向。在 T 形、十字形及角接接头焊接时，宜采取下列节点构造设计[2]。

1）在满足焊透深度要求和焊缝致密性条件下，采用较小的焊接坡口角度及间隙（图 6-31a）。

2）在角接接头中，采用对称坡口或偏向于侧板的坡口（图 6-31b）。

3）采用双面坡口对称焊接代替单面坡口非对称焊接（图 6-31c）。

4）在 T 形或角接接头中，板厚方向承受焊接拉应力的板材端头伸出接头焊缝区（图 6-31d）。

5）在 T 形、十字形接头中，采用铸钢或锻钢过渡段，以对接接头取代 T 形、十字形接头（图 6-31e、f）。

6）改变厚板接头受力方向，以降低厚度方向的应力（图 6-32）。

7）承受静载荷的节点，在满足接头强度计算要求的条件下，用部分焊透的对接与角接组合焊缝代替完全焊透坡口焊缝（图 6-33）。

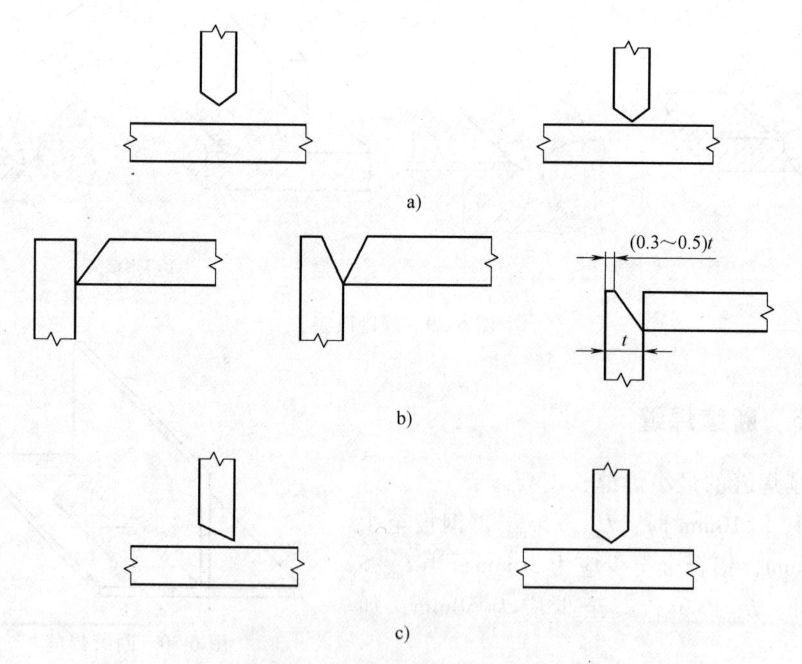

图 6-31 T形、十字形、角接接头防止层状撕裂的节点构造设计

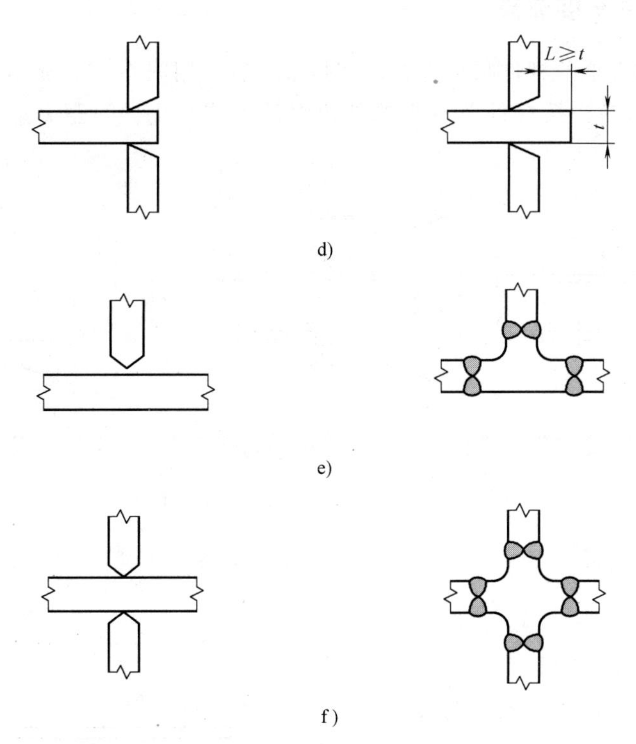

图 6-31 T形、十字形、角接接头防止层状撕裂的节点构造设计（续）

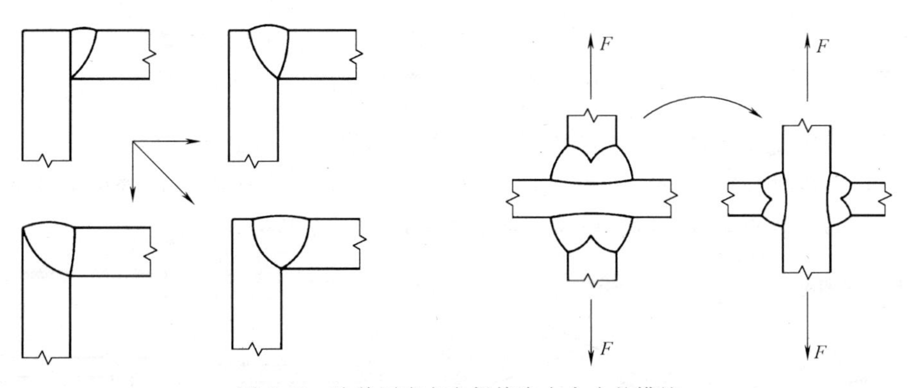

图 6-32 改善厚度方向焊接应力大小的措施

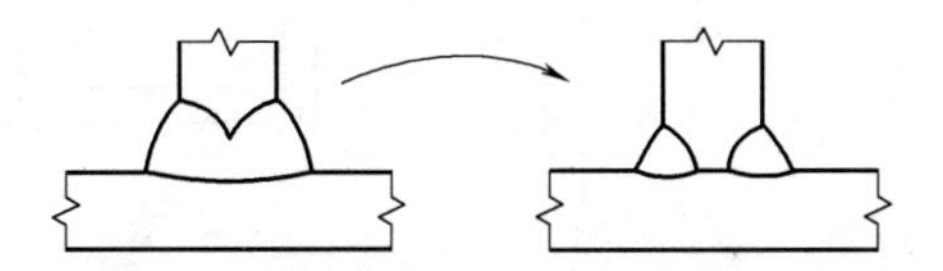

图 6-33 采用部分焊透对接与角接组合焊缝代替焊透坡口焊缝

6.3.18 板的连接节点

1）桁架和支承的杆件与节点板的连接节点宜采用图 6-34 的形式，当杆件承受拉力时，焊缝应在搭接杆件节点板的外边缘处提前终止，间距 a 应不小于焊脚尺寸 h_f[2]。

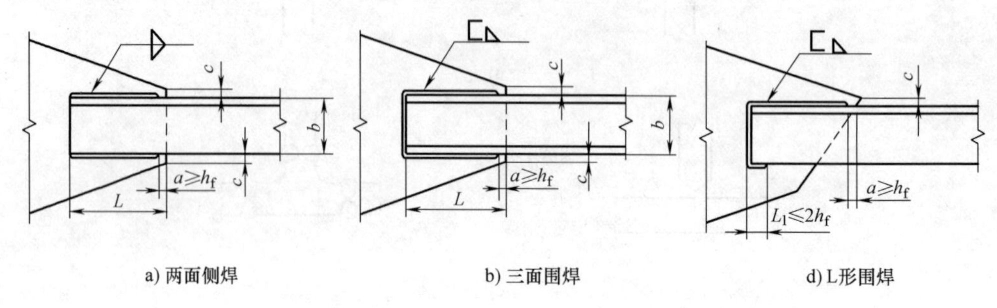

图 6-34　桁架和支承杆件与节点板连接节点

2）型钢与钢板搭接，其搭接位置应符合图 6-35 的要求，间距 c 应不小于两倍焊脚尺寸 h_f。

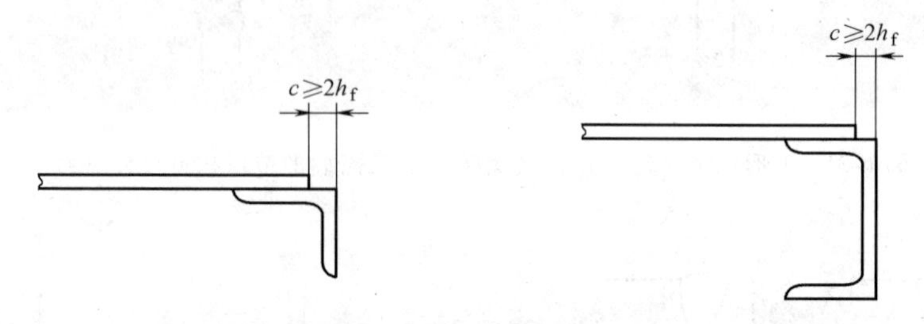

图 6-35　型钢与钢板搭接节点示意

3）搭接接头上的角焊缝应避免在同一搭接接触面上相交（图 6-36）。

4）焊接组合箱形梁、柱的纵向焊缝，宜采用全焊透或部分焊透的对接焊缝（图 6-37a）。要求全焊透时，应采用垫板单面焊（图 6-37b）。

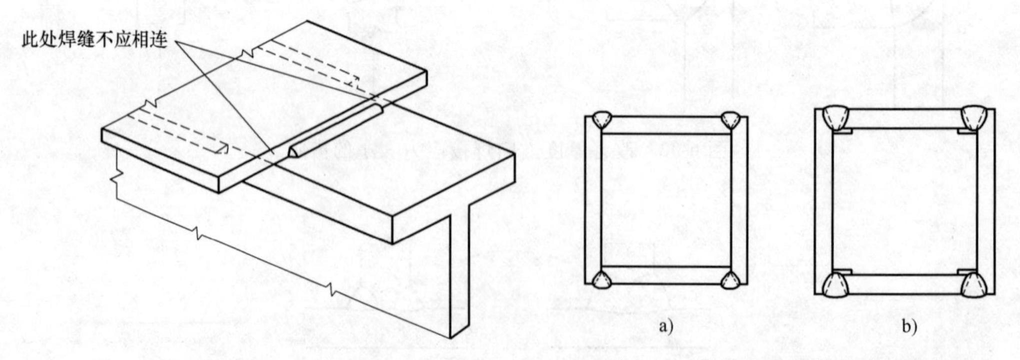

图 6-36　在搭接接触面上避免相交的角焊缝　　图 6-37　箱形组合柱的纵向组装焊缝

6.4 焊缝的设计实例

本节提供了设计焊缝时的一些实例对比，从结构的工艺性、应力集中等方面对结构优化的情况进行了对比，供设计人员参考，详见表6-5。

表6-5 焊缝设计实例对比

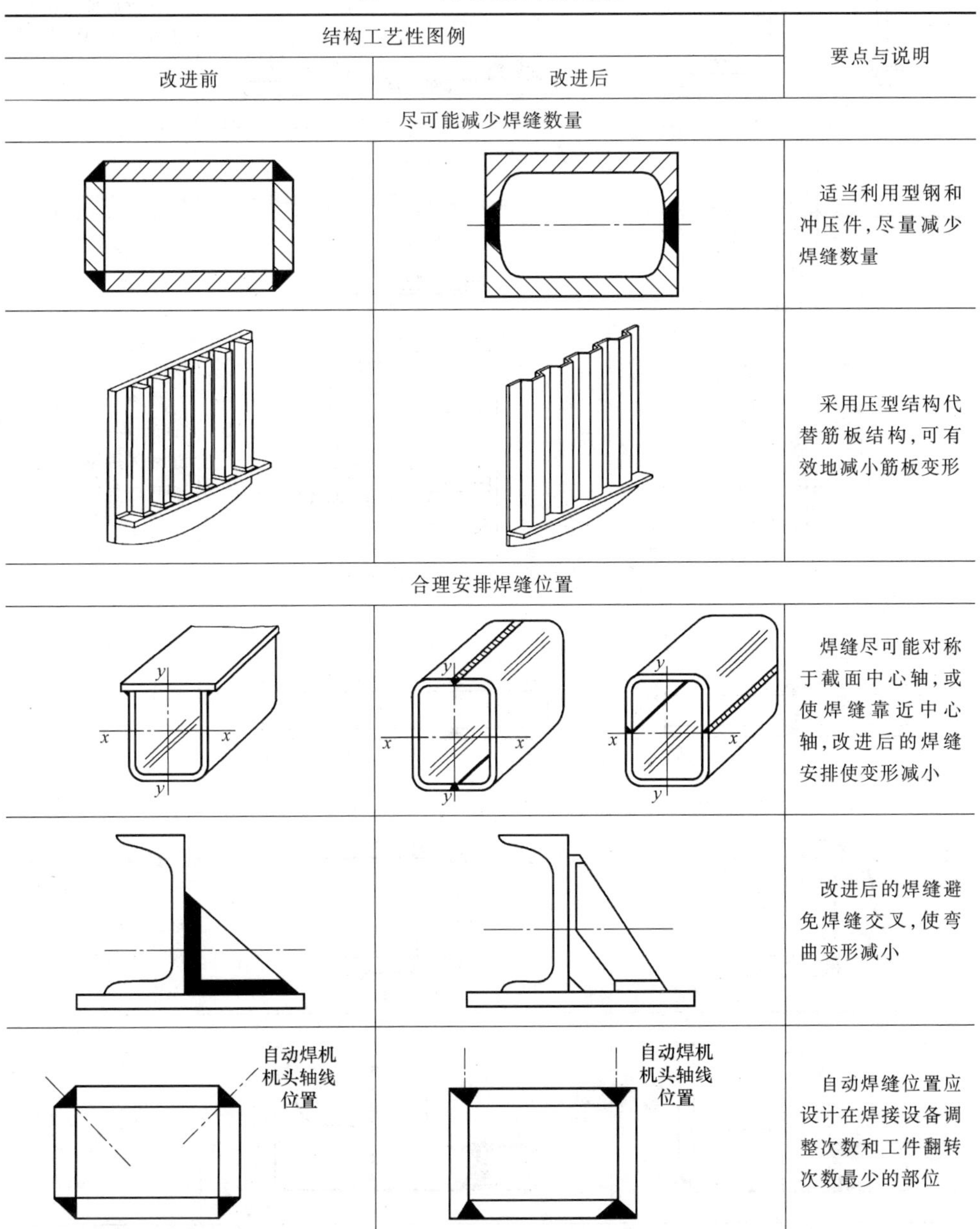

结构工艺性图例		要点与说明
改进前	改进后	
尽可能减少焊缝数量		
		适当利用型钢和冲压件，尽量减少焊缝数量
		采用压型结构代替筋板结构，可有效地减小筋板变形
合理安排焊缝位置		
y x x y	y x x y y x x y	焊缝尽可能对称于截面中心轴，或使焊缝靠近中心轴，改进后的焊缝安排使变形减小
		改进后的焊缝避免焊缝交叉，使弯曲变形减小
自动焊机机头轴线位置	自动焊机机头轴线位置	自动焊缝位置应设计在焊接设备调整次数和工件翻转次数最少的部位

（续）

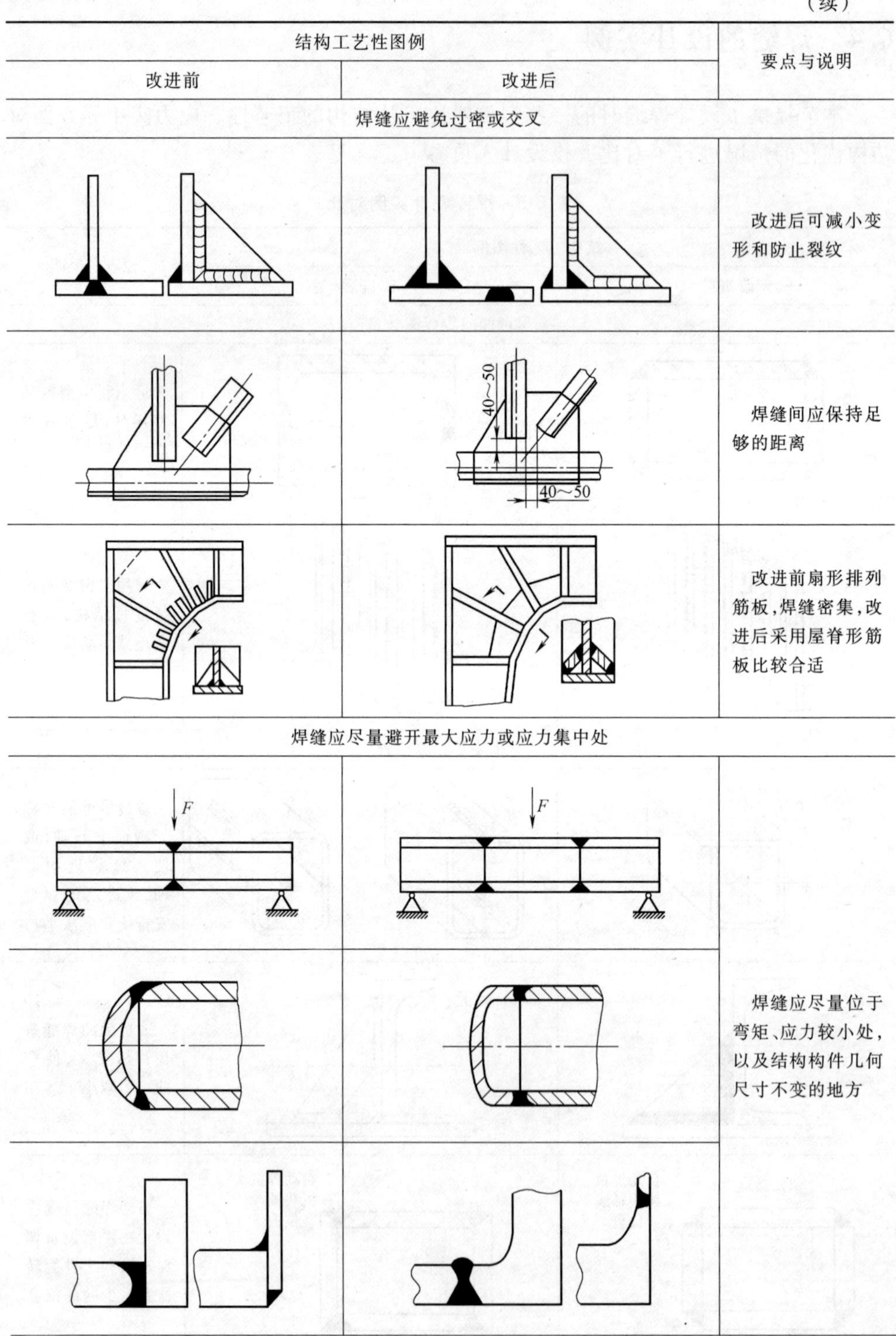

结构工艺性图例		要点与说明
改进前	改进后	
焊缝应避免过密或交叉		
		改进后可减小变形和防止裂纹
		焊缝间应保持足够的距离
		改进前扇形排列筋板，焊缝密集，改进后采用屋脊形筋板比较合适
焊缝应尽量避开最大应力或应力集中处		
		焊缝应尽量位于弯矩、应力较小处，以及结构构件几何尺寸不变的地方

（续）

结构工艺性图例		要点与说明
改进前	改进后	
焊缝应尽量避开加工面		
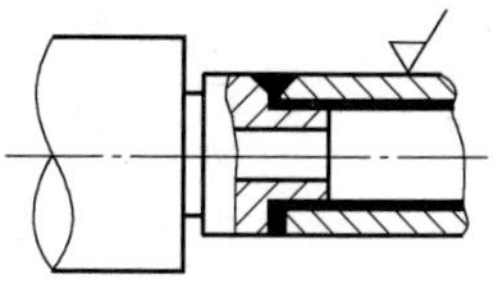	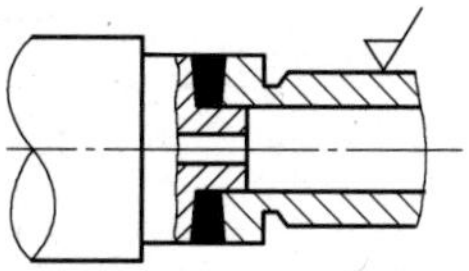	焊后需加工的工件，焊缝应避开加工面
不同厚度工件焊接应注意平滑过渡		
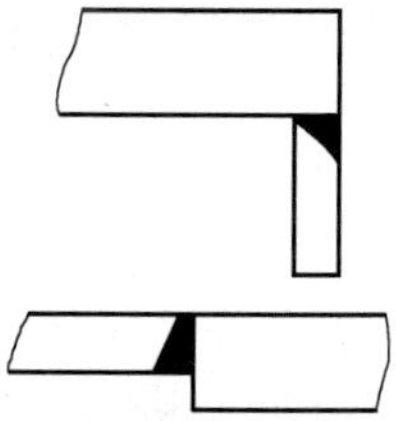	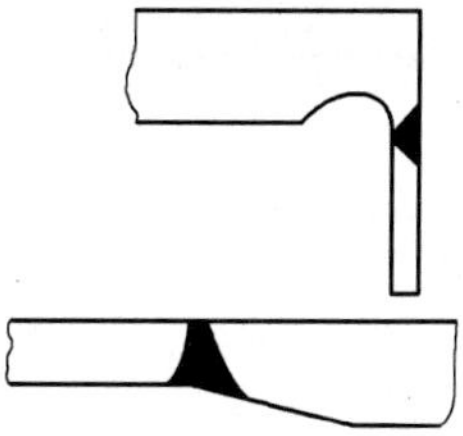	平滑过渡可减小应力集中
应正确选用接头形式		
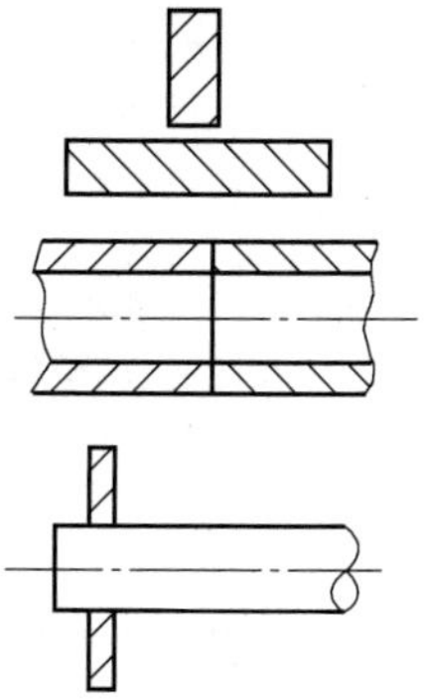	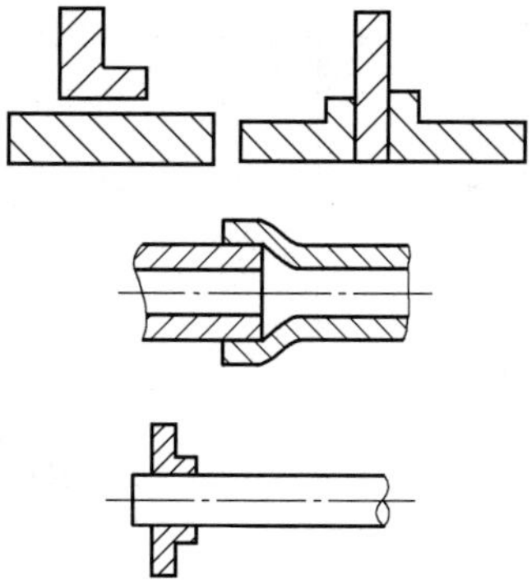	在钎焊时应正确选用接头形式，增大焊接面积可提高强度，采用搭接接头可达到较好的强度，搭接长度一般为板厚的2~5倍
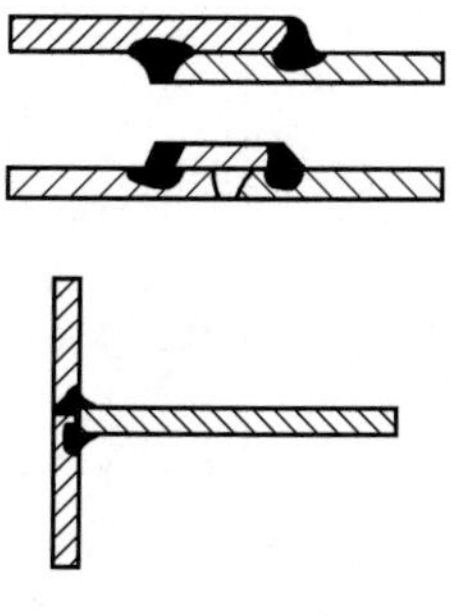	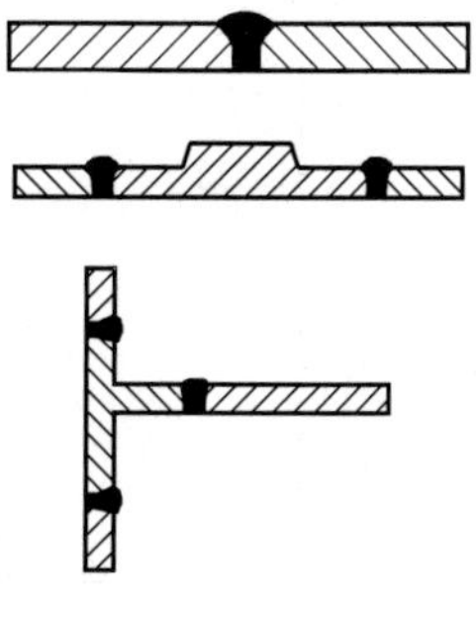	铜及其合金的导热系数高，焊接接头应设计成与热源相对称形，使接头两端具有相同的散热条件，得到成型均匀的焊缝。可用对接接头，尽量不用搭接、T形和内角接接头

（续）

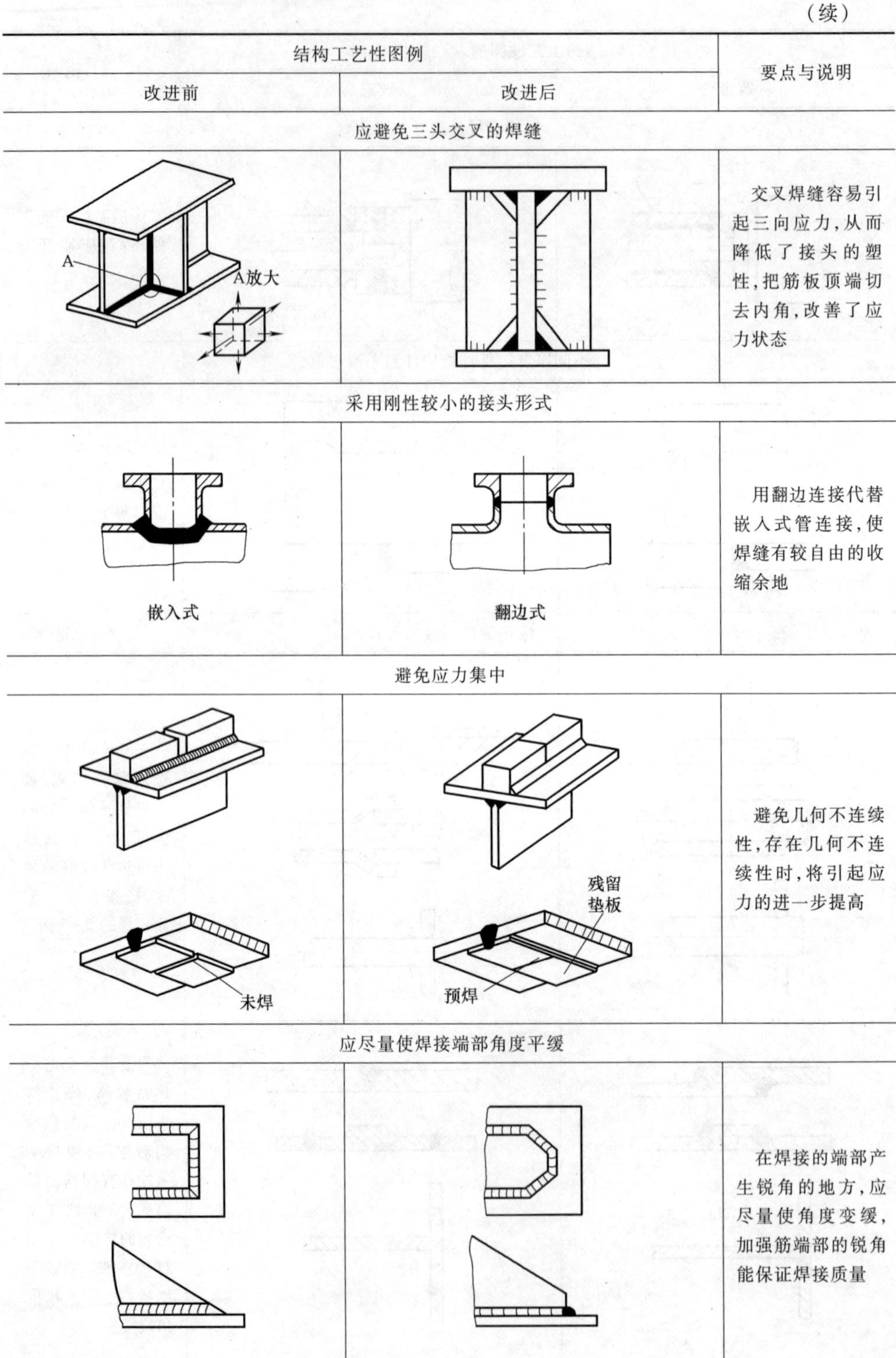

结构工艺性图例		要点与说明
改进前	改进后	
应避免三头交叉的焊缝		
A A放大		交叉焊缝容易引起三向应力，从而降低了接头的塑性，把筋板顶端切去内角，改善了应力状态
采用刚性较小的接头形式		
嵌入式	翻边式	用翻边连接代替嵌入式管连接，使焊缝有较自由的收缩余地
避免应力集中		
未焊	残留垫板 预焊	避免几何不连续性，存在几何不连续性时，将引起应力的进一步提高
应尽量使焊接端部角度平缓		
		在焊接的端部产生锐角的地方，应尽量使角度变缓，加强筋端部的锐角能保证焊接质量

（续）

结构工艺性图例		要点与说明
改进前	改进后	
受弯曲的焊缝未焊的一侧不要放在拉应力区		
		受弯曲的焊缝应设计在受拉的一侧，不得设计在受压未焊的一侧，以避免焊根处过早失效
埋弧自动焊时应考虑接头处便于存放焊剂		
		改进后操作方便，保证焊接质量
电焊或缝焊应考虑电极伸入方便		
	75°	操作方便
机械结构受拉焊缝的设计 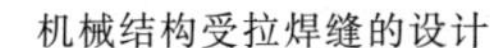		
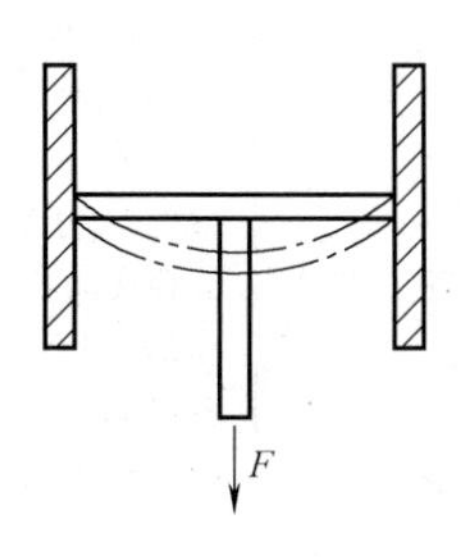	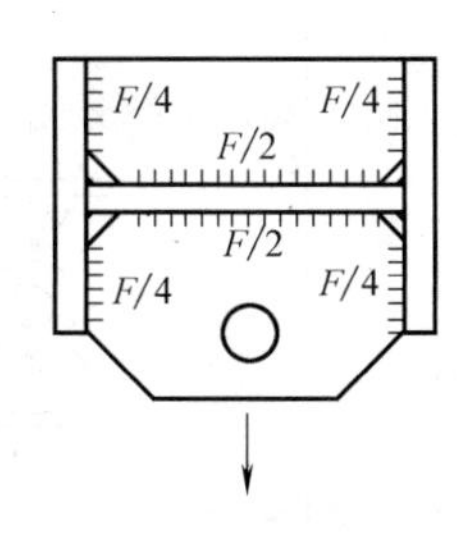	受拉焊缝设计要考虑焊缝强度，还要考虑支撑焊缝的构件刚度，在腹板和翼板间加筋板，腹板变形就小。当承受载荷较大时，应在腹板两侧加筋

（续）

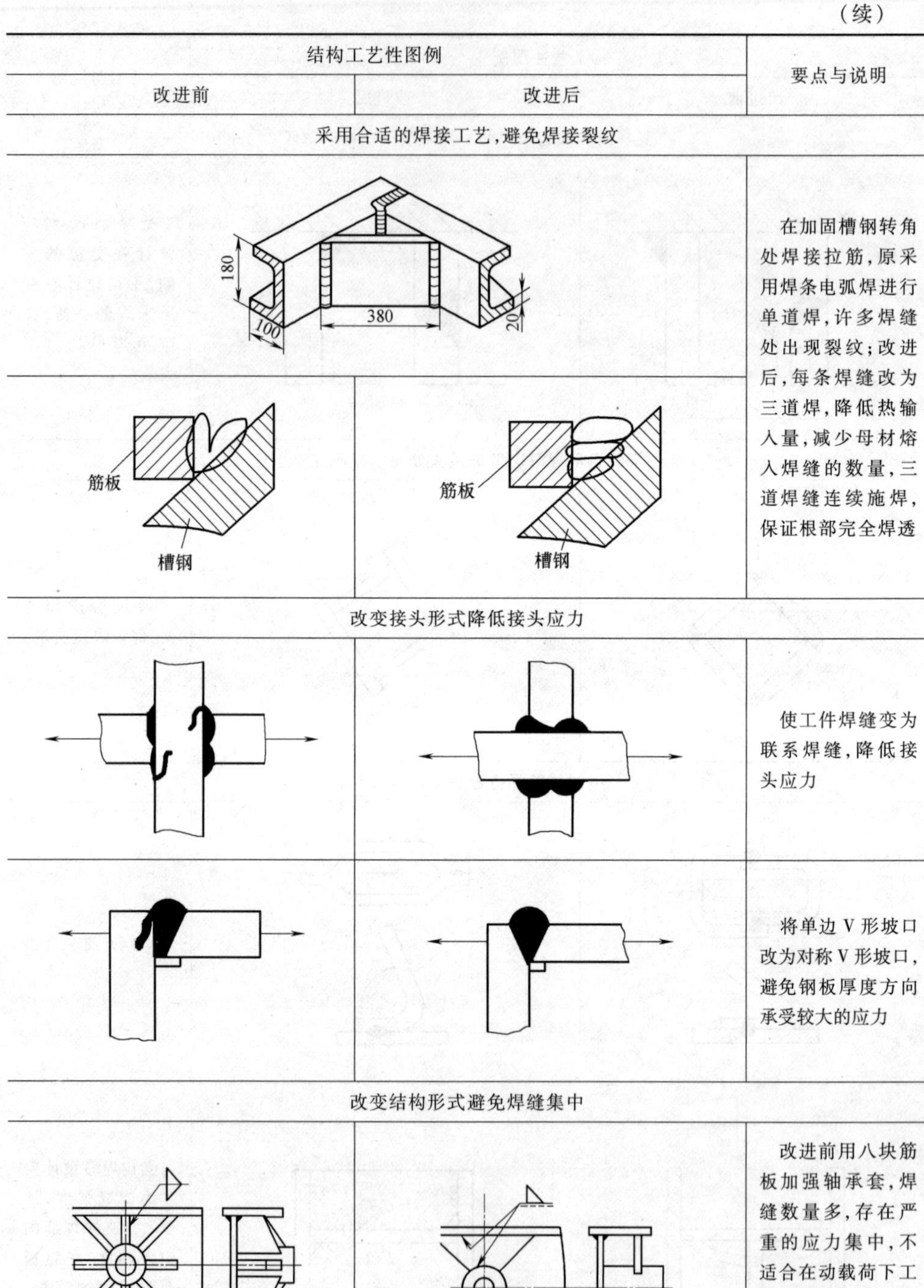

结构工艺性图例 改进前	结构工艺性图例 改进后	要点与说明
采用合适的焊接工艺，避免焊接裂纹		
（图）		在加固槽钢转角处焊接拉筋，原采用焊条电弧焊进行单道焊，许多焊缝处出现裂纹；改进后，每条焊缝改为三道焊，降低热输入量，减少母材熔入焊缝的数量，三道焊缝连续施焊，保证根部完全焊透
筋板 槽钢	筋板 槽钢	
改变接头形式降低接头应力		
（图）	（图）	使工件焊缝变为联系焊缝，降低接头应力
（图）	（图）	将单边V形坡口改为对称V形坡口，避免钢板厚度方向承受较大的应力
改变结构形式避免焊缝集中		
（图）	（图）	改进前用八块筋板加强轴承套，焊缝数量多，存在严重的应力集中，不适合在动载荷下工作，改进后的结构不仅减小了应力集中，也改善了工艺性

（续）

结构工艺性图例		要点与说明
改进前	改进后	
采用合理的焊接接头，尽量避免应力集中		
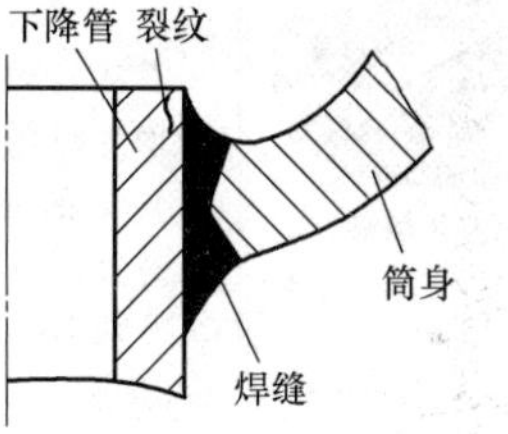 下降管 裂纹 筒身 焊缝	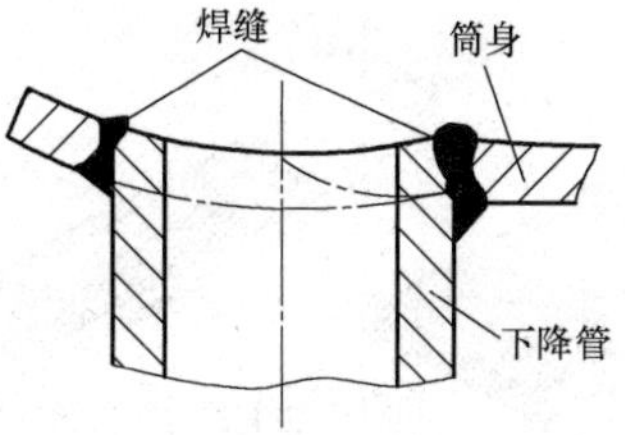 焊缝 筒身 下降管	内伸接头刚度大，应力集中严重，残余应力也高，退火过程容易产生再热裂纹。改进后，有效地防止了再热裂纹
焊缝端部延伸减小应力集中		
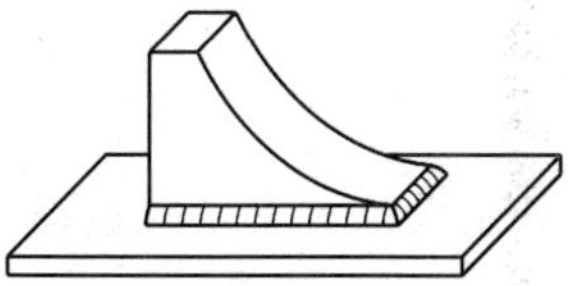	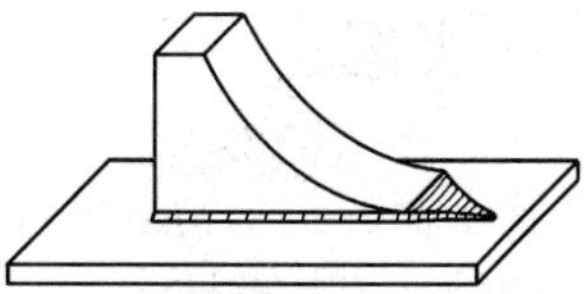	原结构焊缝端部正常焊接，改进后焊缝端部特殊焊接，焊脚缓慢减小，减小应力集中
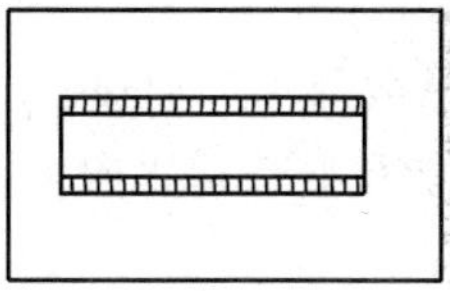	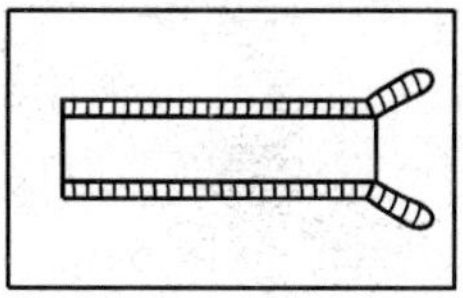	原结构焊缝端部正常收弧，改进后焊缝端部延长焊接，减小应力集中
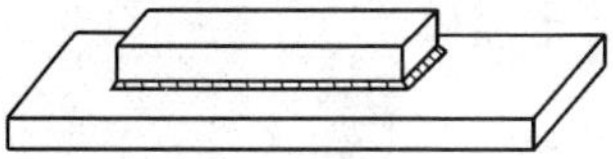	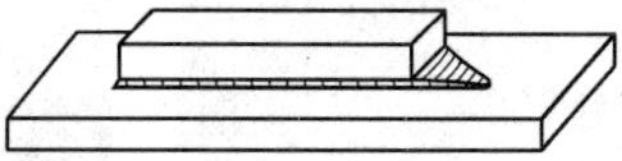	原结构焊缝端部正常焊接，改进后焊缝端部特殊焊接，减小应力集中
对于非对称结构，载荷应作用于结构的剪心		
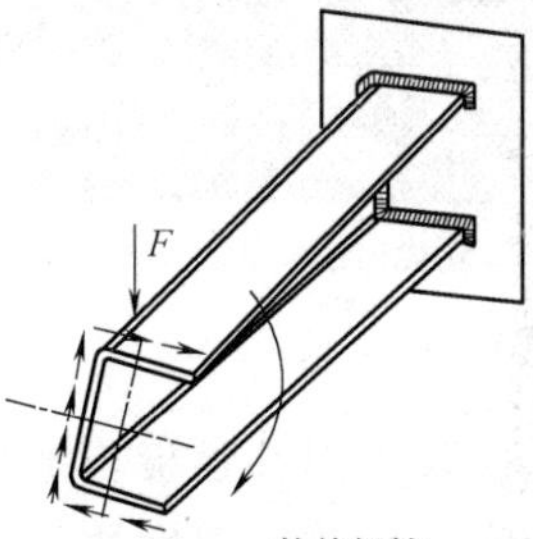 F 构件扭转	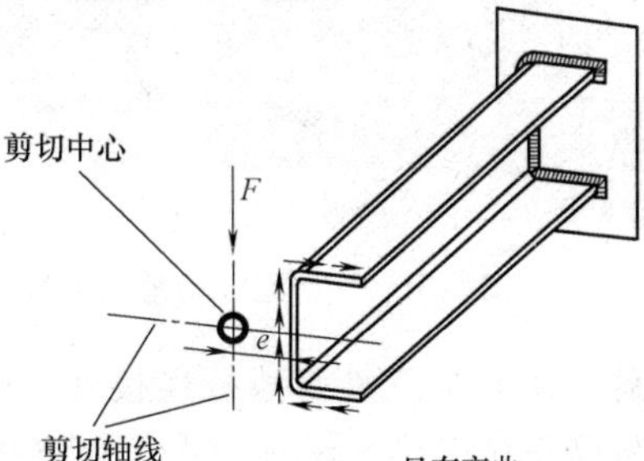 剪切中心 F e 剪切轴线 只有弯曲	合理的力的作用位置，防止产生附加扭转

（续）

结构工艺性图例		要点与说明
改进前	改进后	
增加元件,疏散应力集中		
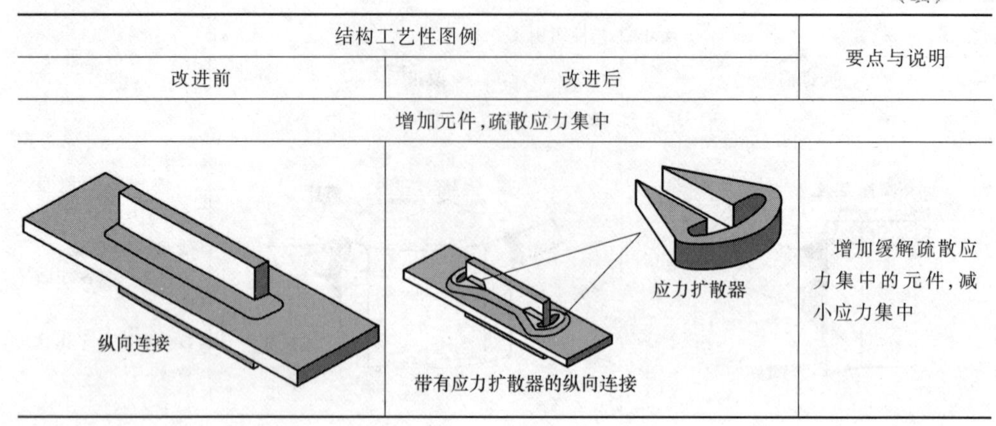		增加缓解疏散应力集中的元件,减小应力集中

6.5 结构设计工程实例

本节将基于某型铁路车辆的工程实例进行介绍，对原始设计方案及改进设计的建议进行分析及优化，供设计人员参考。

1. U形立柱与地板连接设计优化

（1）原始方案　端部U形立柱是车体整体框架重要承载部件，原设计方案立柱与地板连接，但两者刚度不协调，但地板刚度不足，不能很好传递垂向力，立柱端部焊缝会引起局部应力集中，如图6-38a所示。

a) 原始方案

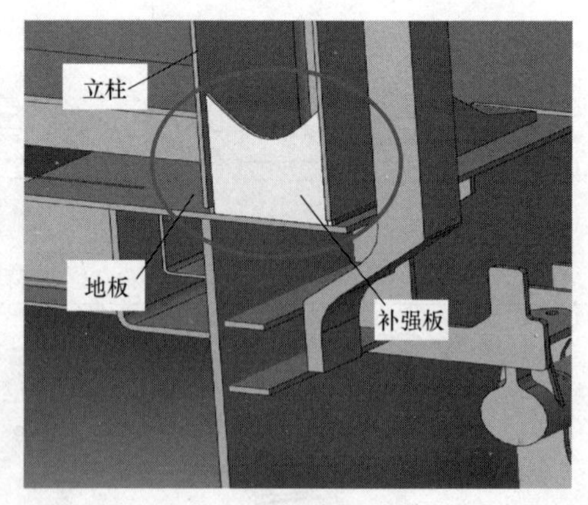

b) 优化方案

图6-38　U形立柱与地板连接处设计优化

（2）优化方案　在U形立柱与地板连接处，在外侧添加C形补强板与地板连接，将U形梁变为局部箱形梁，增加了与地板连接的刚度，使两者刚度协调，立柱端部焊缝应力集中明显降低，如图6-38b所示。

2. 立柱与横梁连接设计优化

（1）原始方案　端部上下立柱直接焊接在U形横梁上，上下立柱腹板没有连通，此时传力不合理，同时U形横梁刚度较低，不能保证棚顶和端墙的连接刚度，如图6-39a所示。

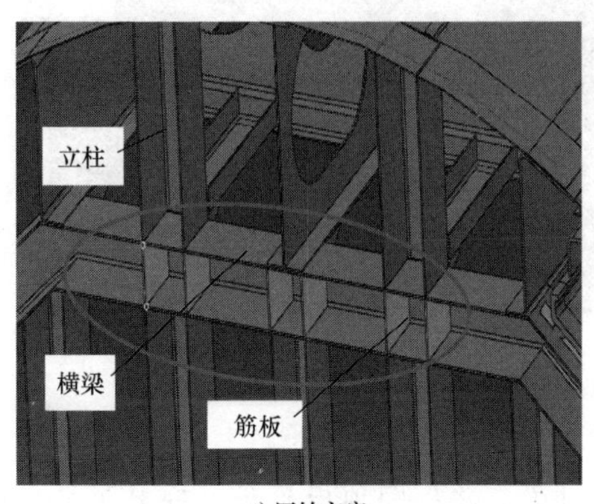

a) 原始方案

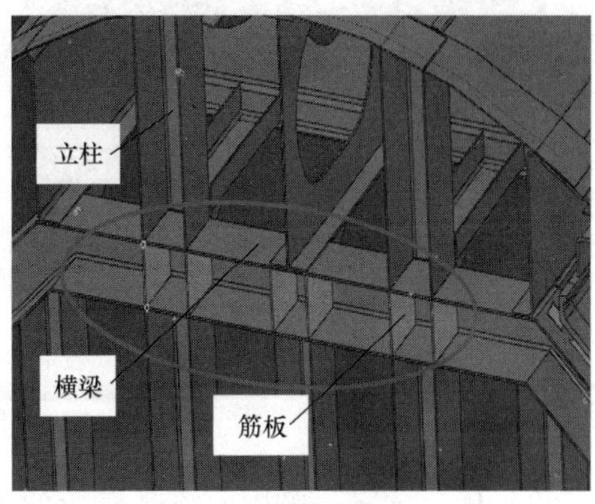

b) 优化方案

图6-39　立柱与横梁连接设计优化

（2）优化方案　在U形横梁内与立柱对应的腹板处焊接立筋板，将上下立柱连通，使棚顶与端墙立柱连接起来，保证了刚度，使力的传递具有连续性，如图6-39b所示。

3. 立板与弯梁连接设计优化

（1）原始方案　棚顶端部立板直接焊在角部弯梁上，此时弯梁刚度较低，不能保证棚顶和端墙的连接刚度，立板传力不合理，如图6-40a所示。

a) 原始方案

b) 优化方案

图6-40　立板与弯梁连接设计优化

（2）优化方案　在弯梁内焊接三角立板，将棚顶与端墙立柱连接起来，增加了刚度，使力的传递具有连续性，如图6-40b所示。

4. Z 形梁设计优化

（1）原始方案　棚顶两侧采用 Z 形梁设计，当存在较大扭转载荷时，其抗扭刚度不足，容易产生低频振动响应，如图 6-41a 所示。

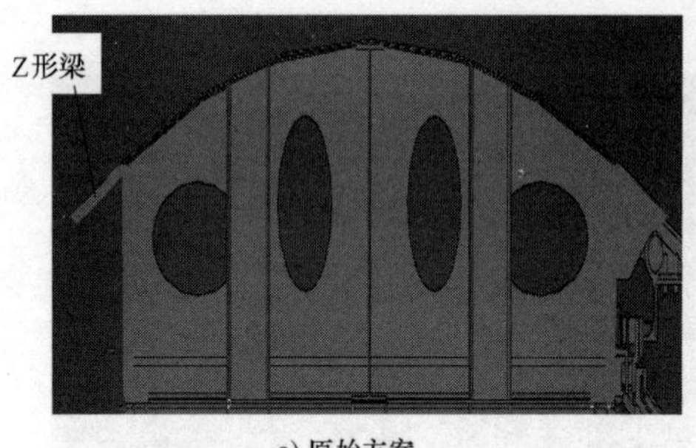

a) 原始方案　　b) 优化方案

图 6-41　Z 形梁设计优化

（2）优化方案　采用向内侧弯曲的开口梁，并将棚顶板延长，提升了抗扭刚度，明显改善了棚顶刚度不足的问题。

5. 中间立柱设计优化

（1）原始方案　在中间立柱位置，中部为中空结构，中部的加强筋板直接焊在立柱侧面的蒙皮板上，由于蒙皮板较薄，所以刚度明显较低，如图 6-42a 所示。

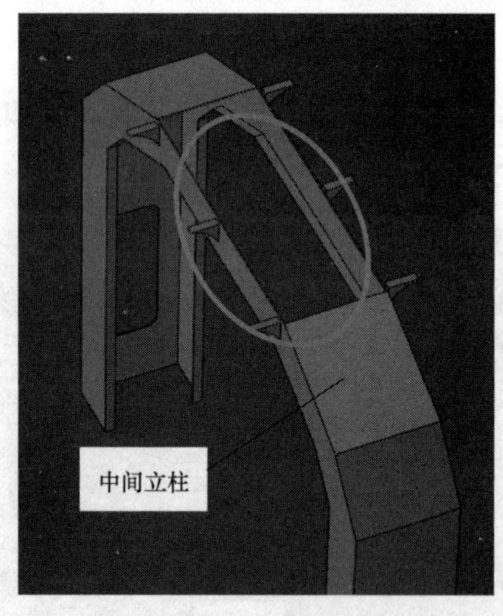

a) 原始方案

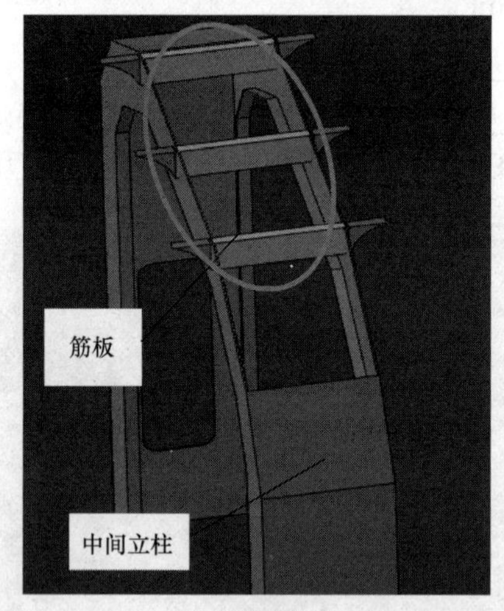

b) 优化方案

图 6-42　中间立柱设计优化

（2）优化方案　在中间立柱中空位置，在筋板内侧蒙皮板相对位置，增焊三块连接筋板，使得两侧筋板连接，保证力的传递连续，提高连接刚度，如图 6-42b 所示。

6. 底部L形梁设计优化

(1) 原始方案 中间立柱直接焊接在底部L形梁上，加强筋板位置与中柱没有对应，传力效果不好，刚度不合理，如图6-43a所示。

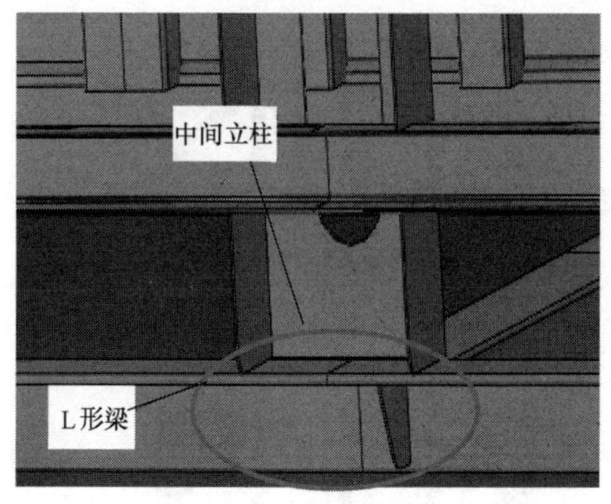

a) 原始方案

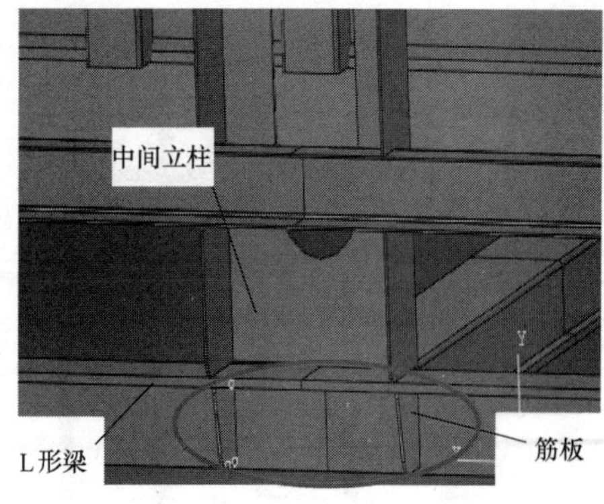

b) 优化方案

图6-43 底部L形梁设计优化

(2) 优化方案 在中间立柱腹板正下方的L形梁中增加筋板，保持刚度连续性，传力效果好，应力集中小，如图6-43b所示。

7. 中间立柱局部设计优化

(1) 原始方案 中间立柱由钢板组焊而成，在弯角处刚度较低，抗横向变形能力主要由板材维持，如图6-44a所示。

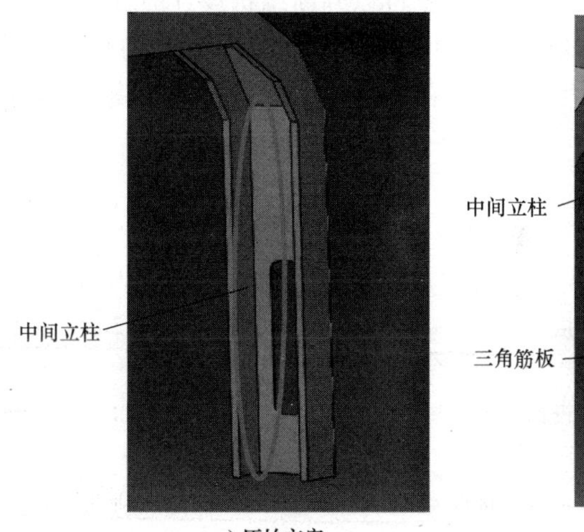

a) 原始方案

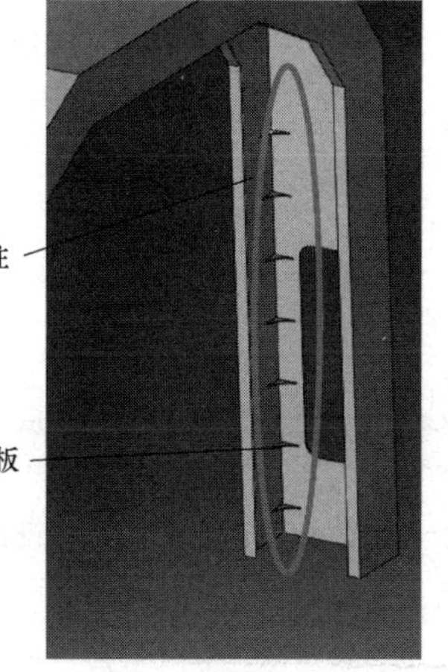

b) 优化方案

图6-44 中间立柱局部设计优化

(2) 优化方案 在中间立柱内部弯角处，可均匀组焊7块三角筋板，以加强中间立柱刚度，提高其稳定性及抗横向变形能力，如图6-44b所示。

8. 端板设计优化

（1）原始方案　端板横梁及立梁组焊而成，这种结构组焊量大，抗菱形变形的刚度不足，同时重量相对较高，如图 6-45a 所示。

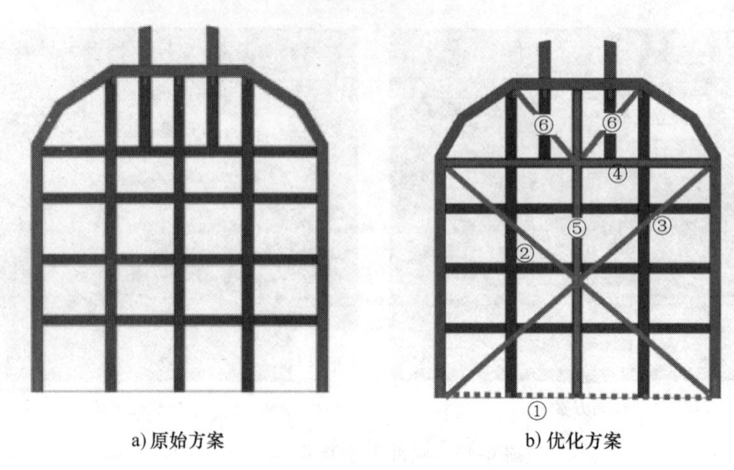

a) 原始方案　　b) 优化方案

图 6-45　端板设计优化

（2）优化方案　取消横梁及立梁，采用①~⑥号的梁件组焊而成，由于增加了对角连接的斜梁（②、③、⑥号），提高了结构的抗菱形变形的刚度，同时减少了焊接量，降低了结构的重量，如图 6-45b 所示。

上述焊接结构的设计来源于实际工程案例，可以看到有些焊接结构的设计并不需要定量计算，直接通过基本的指导原则就可以判断结构设计的合理性，特别是结构刚度的协调设计，尽可能降低焊缝处的应力集中及依据良好的焊接工艺性等原则，都是可以基于前述焊接结构设计原则的分析与判断，结合实践经验就能确定设计方案的合理性。

参考文献

[1]　兆文忠，李向伟，董平沙. 焊接结构抗疲劳设计：理论与方法［M］. 2 版. 北京：机械工业出版社，2021.

[2]　中华人民共和国住房和城乡建设部. 钢结构焊接规范：GB 50661—2011［S］. 北京：中国建筑工业出版社，2011.

[3]　周振丰，张文钺. 焊接冶金与金属焊接性［M］. 2 版. 北京：机械工业出版社，1988.

[4]　唐伯钢. 低碳钢与低合金高强度钢焊接材料［M］. 北京：机械工业出版社，1987.

[5]　许祖泽. 新型微合金钢的焊接［M］. 北京：机械工业出版社，2004.

[6]　王宽福. 压力容器焊接结构工程分析［M］. 北京：化学工业出版社，1998.

[7]　方洪渊. 焊接结构学［M］. 北京：机械工业出版社，2008.

[8]　British Standards Institution. Railway applications-welding of railway vehicles：BS EN 15085-2007

[S]. London: BSI, 2007.

[9] 国家铁路局. 铁路应用轨道车辆及其零部件的焊接 第3部分: 设计要求: GB/T 25343.3—2010 [S]. 北京: 中国标准出版社, 2010.

[10] VERMA J, TAIWADE R V. Effect of welding processes and conditions on the microstructure, mechanical properties and corrosion resistance of duplex stainless steel weldments—A review [J]. Journal of Manufacturing Processes, 2017, 25: 134-152.

第 7 章

工程实践及失效分析

基于前述焊接结构设计的相关知识点，本章将结合不同领域的工程实例及焊接结构失效的案例分析，理论联系实际，使读者通过更多工程实例的学习，进一步提升焊接结构设计的实践经验。本章很多实例的分析与解决，来源于实际运用过程中出现的问题，有些失效事故甚至造成了严重的经济损失，因此，希望设计者通过这些实例的学习，认真分析总结经验，在今后的设计中避免类似问题的出现。

7.1 地铁车辆车体焊接结构设计

伴随中国经济社会的发展，城市轨道车辆得到了更广泛运用，多数轨道车辆的车体结构都是由焊接结构组成。DK19 型地铁客车是我国第一代铝合金车体的地铁客车，由于铝合金车体具有重量轻、耐腐蚀、压延性能好等优点，是比较理想的轻型车体结构之一[1]，如图 7-1 所示。该车于 1989 年完成设计并在北京地铁运用，为新一代铝合金车体的研发奠定了基础。

a) 地铁客车

b) 车体结构

图 7-1　铝合金车及车体结构

该型车体是由多组中空的大型铝型材拼装焊接而成，结构设计成整体承载形式，车体具有足够的垂向和扭转刚度，同时其减振、隔音效果良好。车体包括侧墙、底架、车顶、二层地板及端墙等部件，所选材料均为可焊性良好的铝合金，既具有良好的防腐性能，又满足焊接工艺要求。

车体断面设计为三层结构形式以满足车体的要求，车顶部位、车体侧墙、二层地板的通长型材焊接方式采用搭接形式，组对工艺易于实现，底架地板型材焊接方式采用插接形式，如图 7-2、图 7-3 所示。

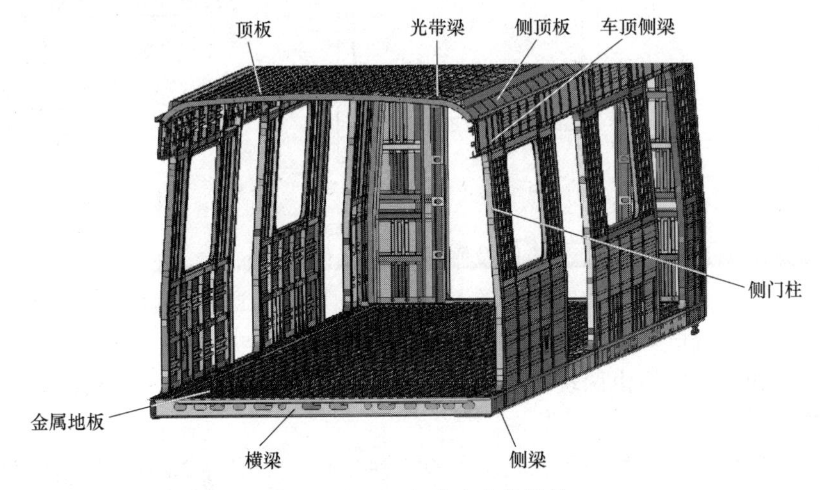

图 7-2　DK19 铝合金车体结构

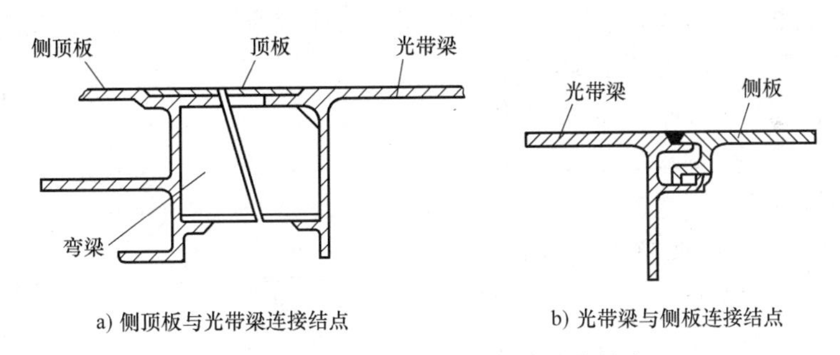

图 7-3　DK19 铝合金车体部分连接结点

车体中部是由侧墙、车顶、底架焊接而成的开口筒形结构，再由弯曲的连接板将端墙与其焊接形成封闭的筒形结构，这种连接方式考虑到底架、侧墙、车顶的长度公差控制在合理范围内，就不会影响整个车体组成的长度公差。以底架为基准，通过修磨连接板的方式来消除车顶、侧墙在长度方向上与底架的尺寸误差，连接及焊接形式如图 7-4 所示。

车顶与侧墙的连接为弧焊连接形式，是通过车顶下部型材与侧墙上部型材相连接的，在车顶下部型材内侧设有焊接垫板，在车顶与侧墙装配时能起到限位作用，在车顶下部型材外侧设有倾斜焊接垫板，该垫板有保护熔池的作用，不对侧墙限位，便于侧墙与车顶的装配，车顶下部和侧墙上部的焊接连接形式如图 7-5 所示。

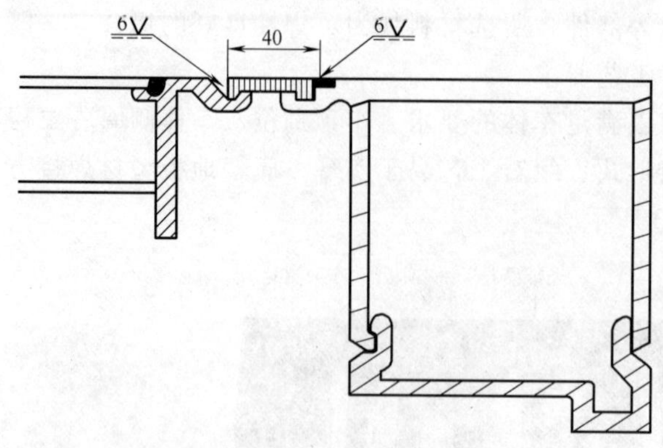

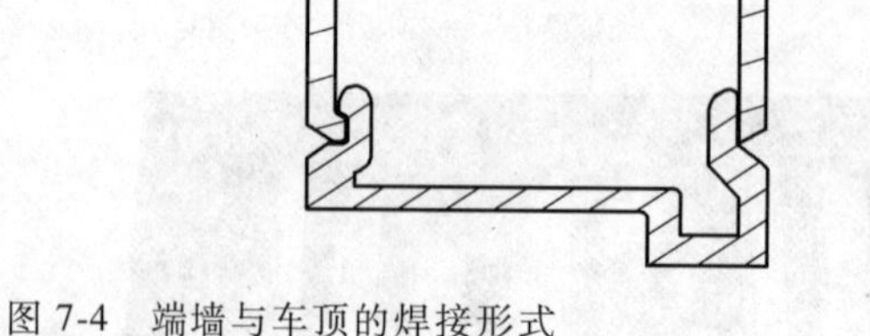

图 7-4　端墙与车顶的焊接形式

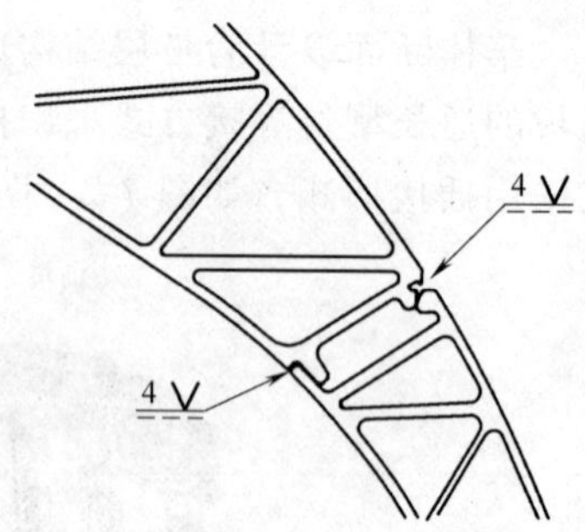

图 7-5　侧墙与车顶的焊接形式

车顶是由侧顶、高圆顶、端顶及平顶 4 个部件焊接而成，平顶由 5 块中空型材焊接而成，其型材上下面及中间筋的材料较厚，均比高圆顶型材的厚度增加一倍，用于安装受电弓等电器设备[2]。高圆顶由 3 块大型中空铝合金型材拼焊而成，与侧顶和端顶相连，端顶由两块直型材和一块弯曲型材拼焊而成，与平顶、侧顶和高圆顶相连。

侧墙以地板支承型材为界，其上部有 3 块型材，下部有 2 块型材，各型材通过插接接头形式焊接在一起。侧墙焊接完成经调修达到平面度要求，在上层地板上、下各加工一排窗口。侧墙中部与二层地板端部的连接为搭接型式，是二层地板搭接在侧墙中部型材突出部上，通过上下角焊完成焊接。侧墙中部型材向车内延伸，保证焊接二层地板上面的角焊缝时有足够的空间，结构设计便于在横向小幅度调整焊缝位置，使焊缝位于型材刚度较大处，从而减少焊接变形，图 7-6 所示为二层地板与侧墙的焊接形式。

图 7-6　二层地板与侧墙焊接形式

端墙由 3 个组件拼焊而成，分别是中间墙板、角柱和顶端弯梁，角柱和顶端弯梁型材设有具有保护作用的焊接垫板，型材的垫板在靠近车体中心一侧，在车体组成阶段端角柱和端部弯梁通过连接板与侧墙和车顶相连。

底架是主要承载部件，其强度与刚度有严格要求。底架主要由一位端底架、二位端底架、边梁和中部底架组成，端底架由端地板和缓冲端部组成，中部底架主要由底层地板、一位端板、二位端板组成。底架边梁为纵向通长型式，两端与一、二位端地板相连，中部与一、二位端板及底层地板焊接成一体。端板下部设有角形封口型材，底层地板端部设有槽形封口型材，通过连接板将端板与底层地板相连接。

连接板比设计宽度增加10mm工艺量，可以调整宽度尺寸，便于消除累积误差，提高组装效率，底架端板与底层地板的焊接形式如图7-7所示。

枕梁与走行部转向架相连，也是经常出现问题的部件。对比较薄的断面之间的连接，要注意尽量加大镶嵌面积，以提高接口处的连接强度，图7-8所示为枕梁连接组成图。

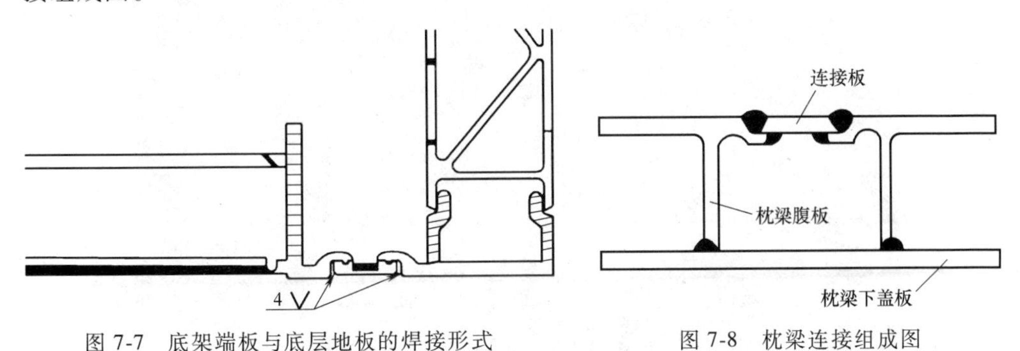

图7-7　底架端板与底层地板的焊接形式　　　图7-8　枕梁连接组成图

该车根据不同材料铝合金的特点，合理地选择使用在车体各不同部位：

1）受力比较大的底架部位，选择了7系合金的7003-T6及705-CS两种。其中705-CS合金抗拉强度高达500MPa，高于碳素钢。

2）对于局部使用板材及要求焊接性能较高的侧墙部位，则全部选用了5系合金中的5083-0及5083-H112，因为5083合金是整个铝合金中焊接效率最高的一种，其效率可达钢的75%左右。

3）对于形状比较复杂、空心或壁厚比较薄的型材，如侧顶板、门柱及金属地板部件等，则选用了其挤压特性较好的7003-T5及6061-T5等两种合金。

7.2　正交异性钢桥面板结构设计

正交异性钢桥以其轻质高强、跨越能力大、承载能力高、便于装配与施工等优点，在现代桥梁工程中得到了广泛应用。正交异性钢桥面板是由顶板、腹板、隔板、U肋（纵肋）等组成的焊接结构（图7-9），正交垂直方向的刚度不同，主要承受车辆负载，是钢桥中通常采用的结构之一。

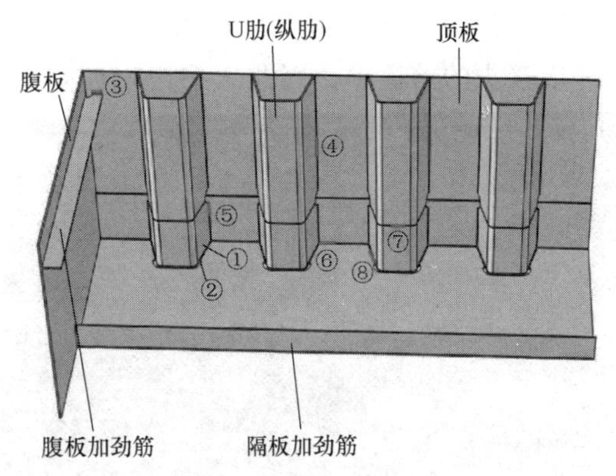

图7-9　正交异性钢桥面板（编号①~⑧为出现裂纹的位置）

武汉沌口长江公路大桥于2017年通车运营，是世界上第一座采用正交异性钢桥面板顶板与U肋双面焊焊接接头形式的钢结构箱形梁桥梁（图 7-10），设计寿命为 100 年，实现了桥梁更高的安全性和使用价值，荣获了 2020~2021 年度第一批中国建设工程鲁班奖，解决了正交异性板结构桥梁 U 肋内部空间狭小不能施焊的行业难题，填补了国内外技术空白，为提高正交异性钢桥面板疲劳耐久性提供了一种创新性解决方案。

图 7-10　武汉沌口长江公路大桥

正交异性钢桥面板构造细节较为复杂，焊缝众多，在车辆的作用下导致其疲劳开裂问题突出，疲劳裂纹的出现将显著降低正交异性钢桥面板结构的服役质量，严重危害结构的安全性和耐久性，正交异性钢桥面板疲劳开裂问题已成为制约钢桥可持续发展的瓶颈问题[3]。纵肋与顶板构造细节和纵肋与横隔板交叉构造细节占疲劳开裂案例的绝大多数，是控制钢桥面板疲劳性能的关键构造细节。通过引入高疲劳抗力的纵肋与顶板新型双面焊构造细节，提升了钢桥面板的疲劳性能，解决了钢桥面板疲劳开裂难题。

通过在 U 肋内侧增加一道焊缝，提高了焊接接头的整体刚度，增强了焊接接头结构的强度性能（图 7-11）。此外，由于单面焊焊缝在焊接过程中，无法精确控制焊接接头的熔透率，因此，采用双面焊焊接接头解决了 U 肋内焊熔透率不确定

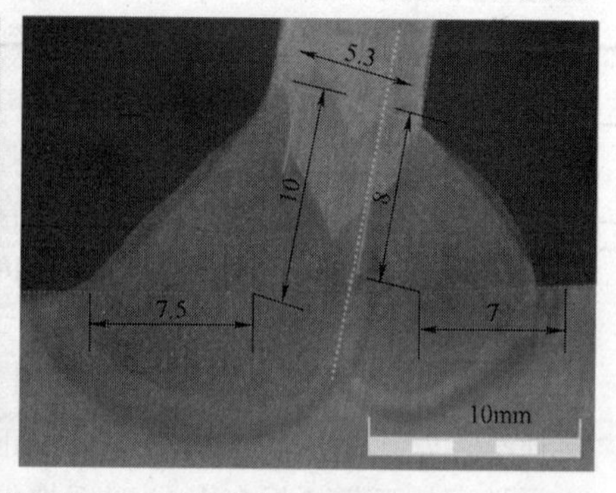

图 7-11　世界首创钢桥正交异性板 U 肋内焊系统（双面焊结构宏观镜像）

的问题，避免部分位置熔透率不足，进而保证了焊接接头熔透质量，可改善结构的疲劳性能。

针对单面焊焊接接头和双面焊焊接接头，疲劳失效模式总体可划分为桥面板焊趾位置失效、桥面板焊根位置失效、连接焊缝焊喉开裂失效和 U 肋焊趾位置失效。正交异性钢桥面板疲劳开裂案例的统计分析表明，在疲劳加载过程中，潜在裂纹的扩展路径如图 7-12、图 7-13 中箭头所示，箭头一端圆点表示裂纹萌生位置，一端箭头指向为裂纹扩展方向，U 肋与桥面板结构潜在失效路径有：

1）P_1 为裂纹起始于靠近桥面板外侧焊缝焊趾，沿着桥面板厚度方向扩展。

2）P_2 为裂纹起始于靠近桥面板内侧焊缝焊趾，沿着桥面板厚度方向扩展。

3）P_3 为裂纹起始于靠近 U 肋外侧焊缝焊趾，沿着 U 肋厚度方向扩展。

4）R_1 为裂纹起始于靠近桥面板外侧焊缝焊根，沿着桥面板厚度方向扩展。

5）R_2 为裂纹起始于靠近桥面板内侧焊缝焊根，沿着桥面板厚度方向扩展。

6）$W_{1\text{-}1}$ 为裂纹起始于靠近桥面板外侧焊缝焊根，沿着焊缝厚度方向扩展。

7）$W_{1\text{-}2}$ 为裂纹起始于靠近 U 肋外侧焊缝焊根，沿着焊缝厚度方向扩展。

8）$W_{2\text{-}1}$ 为裂纹起始于靠近桥面板内侧焊缝焊根，沿着焊缝厚度方向扩展。

9）$W_{2\text{-}2}$ 为裂纹起始于靠近 U 肋内侧焊缝焊根，沿厚度方向扩展。

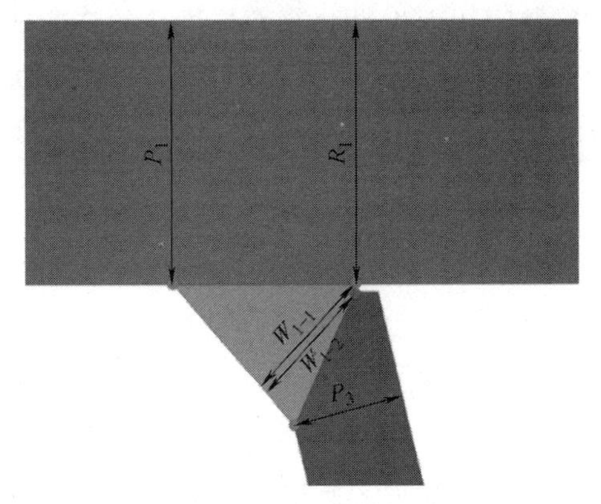

图 7-12　单面焊结构潜在开裂路径

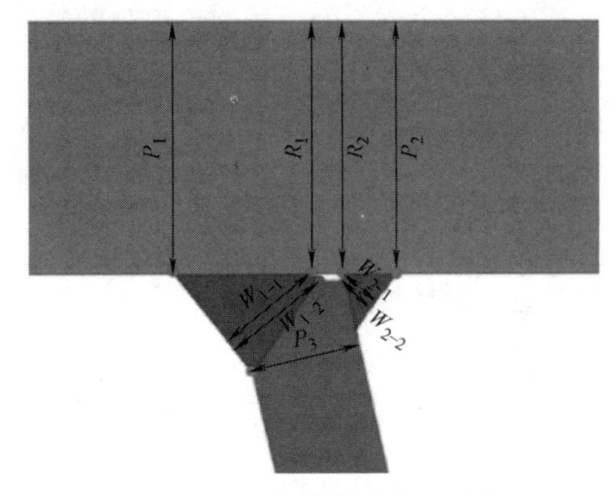

图 7-13　双面焊结构潜在开裂路径

相关研究成果表明，在纵向移动轮载作用下，焊缝构造细节的主导疲劳失效模式为疲劳裂纹萌生于顶板外侧焊趾并沿顶板厚度方向扩展。对于纵肋与顶板新型双面焊缝构造细节的主导疲劳失效模式以及焊趾起裂各疲劳失效模式而言，其等效结构应力幅值随着熔透率的增加未发生明显改变，表明熔透率不是影响其疲劳性能的关键因素。

而对于焊根起裂各疲劳失效模式，增加熔透率可有效降低其应力幅值，当熔透率达到 75%时，焊根起裂各疲劳失效模式的应力幅值均处于较低水平，此时纵肋与顶板新型双面焊构造细节的疲劳性能，主要由焊趾起裂的各疲劳失效模式控制。焊脚尺寸是纵肋与顶板新型双面焊构造细节疲劳抗力的另一关键影响因素，在不考虑焊接缺陷的条件下，适当增大焊脚尺寸可有效降低焊趾起裂疲劳失效模式的应力幅值，从而提升纵肋与顶板新型双面焊缝构造细节的疲劳性能。

对于纵肋与顶板新型双面焊构造细节，由焊接过程的复杂性和随机性所导致的焊接缺陷不可避免，因此焊接缺陷对于纵肋与顶板新型双面焊构造细节，其疲劳性能的劣化效应及其对主导疲劳失效模式的迁移也是研究重点[4]。

纵肋与顶板焊接细节引入新型双面焊细节后，能够使该构造细节的主导疲劳开裂模式迁移，疲劳抗力显著提高，在纵肋腹板正上方加载工况下，传统单面焊细节的疲劳开裂模式为顶板焊根开裂，并沿顶板厚度方向扩展，新型双面焊细节的引入导致其疲劳开裂模式迁移至顶板内侧焊趾开裂，沿顶板厚度方向扩展。

新型双面焊细节顶板内侧焊趾开裂模式的疲劳强度，比传统单面焊细节顶板焊根开裂模式的疲劳强度高 24.8%；采用扫描电子显微镜（SEM）对传统单面焊细节和新型双面焊细节横断面的初始微裂纹观测，传统单面焊细节顶板焊根的初始微裂纹尺寸基本大于 200μm，且存在多条初始微裂纹，新型双面焊细节顶板焊趾的初始微裂纹尺寸基本小于 100μm。

综上，传统单面焊细节顶板焊根的初始微裂纹尺度显著大于新型双面焊细节顶板焊趾的初始微裂纹尺度，初始微裂纹尺度的差异是两种开裂模式的疲劳抗力出现显著差异的主要原因，外侧焊根处的缺陷对控制钢桥面板纵肋双面焊构造的疲劳抗力起主要影响，应采取有效措施避免这类缺陷。新型双面焊构造形式解决了 U 肋内焊熔透率不确定的问题，避免了部分位置熔透率不足的缺陷，进而保证了焊接接头熔透质量，有效改善了结构的疲劳性能。

7.3 铁路货车产品焊缝裂纹分析

7.3.1 铁路货车产品结构

铁路货车按其用途不同，可分为通用货车和专用货车。通用货车为装运普通货物的车辆，货物类型不固定，也无特殊要求，一般有敞车、平车、棚车、漏斗和罐车等。上述车型结构各不相同，但它们通常可由车体、转向架、制动装置、钩缓装置及附属装置等主要部件组成。其中，车体是车辆的主要承载部件，一般由底架、侧墙、端墙等部件组成。底架又由中梁、枕梁、端梁、侧梁、横梁等部件组成(图 7-14 及图 7-15)。

铁路货车车体通常是整体承载的焊接结构，由于焊接工艺具有不削弱构件截面、节省钢材、构造简单、易于加工、连接的密封性好、便于采用自动化生产等特点，在铁路货车车体结构中得到了广泛应用。

在车体结构中，底架、端墙及侧墙等部件构成了整体承载的复杂组焊结构。底架通常由中梁、端梁、枕梁、侧梁等组焊而成，主要承受货物的垂向载荷及列车的

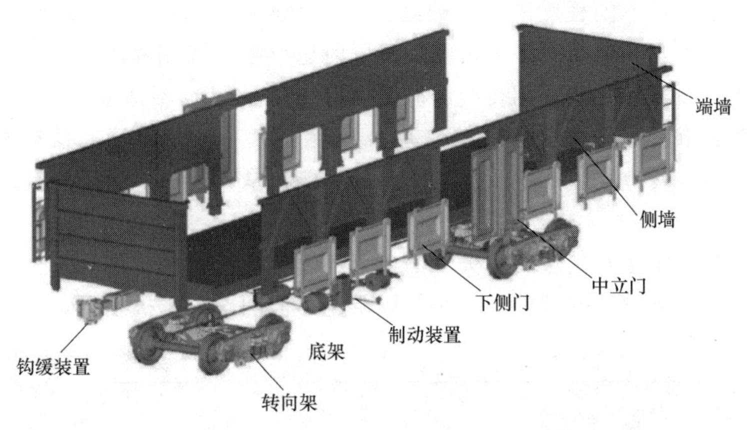

图 7-14 通用敞车系列主要结构

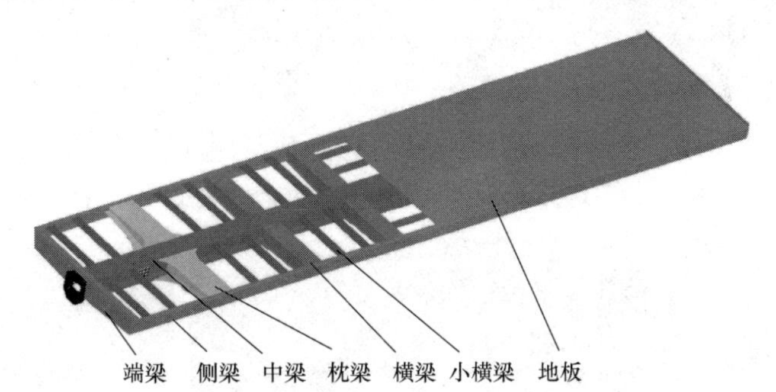

图 7-15 通用敞车系列底架组成主要结构

纵向载荷。端墙通常由端板、角柱、横带等部件组焊而成，侧墙通常由侧板、侧柱、上侧梁等部件组焊而成，它们共同承受着货物的侧向载荷。在组焊的车体结构中，焊缝数量多、分布广，CO_2 气体保护焊、富氩混合气体保护焊、MIG 焊、MAG 焊、TIG 焊等多种焊接工艺方法被广泛采用[5]，焊接方法已经成为货车制造过程中不可缺少的重要工艺手段，焊接结构的设计质量及制造质量，已对铁路货车产品的整体运用性能产生了重要影响。

7.3.2 铁路货车产品运用过程中出现的问题

我国铁路货车的技术发展较快，用几年时间完成了世界铁路货运先进国家几十年的发展历程，但由于理论研究基础相对薄弱，在新产品的设计过程中缺少经验，有些产品在经过一段时间的运用考验后，暴露出了一些问题，其中焊接结构的疲劳失效就是反映比较突出的问题。

2006 年，C80B 型不锈钢运煤敞车侧柱垫板焊缝发生批量裂纹（图 7-16a）；2007 年，C80 铝合金车整体铸造上心盘座顶面与中梁焊缝发生批量裂纹（图 7-16b）；2003 年至 2009 年间，C80 枕梁焊缝、原 K6 制动梁焊缝、C32 车制动管吊座及 C32 下侧梁焊缝等都发生过不同程度的疲劳裂纹（图 7-16c～f）。这些事故的发生，不但影响了铁路运输安全，还造成了经济损失，同时也反映出我国铁路货车产品在抗疲劳设计中的研究不够深入，采用传统的静强度评价方法已经不适应技术发展的要求，特别是货车载重及运行速度的提高，运行载荷工况变得更为恶劣，这种外因条件的变化，对产品抗疲劳性能产生了更为不利的影响，从而加速导致了产品疲劳失效的发生[6]。

以下将介绍实际发生过疲劳失效的典型案例，通过这些实例的分析，进一步研究焊接结构抗疲劳设计的理论与方法，以避免类似问题的再次发生。

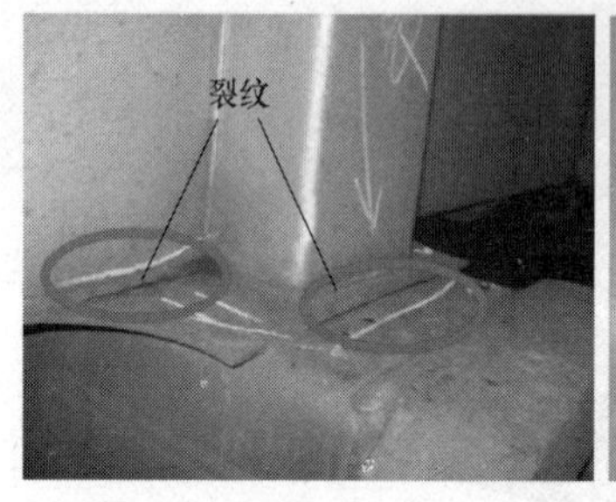

a) C80B连接板焊缝疲劳裂纹

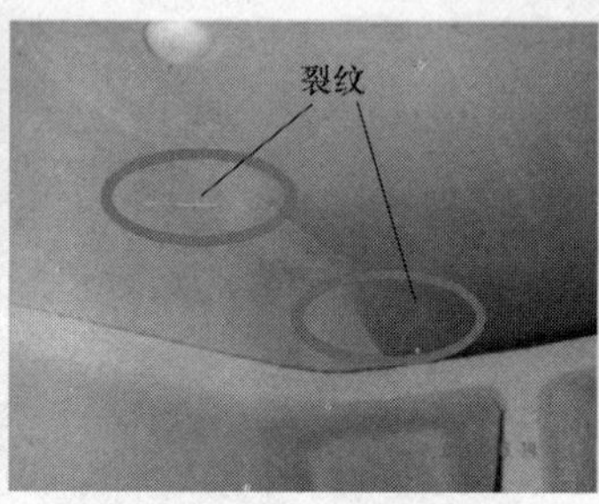

b) C80铝合金车上心盘座顶面焊缝疲劳裂纹

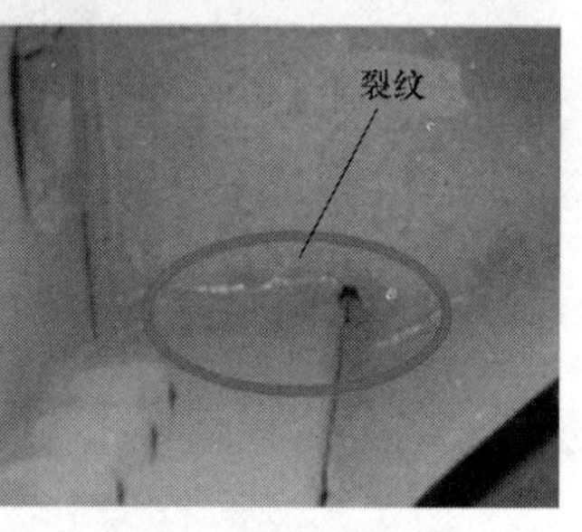

c) C80枕梁焊缝疲劳裂纹

d) 原K6制动梁焊缝疲劳裂纹

e) C32车制动管吊座焊缝疲劳裂纹

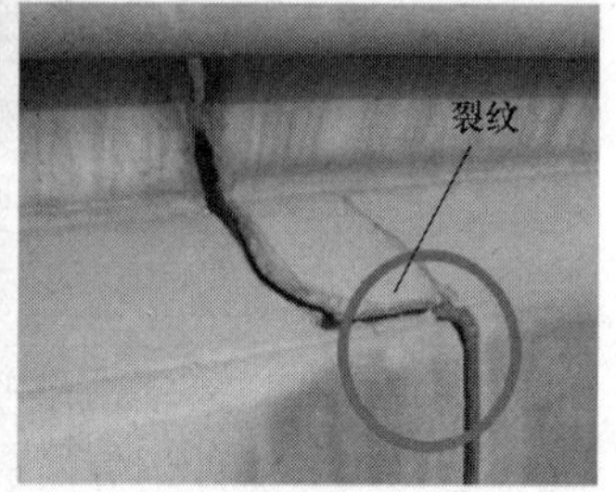

f) C32下侧梁焊缝疲劳裂纹

图 7-16　焊接结构疲劳裂纹实例

7.3.3　C80B 车连接板焊缝裂纹分析

C80B 不锈钢车型采用全钢焊接结构，主要由车体、车钩缓冲装置、制动装置及转向架等组成。车体由底架、侧墙、端墙、下侧门、撑杆等组成（图 7-17）。其中底架主要型材采用 Q450NQR1 高强度耐候钢，地板、侧墙和端墙均采用 TCS345 或 T4003 型不锈钢[7]。该型车辆在运用一段时间后发现端墙组成的端柱连接板处焊缝发生裂纹（图 7-18）。从裂纹数量来看，连接板与中梁上面横向焊缝裂纹较少，而多数发生于连接板与端墙板的连接焊缝处和连接板下部与中梁交接的纵向焊缝处。裂纹在车辆的 1、2 位端均有发生，左右对称于中梁，连接板下面与中梁纵向焊缝裂纹较为普遍，可判断为初始裂纹，连接板上面与端墙横向焊缝裂纹相对较多，与上述裂纹伴随发生。

图 7-17　C80B 铁路运煤敞车

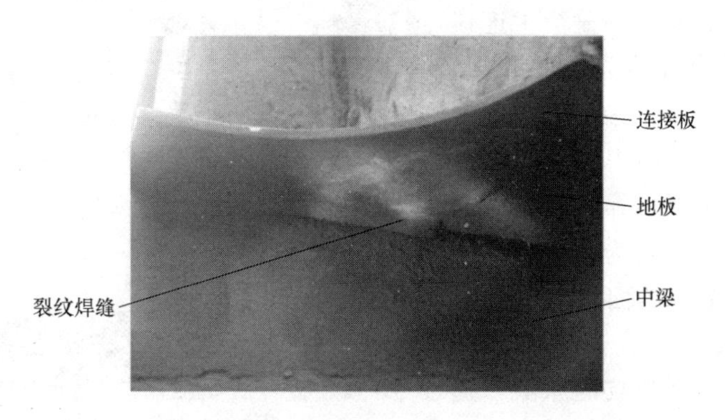

图 7-18　C80B 端墙组成的端柱连接板处焊缝发生裂纹

1. 原因分析

煤炭等散粒货物对车体的端、侧墙存在侧向压力，货车在起步、停车或调速时其纵向冲动对端墙也存在侧压力，该侧压力使端墙产生外倾弯矩（图 7-19）。该弯矩除了被侧墙平衡一部分外，有一部分则作用于底架上，作用于底架中梁上的弯矩作用点则处于发生裂纹处的连接板上。由于该连接板厚度较小，同时与中梁的连接较弱，且连接板中部悬空，因而该力的反复作用是裂纹产生的驱动力，是引起疲劳失效的外因。

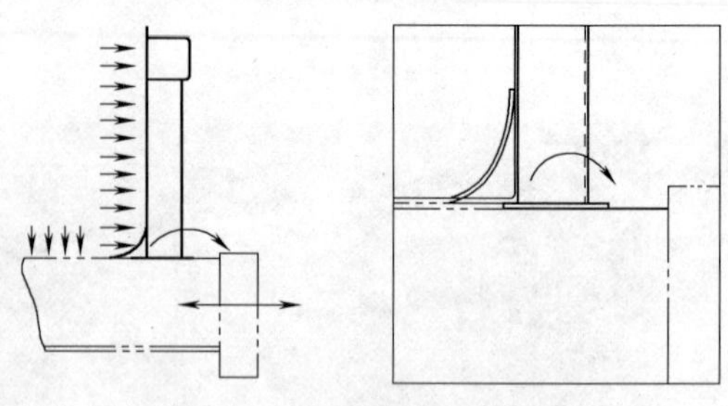

图 7-19　端柱连接板处受力图示

同时，该处焊缝结构设计不合理，连接板与端墙、中梁、地板连接焊缝交汇于一点，易形成焊接缺陷和应力集中而成为疲劳源。连接板和端板、中梁间的焊缝属典型 T 形接头单侧角焊缝，其疲劳强度为 50～70MPa，而计算该处应力值为 158MPa，分析结果表明在重车垂向疲劳载荷作用下，端部支承连接板角焊缝交汇点疲劳寿命仅为 5 万 km 左右（重车），由于该区域抗疲劳强度不足，在作用频次较高的垂向载荷下，单侧角焊缝弯曲根部产生了较高的拉-拉疲劳应力，促使该区域疲劳裂纹的发生，这也是引起疲劳失效的内因。

另外，该车的底架没有端梁，端墙下部刚度相对较小，在与刚度较大的中梁连接后，产生刚度突变，造成刚度不协调，容易发生应力集中现象。支承梁与中梁之间的连接板，与中梁之间有三道焊缝，与地板连接一端无法与中梁连接，则此处的连接强度不足，垂向约束较弱。在端墙外倾弯矩作用下，容易发生变形而导致连接板与中梁间出现间隙，此时，最先受力的就是连接板下部与中梁两侧的纵向焊缝。列车在纵向拉伸、压缩载荷作用下，尤其是在纵向拉伸工况下，在牵引梁处存在纵向拉应力以及附加弯矩，从而也加剧了该部位裂纹的扩展。

综合上述分析，垂向载荷、侧滚（扭转）及振动载荷是产生连接板和中梁间纵向焊缝裂纹的外因，纵向力、单端冲击、端压力是产生连接板和端板间横向焊缝裂纹的外因，而端柱连接板角焊缝交汇点的焊缝疲劳强度低，结构设计的刚度不匹配是形成裂纹的内因。

2. 结构改进

针对上述产生裂纹的原因，提出了如下的改进结构（图 7-20）：

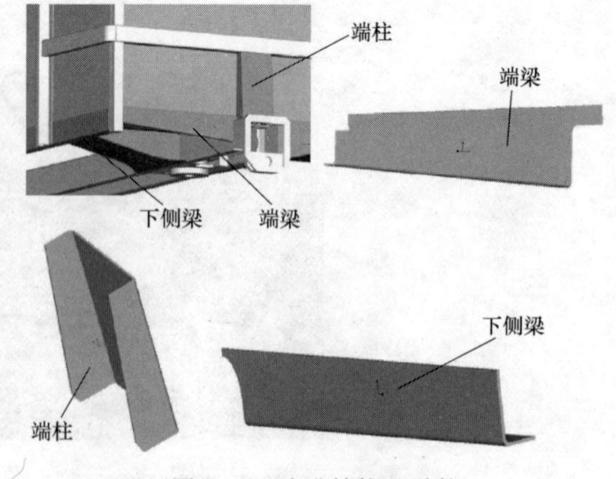

图 7-20　改进结构及零件

1）为协调端墙节点的受力状态，在端墙板的相同垂直平面内增加端梁。该端梁为L形变截面梁，厚度为6mm，靠近中梁端的断面高度为200mm，靠近侧梁端为100mm，材料为Q450NQR1。侧梁端与角柱及下侧梁连接。

2）为改善端柱与牵引梁的连接，端柱改为变断面槽形梁，厚度由5mm增加至6mm，宽度由200mm加大至320mm，端柱与中梁连接一端的最大高度为150mm，材料由TCS345改为Q450NQR1，同时取消中梁上的连接板，端柱与中梁直接连接。

3）为改善端梁的连接状态，将顶车腹板向端部延长至角柱，形成车辆端部下侧梁，并与角柱相连，同时也与端梁相连，使其与中梁、枕梁和端梁共同构成一个整体框架结构。

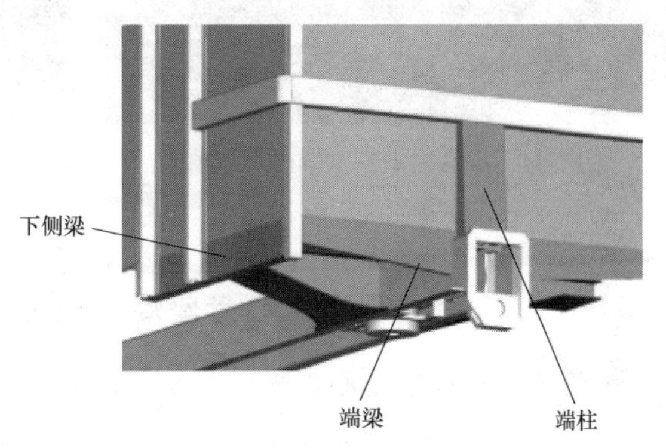

图7-21 方案A：端梁+下侧梁+端柱

为验证以上三项措施对端部节点的改善程度，进行了不同结构的组合，并在相同加载条件下进行了有限元仿真计算。其组合方式分别为，方案A：端梁+下侧梁+端柱；方案B：端梁+端柱；方案C：端梁+下侧梁（图7-21~图7-23）。

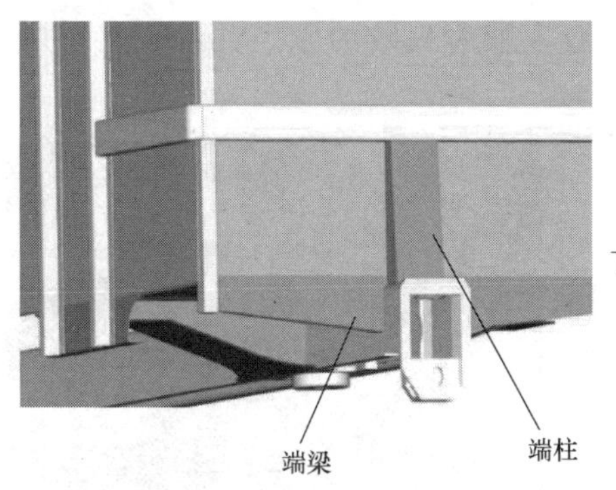

图7-22 方案B：端梁+端柱

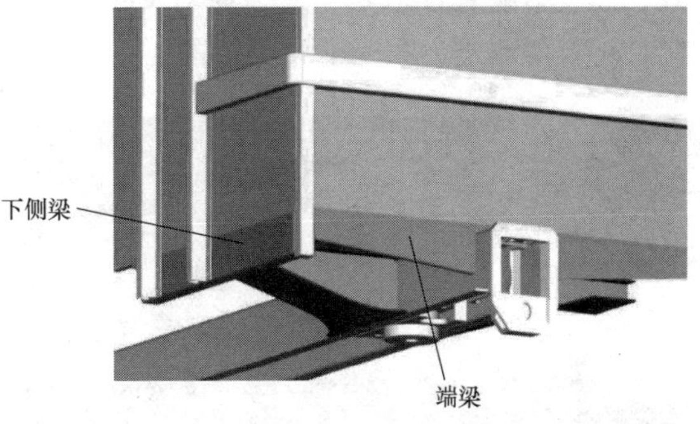

图7-23 方案C：端梁+下侧梁

为验证以上措施对端部节点的改善效果，在相同加载条件下进行了有限元对比分析。根据对原结构和三种方案改进结构的对比分析结果可知，三种改进结构所采取的优化措施，可以有效提高该部位的抗变形能力，其中方案A效果较好，改善了连接状态和应力分布情况，应力结果比原结构下降了57MPa（图7-24、图7-25）。疲劳评估结果表明：垂向载荷谱下端梁、端柱与中梁连接处的疲劳寿命在370万~480万km左右，而其他载荷在该处造成的损伤较小，疲劳寿命均在600万km以上，改进效果良好，能满足25年疲劳评估寿命的要求。

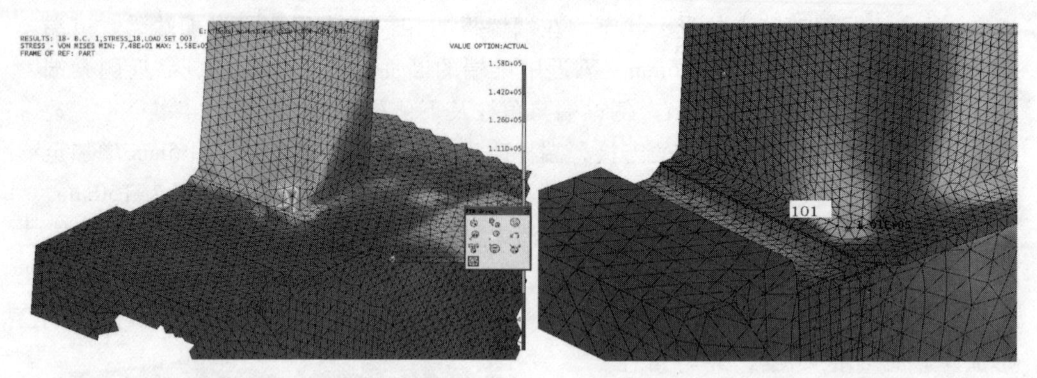

图 7-24 原结构第二工况组合压缩（应力 158MPa）

图 7-25 改进结构第二工况组合压缩（应力 101MPa）

7.3.4 C80 铝合金车上心盘座焊缝处裂纹分析

C80 车整体铸造上心盘座是大秦线重载 C80 型铝合金运煤专用敞车的重要组成部件，其设计结构和制造质量对车辆的运用安全影响很大[8]。2007 年，该车在运营 50 万~60 万 km，发现整体上心盘座顶面与中梁内侧顶面间 4 条焊缝端头开始沿 45°方向延上心盘座母体产生裂纹，裂纹发生部位如图 7-26 所示。由于上心盘座是 C80 车主要的承载部件，通过它传递货物和车体的静、动载荷，该部件产生疲劳失效，严重影响着行车安全，为此对 C80 车上心盘座疲劳失效的原因进行研究，并制订可行的改进方案是非常必要的。

a) C80型敞车

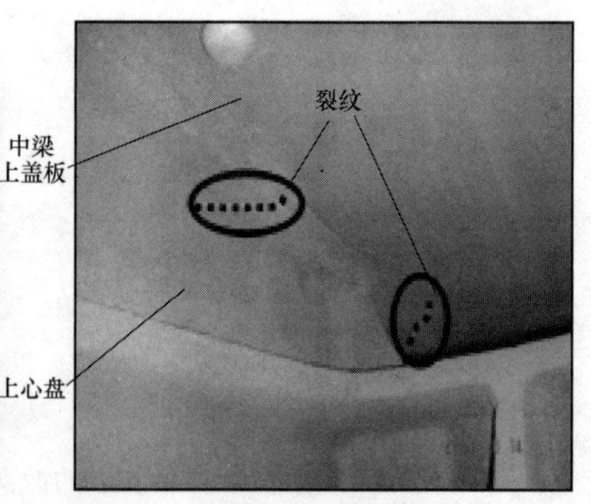

b) 上心盘焊缝裂纹

图 7-26 C80 铝合金车上心盘座顶面焊缝疲劳裂纹

1. 原因分析

心盘座是车辆主要的承载部件，通过它传递货物和车体的静、动载荷。心盘座焊缝裂纹是由交变载荷引起的典型疲劳失效，因而选择恰当的焊接结构疲劳分析标准及合理的疲劳计算方法是十分必要的。基于上述 IIW 标准提供的计算方法及 *S-N*

曲线数据，对整体上心盘座长焊缝端头及短焊缝端头进行了计算，重车计算结果见表 7-1 及表 7-2。

计算结果表明，重车工况是引起疲劳失效的主要原因，在重车运用条件下，整体铸造上心盘座顶面与中梁内侧顶面长焊缝端头，其疲劳寿命预测结果约为 24.8 万 km，短焊缝端头疲劳寿命预测结果约为 17 万 km，考虑空重车运行里程比为 1∶1，计算结果与实际运用情况比较接近。

计算结果反映出长焊缝及短焊缝端头早期疲劳裂纹形成的原因主要有两个：一是上心盘座长焊缝及短焊缝为未连通的段焊，段焊的焊缝端头易形成焊接缺陷和应力集中，而焊接又是一种刚度较大的连接方式，即连接构件之间产生的相对位移较小，这种结构对设计或工艺因素而产生的应力集中较为敏感，正是由于应力集中的存在从而引起了该部位的疲劳失效；二是在垂向载荷作用下，焊缝端头产生了高的拉-拉疲劳应力，在纵向压缩载荷作用下焊缝端头产生了较高的压-压疲劳应力，这种多轴交变载荷的相互作用，进一步加速了裂纹扩展。

表 7-1　基于 IIW 标准长焊缝端头重车计算结果

出现次数	应力变化范围/MPa	$\Delta\sigma_i<\Delta\sigma_1$ 时 N_i	$\Delta\sigma_2\geqslant\Delta\sigma_i\geqslant\Delta\sigma_1$ 时 N_i	损伤比 n_i/N_i
21430	14.7	7.93484×10^7	5.01091×10^8	0.00000
12975	24.0	1.81298×10^7	4.27899×10^7	3.03226×10^{-4}
6691	33.3	6.77029×10^6	8.28639×10^6	8.07468×10^{-4}
2522	42.6	3.22469×10^6	2.40714×10^6	7.82090×10^{-4}
740	52.0	1.78210×10^6	8.95862×10^5	4.15240×10^{-4}
176	61.3	1.08638×10^6	3.92639×10^5	1.62005×10^{-4}
52	70.6	7.10438×10^5	1.93448×10^5	7.31943×10^{-5}
15	79.9	4.89749×10^5	1.04066×10^5	3.06279×10^{-5}

总次数：44601；等级：FAT50；试验里程：$l_r=638$km。

总损伤比：$D=2.57385$E-03。

计算寿命里程：$L_f=2.47878$E+01 万 km；运营年限：2.0 年。

表 7-2　基于 IIW 标准短焊缝端头重车计算结果

出现次数	应力变化范围/MPa	$\Delta\sigma_i<\Delta\sigma_1$ 时 N_i	$\Delta\sigma_2\geqslant\Delta\sigma_i\geqslant\Delta\sigma_1$ 时 N_i	损伤比 n_i/N_i
20956	15.0	7.37786×10^7	4.43851×10^8	0.00000
12050	25.1	1.58854×10^7	3.43306×10^7	3.50999×10^{-4}
6775	35.1	5.78121×10^6	6.36870×10^6	1.06380×10^{-3}
3185	45.1	2.71804×10^6	1.81042×10^6	1.17180×10^{-3}
1143	55.2	1.48797×10^6	6.63251×10^5	7.68159×10^{-4}
252	65.2	9.01981×10^5	2.87971×10^5	2.79385×10^{-4}
57	75.2	5.86940×10^5	1.40716×10^5	9.71139×10^{-5}
12	85.3	4.03087×10^5	7.52230×10^4	2.97703×10^{-5}

总次数：44430；等级：FAT50；试验里程：$l_r=638$km。

总损伤比：$D=3.76102$E-03。

计算寿命里程：$L_f=1.69635$E+01 万 km；运营年限：1.4 年。

2. 结构改进

为从源头上解决上心盘座结构疲劳强度低，运用中过早出现疲劳裂纹问题，结合原结构分析结果，提出了改进方案，原方案及改进方案细部结构如图 7-27 和

图 7-28 所示。

在改进方案中，改变了位置 1 处顶部设计结构，避免段焊缝产生焊接应力集中；位置 1 处第一层水平筋板由原结构的左右两部分改为中部圆弧连通；为加强位置 2 处第一层水平筋板的连接，将整体铸造上心盘座圆芯部分拔高，同时增加一组纵向立筋；从板座一端的第一层水平筋板由中间 14mm 厚度过渡至 20mm 厚度，位置 3 处第二、三层水平筋板由中间 18mm 厚度过渡至 30mm 厚度；位置 4 处底板厚度由 26mm 加大至 30mm。

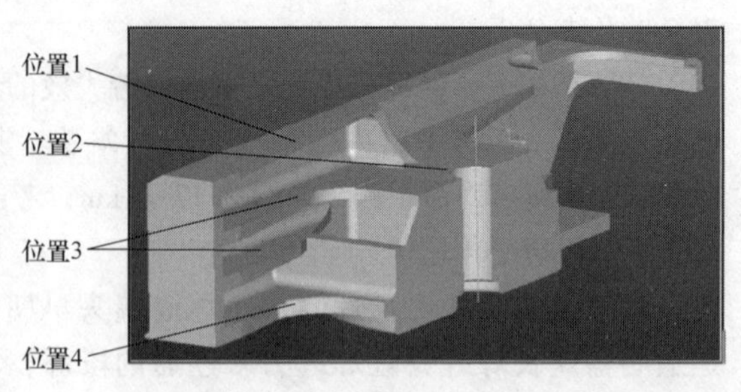

图 7-27　上心盘座原方案 1/2 结构三维模型

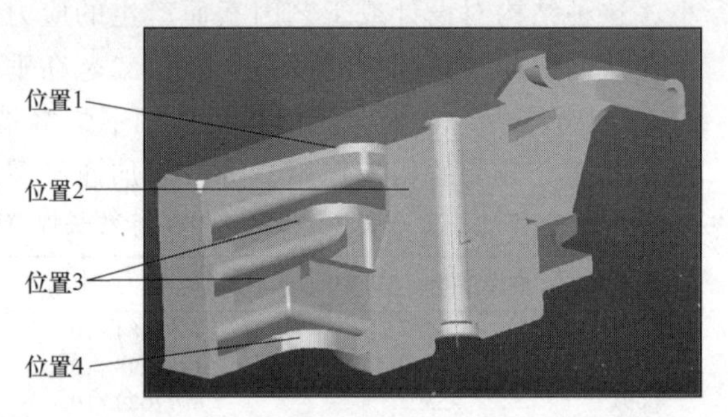

图 7-28　上心盘座改进方案 1/2 结构三维模型

为研究结构改进效果，对原结构及改进方案在载荷工况及约束条件一致的条件下进行了有限元对比分析，结果表明第一工况拉伸组合应力水平较高，原结构该工况长焊缝和短焊缝端头 Von-Mises 应力分别为 83MPa、95MPa，而改进结构该区域应力水平明显下降，Von-Mises 应力值分别为 63. 2 MPa、69MPa（图 7-29），分别下降了 23. 9%和 27. 4%；在 AAR 万吨列车纵向恶劣载荷下[9]，对改进方案进行了寿命评估，经计算该方案重车疲劳寿命为 430 万 km。

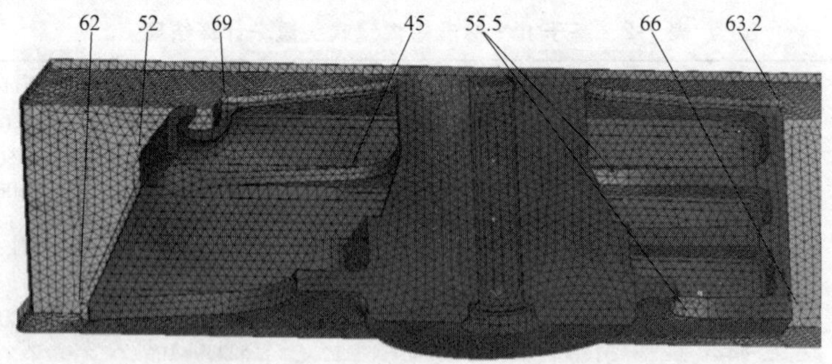

图 7-29　改进方案第一工况拉伸组合 Von-Mises 应力云图（MPa）

上述计算结果表明，结构所具有的动应力水平对疲劳寿命的影响非常显著，应力幅与疲劳寿命是幂函数关系，因此应力幅值的下降将导致疲劳寿命成级数上升。改进方案有效地优化了整体铸造上心盘座结构，显著降低了焊缝区域的应力水平，从而延长了其使用寿命，提高了整体铸造上心盘座部件的运用可靠性。

7.3.5　C80E 车横梁上盖板与地板焊缝裂纹分析

C80E 型通用敞车是我国铁路通用货车由 70t 级向 80t 级升级换代的主力车型，在大秦线投入运用，单车载重较 C70 型车增加了 14.3%，集载能力同步提升 10%，运输能力大幅提升[9]。该车运营一段时间后发现在底架横梁上盖板与地板焊缝处发生裂纹（图 7-30），裂纹多发生在底架中部立柱与横梁对应位置，而横梁是由上盖板、腹板及下盖板组焊而成的工字形结构，横梁与地板处有 4mm 搭接焊缝，裂纹显示为表面裂纹，在靠近下侧梁处的端部，沿焊缝方向纵向分布。

a) C80E型敞车

地板
裂纹
横梁腹板
横梁上盖板

b) 上盖板与地板焊缝裂纹

图 7-30　C80E 车横梁上盖板与地板焊缝处发生裂纹

1. 原因分析

该焊缝处与地板位置上面有加强用立柱脚座，如果在侧墙板受侧向载荷作用时可能对此处焊缝产生影响。对车体侧墙进行模态测试，试验结果可以看出，在整备（空载）车辆边界条件下，侧墙的侧摆频率为 3.919Hz、扭转频率为 5.732Hz、一阶横向弯曲频率为 12.574Hz、二阶横向弯曲频率为 16.979Hz、三阶横向弯曲频率为 22.455Hz、四阶横向弯曲频率为 30.215Hz，如图 7-31 所示。测试结果表明：当

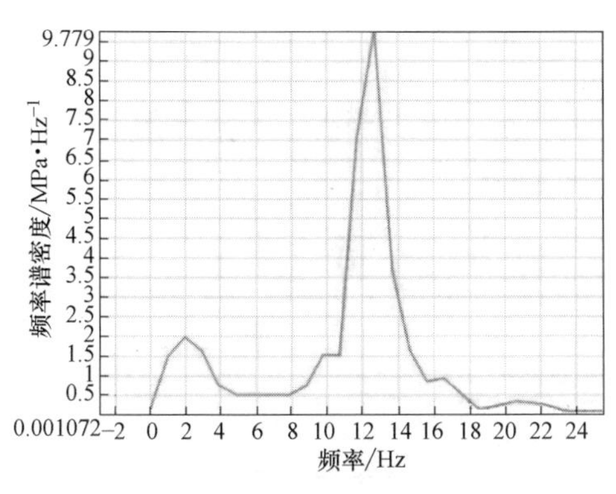

a) 空车侧墙试验测试频率(12.574Hz)

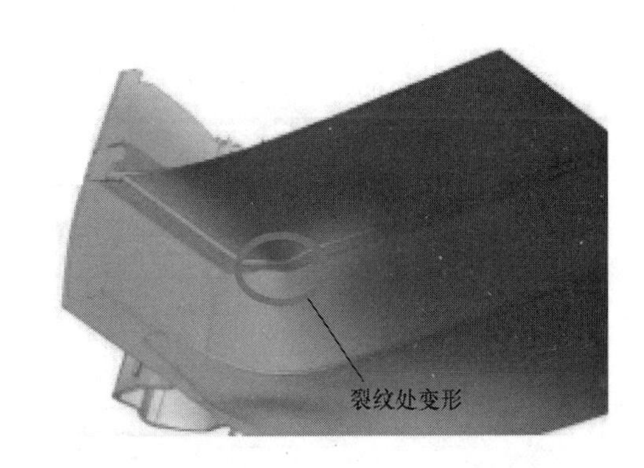

b) 裂纹处变形

图 7-31　空车侧墙一阶横向弯曲频率及裂纹处变形

该车存在外界激励作用下，侧墙产生的频率与上述任意一阶频率接近时，敞车侧墙容易引起共振。

通过对比试验、计算及检测的结果，表明原结构在空车工况存在侧墙板横向弯曲振动，空车侧墙一阶横向弯曲测试频率为 12.574Hz，该横向振动通过脚座传递到横梁上盖板与地板焊缝，从而引起该焊缝处的交变应力，在焊缝处表面引起局部疲劳裂纹并向焊缝内部扩展。

为了进一步分析该处焊缝疲劳开裂的深层原因，在计算模型中定义了四条焊线：焊缝-1 为考察焊趾上的应力集中，焊缝-2 和焊缝-3 为考察焊根上的应力集中，焊缝-4 为考察焊缝上的应力集中，图 7-32 所示为该焊缝上四条焊线的定义。

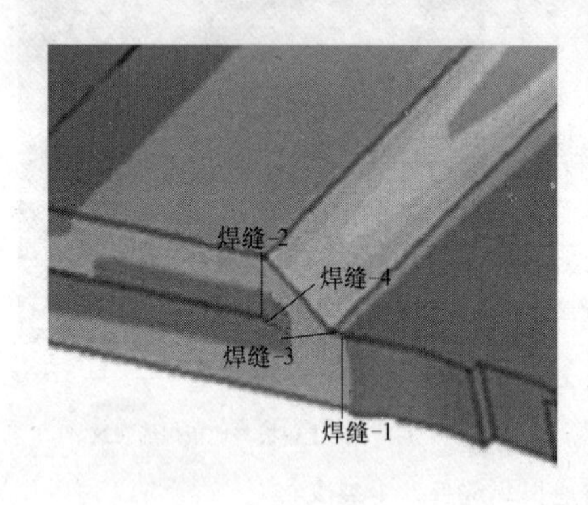

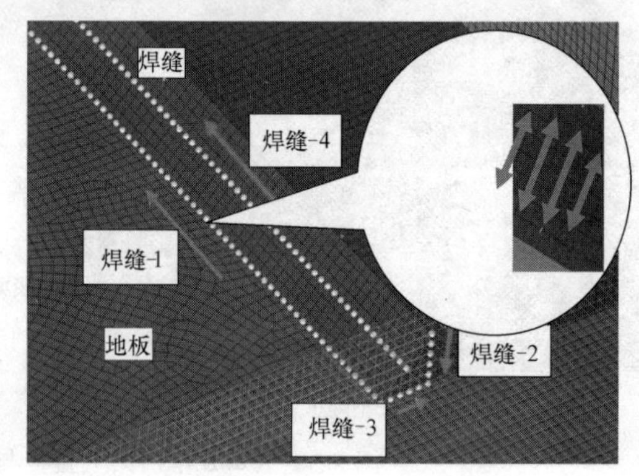

图 7-32　焊根、焊缝、焊趾处的结构应力定义

通过提取焊根、焊缝、焊趾上的节点力，计算了各条焊线的结构应力，其结构应力分布如图 7-33 所示。计算结果表明：焊缝处应力梯度分布较大，在发生横向振动时，焊缝处存在明显拉压交变应力，有明显应力集中，经计算分析焊缝上最大主应力方向与裂纹方向垂直。对比焊缝（weld-4）、焊趾（weld-1）及焊根（weld-2、weld-3）处结构应力，在可能存在的裂纹方式中，焊缝（weld-4）处结构应力

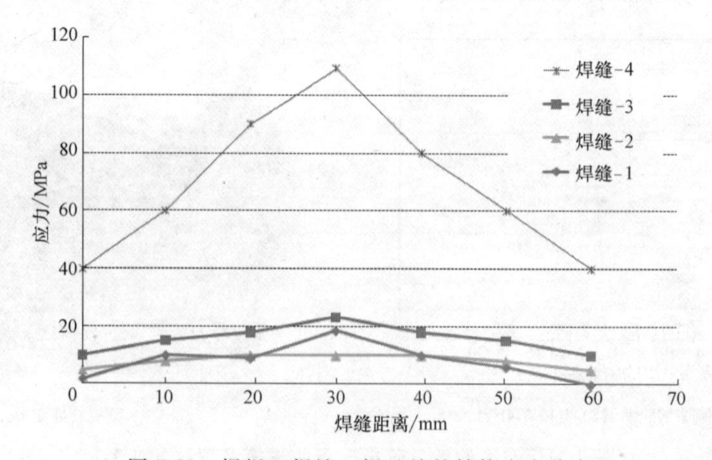

图 7-33　焊根、焊缝、焊趾处的结构应力分布

最大，远远大于焊趾及焊根处结构应力，因此应该是焊缝处首先发生疲劳裂纹，而编号 weld-4 的中部结构应力最大，其值高达 108MPa，而与焊根、焊趾对应的结构应力明显小于焊缝中部的应力值，这些数据证明了最可能发生疲劳裂纹的位置应该是焊缝中部区域，这一判断与实际发生疲劳裂纹的位置吻合。

针对这一情况，再次进行了测点布置以通过实测考察该焊缝区域的应力水平，测点布置在焊缝焊趾附近及焊缝表面上。图 7-34 所示为测点位置，其中 *A*1~*A*5 测点在焊缝表面中部，并沿焊缝方向均匀分布，*A*6、*A*7 和 *A*8 分别位于焊缝焊趾处，*A*9 则位于上盖板焊趾处。表 7-3 列出了应力测试结果的最大值，其中 *A*5 点（焊缝中部）应力测试结果为 187.4MPa，其他点的应力水平则相对较低，计算结果与测试结果基本吻合。

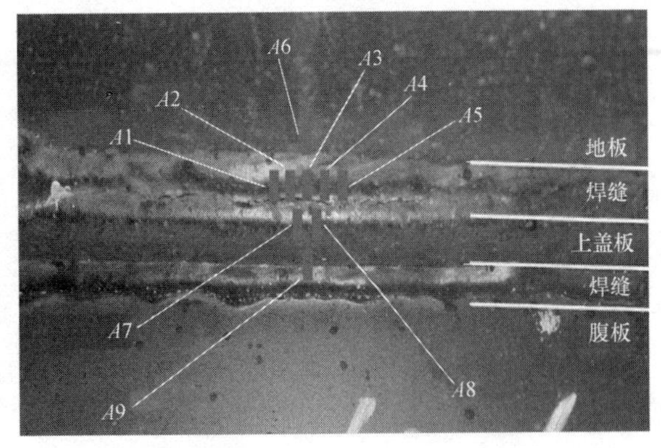

图 7-34 测点位置示意图

表 7-3 各测点动应力最大幅值

测点	位置	最大动应力/MPa
*A*1	上盖板与地板焊缝(焊缝中部)	23.0
*A*2	上盖板与地板焊缝(焊缝中部)	35.3
*A*3	上盖板与地板焊缝(焊缝中部)	50.3
*A*4	上盖板与地板焊缝(焊缝中部)	132.2
*A*5	上盖板与地板焊缝(焊缝中部)	187.4
*A*6	上盖板与地板焊缝(地板焊趾处)	8.3
*A*7	上盖板与地板焊缝(上盖板焊趾处)	19.6
*A*8	上盖板与地板焊缝(上盖板焊趾处)	损坏
*A*9	腹板与上盖板焊缝	37.0

另外，由于缝焊处焊接质量的差别，会引起缝焊处疲劳裂纹产生形式具有一定的离散性，但其最大可能是在该区域焊接质量薄弱处首先产生疲劳裂纹，裂纹方向将垂直于最大主应力方向，即沿焊缝方向并向焊缝内部扩展。一旦产生疲劳裂纹后，此处的应力集中将减小，当应力集中减小到一定程度，疲劳裂纹可能不再扩展，此时焊缝处的疲劳裂纹最差的可能是穿透焊缝，向母材方向扩展的可能较小。

2. 结构改进

造成此焊缝处裂纹的主要原因是侧板振动导致该位置产生了较大的弯矩，而这个位置的局部刚度不匹配，因此需要对局部刚度进行补强。经多方案对比计算，考虑简单、安全、经济、可靠的指导原则，选取在上、下盖板与横梁腹板处组焊一角形筋板，这样就补强了此位置的刚度，局部结构改进后的变形较为协调（图 7-35a），可以缓解焊缝处的应力集中。

但是，该补强方案增加了三条补强焊缝，要认真分析能否带来新的问题，因此，为了校核这三条补强焊缝的强度，对此处进行了动应变测试，测点 $C1\sim C13$（图 7-35b），测试结果见表 7-4。

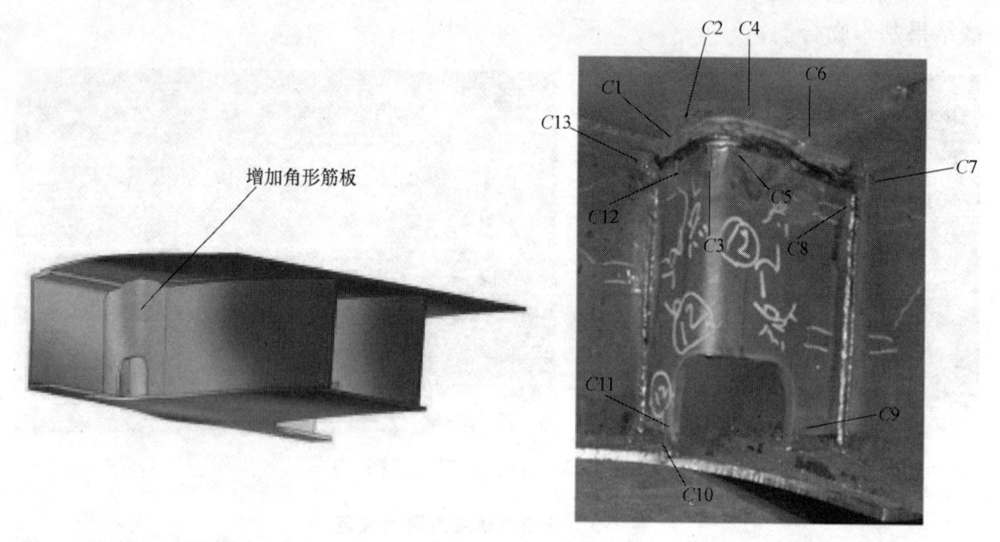

a) 局部结构改进后的变形　　b) 局部结构改进测点

图 7-35　局部结构改进

表 7-4　线路动应力测试结果　（单位：MPa）

测点号	重车(第 1 趟)	空车(第 1 趟)	重车(第 2 趟)	空车(第 2 趟)
C1	10	12.05	9.37	13.35
C2	10.05	19.79	9.43	21.85
C3	10.21	30.85	9.43	34.71
C4	23.53	15.11	23.1	18.42
C5	7.55	16.54	7.47	18.37
C6	2.84	1.59	3.11	1.88
C7	1.07	0.63	0.93	1.15
C8	2.32	1.1	2.21	1.71
C9	13.32	22.79	13.13	22.34
C10	5.13	5.26	4.87	5.14
C11	4.7	8.99	3.98	9.37
C12	29	68.71	25.4	77.46
C13	0.87	6.05	0.58	6.86

测试共进行了两次往返，空、重车工况各一次，线路动应力测试结果表明：C12 点的动应力水平最大值为第 2 趟 77.46MPa，C3 点的动应力水平最大值为第 2 趟 34.71MPa，均发生在空车工况，而其他位置的应力水平不高。通过测试点的应力对比，改进结构的焊缝处的力传递更合理，无明显的应力集中产生，因此改进方案可行，比原结构具有更高的抗疲劳强度。

特别注意的是，此实例造成焊缝疲劳裂纹的主要工况是空车运行工况，而重车工况影响相对较小，这与以往的设计经验有所不同，所以要引起高度重视。在有些情况下，空车工况会造成局部振动，如果某种情况下存在与结构固有频率接近的激扰时，要高度关注，避免振动节点处发生疲劳失效。同时，这个案例证明了结构应力法不但可以用来计算焊趾、焊根上的应力集中，也可以计算焊缝表面上的应力集中，而这一特点也是传统的疲劳评估方法较难做到的。

7.4 关节式集装箱平车端横梁裂纹原因分析及改进

关节式集装箱平车是用于集装箱运输的铁路货车，于 2005 年批量投入澳大利亚市场，为运营部门创造了良好收益。该车采用全钢焊接结构，主要由底架、集装箱锁闭装置、车钩缓冲装置、制动装置及转向架等组成（图 7-36）。底架主要的型钢、板材采用 Q450NQR1 高强度耐候钢材质。该车在运用约 60 万 km 后，在端横梁上盖板孔边产生两处裂纹，一处位于 R40 圆角处，另一处位于 R120 圆角处（图 7-37）。关节车横梁裂纹的发生，严重影响了该车的正常运用，同时也带来了极大安全隐患[10]。

图 7-36 关节式集装箱平车

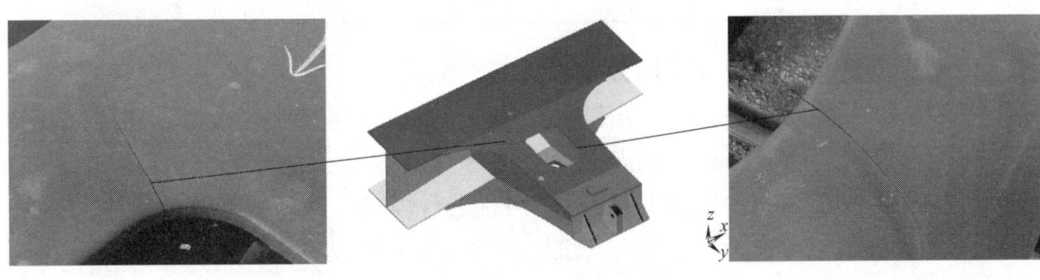

图 7-37 端横梁裂纹发生部位

为了对关节车端横梁裂纹产生的原因进行分析，采用有限元方法及基于IIW标准进行了分析计算，对多种改进方案进行了对比优选，并对改进方案的可行性进行了分析研究，最终制订出了合理的修补方案，有效控制了裂纹的再次发生，赢得了用户的认可。

7.4.1 端横梁裂纹原因分析

1. 有限元计算

在方案设计阶段，根据招标技术要求，已经对关节式集装箱平车进行过有限元分析，分析中主要考虑了2个25t集装箱垂向载荷工况、1800kN牵引载荷工况、1800kN缓冲载荷工况、40kN·m扭转载荷工况及顶车载荷工况。

在对上述工况进行有限元计算时，没有出现应力值超标情况，同时也得到了静强度试验的验证。但通过对疲劳裂纹扩展速率及扩展方向的分析，表明集装箱锁座处载荷对横梁的影响较大，除集装箱垂向载荷外，有可能在端横梁锁座位置还存在较大的纵向惯性力，因此，本次有限元分析时，重点考核集装箱对横梁垂向载荷及纵向载荷的影响。其中垂向力按15t加载，作用于锁座位置；纵向惯性力，加载按AAR标准关节车连接器纵向最大载荷的1/4计算[11]，由AAR标准可知，联运车组重车关节连接器最大纵向力为1668.75kN，按4个锁座平均分配后，每个计算载荷为1668.75kN/4=417.2kN，并作用于锁座位置，这当中忽略了摩擦力等因素，是一种最大可能的情况。为提高计算精度，将原模型采用六面体实体单元进行网格划分，并将孔边焊缝处网格局部细化，图7-38中重点评估位置的应力详细结果见表7-5，按线性计算的应力分布情况如图7-39~图7-41所示。

表7-5 原结构应力汇总 （单位：MPa）

位置	工况1(垂向15t)	工况2(纵向417.2kN)	合成工况(工况1+工况2)
1	14	74	85
2	76	746	670
3	100	905	994
4	74	946	914
5	68	925	939
6	118	936	830
7	69	711	778
8	25	75	99

2. 疲劳寿命计算及裂纹原因分析

疲劳寿命计算采用国际焊接学会标准IIW标准，该标准明确指出，屈服强度低于700MPa的碳钢、碳锰钢和细晶粒调质钢材及其焊接接头[12]，均适于此标准。也就是采用屈服强度低于700MPa的不同钢材进行焊接，当焊缝形式及载荷方向相同时，计算所用的*S-N*曲线也相同，和材料的屈服强度没有相关性，若强度不足更换更高强度的材料时（低于700MPa），对疲劳强度评估结果没有影响。

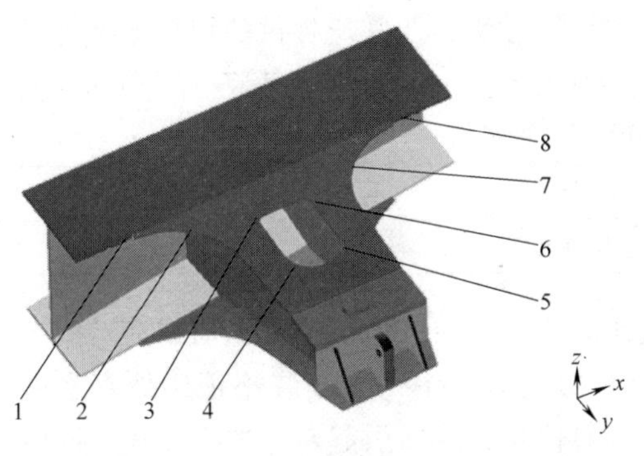

图 7-38 原结构上盖板重点评估位置示意

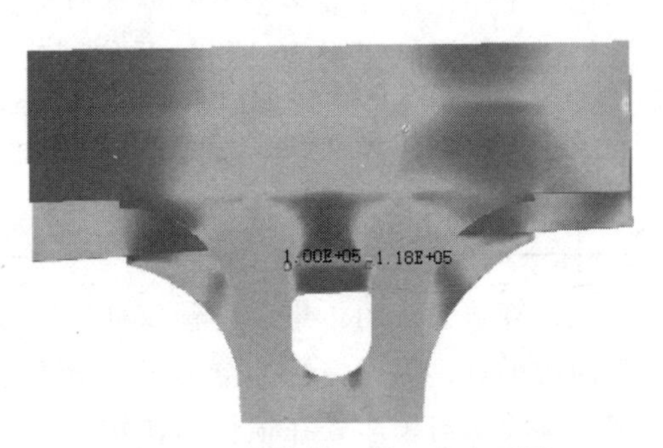

图 7-39 原结构工况 1 应力云图

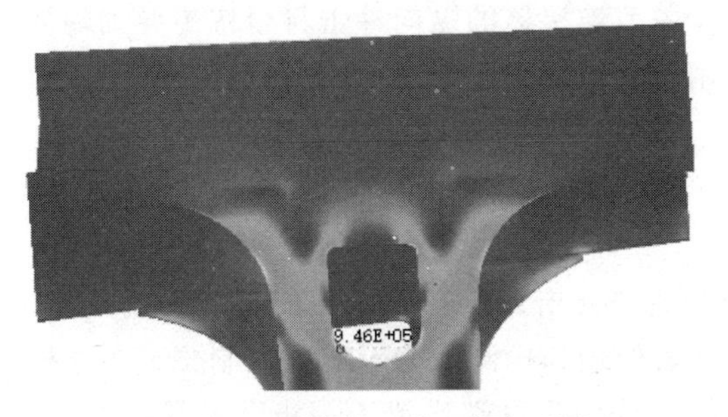

图 7-40 原结构工况 2 应力云图

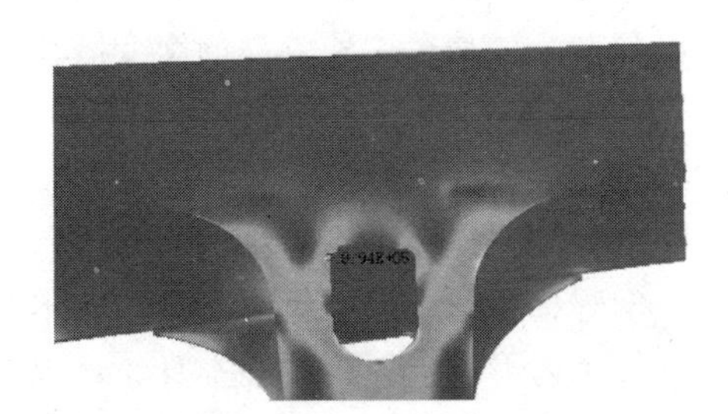

图 7-41 原结构工况 1+工况 2 应力云图

IIW 标准中，采用 Palmgren-Miner 法则进行累积损伤计算，即

$$D = \sum_{i=1}^{n} \frac{n_i}{N_i} \leqslant 1 \tag{7.1}$$

式中，n_i 表示载荷谱中应力范围为 $\Delta\sigma_i$ 的循环次数；N_i 表示在该应力范围内时将导致损坏的循环总数。由评估点焊接接头的 S-N 曲线，得

$$N_i = \begin{cases} C_1/(\Delta\sigma_i)^m & (\Delta\sigma_i<\Delta\sigma_1) \\ C_2/(\Delta\sigma_i)^{m+2} & (\Delta\sigma_1 \leqslant \Delta\sigma_i \leqslant \Delta\sigma_2) \end{cases} \tag{7.2}$$

式中，$\Delta\sigma_1$ 和 $\Delta\sigma_2$ 为评估点的 S-N 曲线拐点；C_1 和 C_2 为常系数，则寿命总里程 L_{f} 为

$$L_{\mathrm{f}} = \frac{1}{\sum_i \frac{n_i/l_{\mathrm{r}}}{N_i}} \tag{7.3}$$

式中，l_{r} 为实测动应力或载荷谱的里程。

计算中重点考核集装箱垂向载荷及纵向载荷对横梁的影响，采用的线路载荷谱为 AAR 机务规程（第Ⅶ章新造货车的疲劳设计）提供的联运车组（ARC-5）线路环境事件百分率谱[11]，即联运车组满载重车标准摇枕心盘载荷及联运车组满载重车关节连接器纵向载荷，根据力的平衡原理，考虑最不利影响，对上述载荷谱数据按 1/4 进行换算，等效为集装箱锁座处垂向及纵向载谱。运用上述有限元应力计算结果，采用国际焊接学会 IIW 标准所提供的计算方法，及其所提供的焊缝分类等级数据，按年运营里程 30 万 km 进行了疲劳对比计算，计算结果见表 7-6。

表 7-6　原结构疲劳计算数据

位置	评估等级	合成工况寿命/年
端横梁上盖板孔边	板边 125 级	1.6

计算结果表明：集装箱锁座处垂向载荷对疲劳寿命的影响小于纵向载荷对疲劳寿命的影响，纵向惯性力导致孔边产生很高的应力集中，当集装箱锁座处存在间隙，集装箱与锁座处在惯性力作用下产生相对位移，必然引起较大冲击载荷。同时关节连接器为刚度较大的连接机构，不存在减小冲击的阻尼力，关节连接器距端横梁较近，当关节连接器存在连接间隙时，关节连接器的纵向冲击将很快传导到端横梁位置，就是在这种较高的交变载荷作用下，很快引起了端横梁的疲劳裂纹[10]。

7.4.2　改进方案对比及分析

1. 改进方案对比计算

焊接结构设计不仅要满足结构本身功能的要求，还必须满足焊接工艺的要求，焊接工艺不仅指焊接过程本身，还包括前后处理和检测。为了有效控制关节车端横梁裂纹的再次发生，制订了 4 种改进方案，分别为在端横梁上盖板孔处采用对接、双侧搭接、上侧搭接、下侧搭接的补强方法，改进方案详细情况见表 7-7 及图 7-42~图 7-45 所示。

表 7-7　改进方案详细情况

改进方案	方案详细情况
方案 1(对接补强方案)	上盖板孔对接 8mm 补强板
方案 2(双侧搭接补强方案)	上盖板孔上侧及下侧均搭接 5mm 补强板，周边比孔大 10mm
方案 3(上侧搭接补强方案)	上盖板孔上侧搭接 6mm 补强板，周边比孔大 10mm
方案 4(下侧搭接补强方案)	上盖板孔下侧搭接 6mm 补强板，周边比孔大 10mm

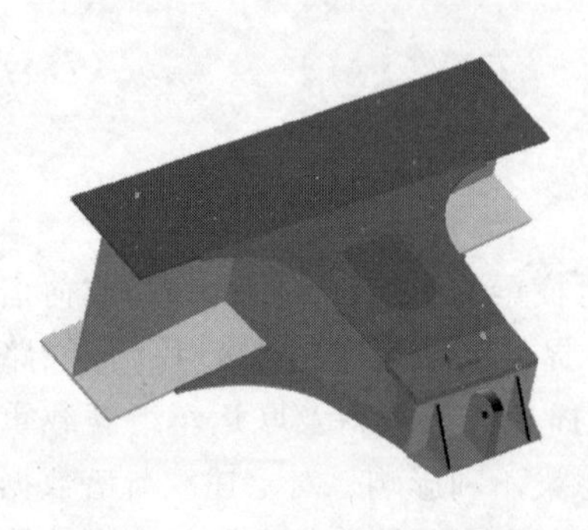

图 7-42　方案 1（对接补强方案）

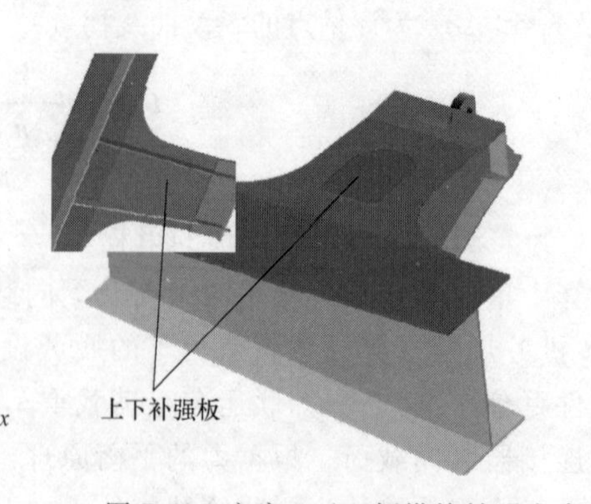

图 7-43　方案 2（双侧搭接补强方案）

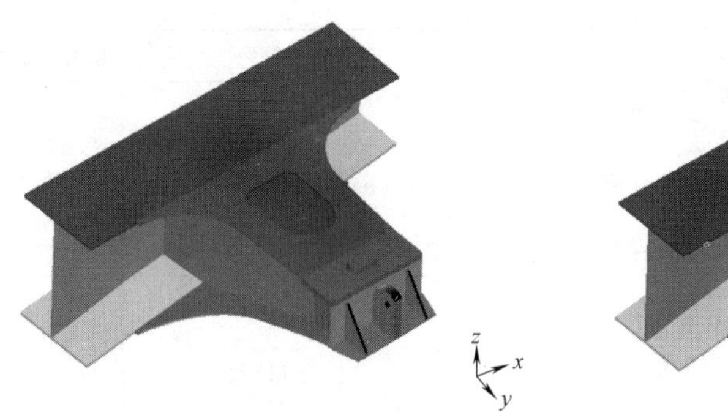

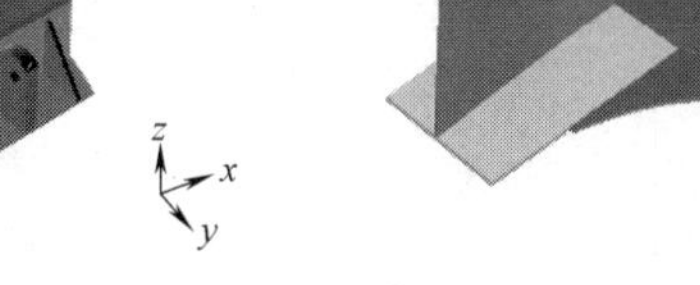

图 7-44 方案 3（上侧搭接补强方案） 图 7-45 方案 4（下侧搭接补强方案）

由于焊接接头形式不同，其应力分布、承载能力及抗疲劳性能也不同，因此需要对各方案进行计算对比。在载荷条件一致，约束条件相同的情况下对上述 4 种方案进行了有限元分析，各方案端梁上盖板重点评估部位如图 7-38 所示，有限元计算结果见表 7-8。运用上述有限元应力计算结果，采用 IIW 标准，按年运营里程 30 万 km 进行了疲劳计算，计算结果见表 7-9。

表 7-8 改进方案应力对比 （单位：MPa）

位置	工况 1（垂向 15t）				工况 2（纵向 417.2kN）				合成工况（工况 1+工况 2）			
	方案 1	方案 2	方案 3	方案 4	方案 1	方案 2	方案 3	方案 4	方案 1	方案 2	方案 3	方案 4
1	13	13	14	14	69	69	70	69	81	81	82	81
2	64	60	71	65	370	357	376	396	308	298	309	335
3	32	44	103	89	187	160	240	209	214	181	217	165
4	36	54	58	58	218	230	268	298	238	236	267	321
5	38	43	56	57	216	160	278	317	220	191	277	237
6	32	44	106	93	178	208	234	192	191	180	266	240
7	62	58	70	64	353	341	356	380	414	399	418	438
8	25	25	24	24	70	69	71	69	94	94	94	93

表 7-9 改进方案疲劳计算数据对比

改进方案	位置	焊接等级	疲劳寿命/年
方案 1(对接补强方案)	孔周边焊缝	对接 71 级	38
	板边圆弧处	板边 125 级	47.7
	两侧与中梁对接处	对接 71 级	>50
方案 2(双侧搭接补强方案)	开孔周边	双侧加强板 71 级	31.7
	板边圆弧处	板边 125 级	>50
	两侧与中梁对接处	对接 71 级	>50

（续）

改进方案	位置	焊接等级	疲劳寿命/年
方案3(上侧搭接补强方案)	孔周边搭接焊缝	搭接56级	7.4
	板边圆弧处	板边125级	45.3
	板边圆弧处	板边125级	45.3
方案4(下侧搭接补强方案)	孔周边搭接焊缝	搭接56级	4.8
	板边圆弧处	板边125级	34.2
	板边圆弧处	板边125级	34.2

2. 改进方案对比及分析

方案1：上盖板孔对接8mm补强板方案。该方案孔边处应力水平比原始结构明显降低，应力分布均匀，不易产生应力集中，具有较好的承载能力和抗疲劳性能。但该方案对焊接工艺要求高，实际操作有一定难度，切割补焊板是采用气割方式加工，使补板的形状不规则，对接间隙难以保持一致，加之对接接头存在焊缝冷却产生的向内收缩力，焊后将残留较大的周向内应力。

方案2：上盖板孔上侧及下侧均搭接5mm补强板方案。该方案孔边处应力水平比原始方案明显降低，该类双侧搭接焊缝抗疲劳等级较高，同时，焊接工艺的优点是焊缝分别位于上盖板中线两侧，近似于对称分布，具有很好的承载能力和抗疲劳性能，且焊接组对简易方便。由于该方案焊接工艺易于实现，综合考虑可以优先采用该补强方案。

方案3：上盖板孔上侧搭接6mm补强板方案。该方案孔边处应力水平比原始结构明显降低，但该类搭接焊缝疲劳等级较低，且上盖板与补强板的角焊缝可能存在根部未焊透结构，容易产生应力集中的现象，其应力分布的不均匀性与未焊透结构的存在，使接头的承载能力有所下降。

方案4：上盖板孔下侧搭接6mm补强板方案。该方案孔边处应力水平比原结构明显降低，但该类搭接焊缝疲劳等级较低，且角焊缝存在根部未焊透结构，在焊后冷却产生的向内收缩力作用下，会使根部未焊透诱发裂纹向上盖板与补强板的角焊缝扩展，造成结构失效。另外，上盖板与补强板形成的凹槽容易积水，会加剧角焊缝的腐蚀。

综合比较，方案2上盖板孔上侧及下侧均搭接5mm补强板方案改进效果明显，工艺性能良好，因此，选择方案2为最终的改进结构。

7.4.3 工艺实施

为保障改进方案焊接工艺的可靠性，根据改进方案2，制订了详细的工艺实施方法。

1. 焊前准备

1）焊接材料选用：使用低氢型药皮结构钢焊条 J506WCu（相当于 GB/T 5118—2012 中 E5016-G）[13]。J506WCu 焊条在焊接前按照说明书要求（烘干温度为 350℃，烘干时间为 1h）进行烘干，并放入保温筒内，焊接时随用随取。

2）焊前处理：焊接前严格清理补强板和端横梁上盖板焊缝附近 20mm 范围内的油、水、锈等污物。焊前在专用的焊接规范调试板上调试好焊接规范，严禁在焊缝处调试焊接电流或在非焊缝处引弧，同时严禁电弧击伤工件。

3）焊接及调试规范时，应将车体与转向架进行分离或可靠的绝缘，防止转向架相关部件受电弧损伤，特别是轴承等零件。也可在保证转向架与焊接回路无任何连通的情况下，将油漆清除露出纯金属后，将焊接电缆负极接到车体钢结构或端横梁上盖板上进行焊接操作。

2. 焊接要求

1）焊接时工作场地环境温度应在+5℃以上。

2）焊接后的焊缝不得有裂纹、夹渣、弧坑和气孔等缺陷，咬边深度不大于 0.3mm。

3）在不具备采用焊条电弧焊的情况下，可以采用同等强度级别的气体保护焊（MAG 焊），焊接材料为 ϕ1.2mm 的 MG50-6 焊丝，保护气体采用 80%Ar+20%CO_2 的混合气体。

4）采用气体保护焊（MAG 焊）在室外作业时，应对焊接区域采取可靠的防风措施，避免焊缝出现气孔等缺陷。

3. 焊后处理

1）焊接后清理焊接飞溅、熔渣等。

2）对焊缝的接头进行修磨，保证圆滑过渡。

3）对冷却后的补强板及端横梁上盖板进行油漆补涂。

7.4.4 小结

1）集装箱锁座处纵向惯性力导致孔边产生很高的应力集中，当集装箱与锁座处在惯性力作用下产生相对位移，引起较大冲击载荷，同时，当关节连接器也存在连接间隙时，关节连接器的纵向冲击将很快传导到端横梁位置，就是在这种较高的交变载荷作用下，很快引起了端横梁的疲劳裂纹。

2）上盖板孔上侧及下侧均搭接 5mm 补强板方案（方案 2），经计算应力水平比原结构明显降低，该类双侧搭接焊缝抗疲劳等级较高。同时，焊缝分别位于上盖板中线两侧，近似于对称分布，具有很好的承载能力和抗疲劳性能，焊接组对简易方便，由于该方案焊接工艺易于实现，可以优先采用该改进方案。

3）随着轻量化结构新型货车的快速发展，现有货车静强度设计评价标准存在较大的局限性，因此建议按抗疲劳设计理论，完善新型货车结构强度考核标准，增加疲劳强度评价准则，研究建立抗疲劳设计、制造、试验等为主要内容的铁路货车疲劳可靠性评价体系，避免类似问题再次发生。

参考文献

[1] 宫元绅. DK19型地铁客车铝合金车体介绍［J］. 铁道车辆，1992（9）：23-27.

[2] 郭蕾. 大连地铁1、2号线车辆车体结构设计［D］. 大连：大连交通大学，2016.

[3] YOKOZEKI K MIKI C. Fatigue evaluation for longitudinal-to-transverse rib connection of orthotropic steel deck by using structural hot spot stress［J］. Welding in the World，2016，60（1）：83-92.

[4] 张清华，袁道云，王宝州，等. 纵肋与顶板新型双面焊构造细节疲劳性能研究［J］. 中国公路学报，2020，33（5）：83-95.

[5] 李刚卿，韩晓辉. 不锈钢车体的焊接工艺及发展［J］. 机车车辆工艺，2004（1）：3-6.

[6] 何柏林，王斌. 疲劳失效预测的研究现状和发展趋势［J］. 机械设计与制造，2012（4）：279-281.

[7] 贺思勤. C80B型敞车端柱连接板焊缝裂纹原因分析及改进措施［J］. 铁道技术监督，2008，36（5）：10-12.

[8] GALI O A，SHAFIEI M，HUNTER J A，et al. A study of the development of micro-cracks in surface/near surface of aluminum-manganese alloys during hot rolling［J］. Materials Science Engineering A，2015，627（11）：191-204.

[9] 雷恩强. C80E型通用敞车车体大横梁焊缝裂纹研究［D］. 北京：北京交通大学，2016.

[10] 李向伟，吕倩，杨鑫华，等. 关节车端横梁裂纹原因分析及改进方案［J］. 大连交通大学学报，2009，30（6）：6-10.

[11] Association of American Railroads. Locomotive and rolling stock standard manual：M-1001-97-1999 AAR［S］. Washington：AAR，1999.

[12] International Institute of Welding. IIW recommendations for fatigue design of welded joints and components：XIII-1965-03/XV-1127-03［S］. New York：IIW/IIS，2003.

[13] 全国焊接标准化技术委员会. 热强钢焊条：GB/T 5118—2012［S］. 北京：中国标准出版社，2012.

第8章

搅拌摩擦焊机理及抗疲劳性能研究

搅拌摩擦焊（friction stir welding，FSW）技术是由英国焊接研究所（TWI）Thomas等人于1991年发明的新型连接技术，一经出现就在焊接界引起极大的震动，掀起了一场连接技术的新革命[1]。经过多年的发展，FSW技术目前在航空、航天、船舶、轨道车辆、汽车、电子、电力等诸多领域达到规模化、工业化的应用，在航天筒体结构件、航空薄壁结构件、船舶宽幅带筋板、高速列车车体结构、大厚度雷达面板、汽车轮毂、集装箱型材壁板等产品焊接过程中得到了较为成熟的应用（图8-1）。

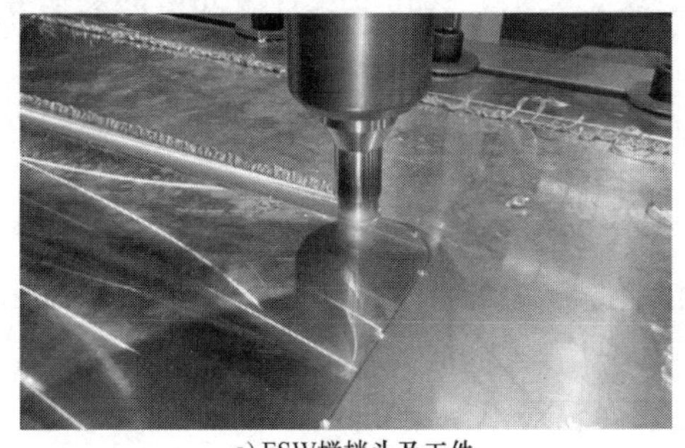

a) FSW搅拌头及工件

b) FSW焊接铝合金车体侧墙

图8-1　FSW技术应用

鉴于FSW这种特殊焊接技术的广泛应用与快速发展，本章将重点介绍该技术的基础知识，并结合最新的研究结果和试验数据，使设计人员能够根据自身的产品结构特点，参考本章提供的研究成果，将FSW技术融入产品的研发过程中。

8.1　FSW基础

8.1.1　FSW技术介绍

FSW技术是把一个高速旋转的搅拌工具插入待焊金属之间，并使搅拌工具以一定速度向前运动（通常搅拌头相对于焊缝垂线偏向回转侧 2°~5°）。通过轴肩及搅拌针的旋转使被焊金属加热到塑性状态（焊接时温度低于熔点，约为熔点的80%），而搅拌工具向前移动，挤压、搅拌塑性材料，使塑性材料形成一个稳定的流场，在搅拌头移过的部位，随着搅拌工具的移动，温度逐渐冷却凝固形成焊缝，其工作原理如图 8-2 所示[2]。

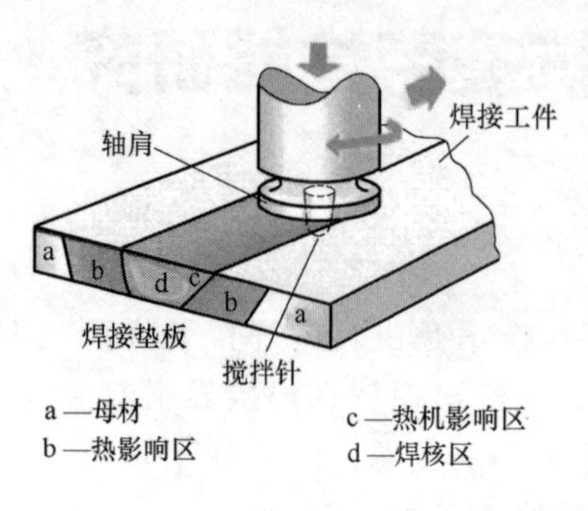

图 8-2　搅拌摩擦焊的工作原理

搅拌摩擦焊具有如下优点。

1）焊缝质量好：焊缝是在塑性状态下受挤压完成的，属于固相连接，因而其接头不会产生与冶金凝固有关的缺陷，如裂纹、夹杂、气孔以及合金元素的烧损等熔焊缺陷和催化现象，焊缝性能接近母材，力学性能优异。

2）焊件尺寸精度高：其加热过程具有能量密度高、热输入速度快等特点，因而焊接变形小，焊后残余应力小。

3）不需要焊丝和保护气体：焊接时无须填充材料、保护气体，焊前无须对焊件表面预处理，焊接过程中无须施加保护措施，厚大焊件边缘不用加工坡口，简化了焊接工序。焊接铝合金材料不用去氧化膜，只需去除油污即可。

4）绿色焊接方法：焊接过程中不产生弧光辐射、烟尘和飞溅，噪声低。

5）不受轴类零件限制：可进行平板的对接和搭接，可焊接直焊缝、角焊缝及环焊缝。

6）无须较高的操作技能：搅拌摩擦焊利用自动化的机械设备进行焊接，避免了对操作工人技术熟练程度的依赖，质量稳定，重复性高。

虽然 FSW 技术有许多优点，但与传统的焊接方法相比，使用搅拌摩擦焊时的机械力较大，需要焊接设备具有很好的刚性，与弧焊相比缺少焊接操作的柔性。另外，由于搅拌摩擦焊的工艺特点，在焊缝的末端存在匙孔（图 8-3），其尺寸主要与搅拌头的尺寸有关，可采用切除法和焊补封孔法去除匙孔，也可采用伸缩式搅拌头实现无匙孔连接。还应该指出：当搅拌头设计不合理、工艺参数选取不当或工件装夹存在误差时，也将会导致如孔洞、飞边、沟槽、弱连接等焊接缺陷。

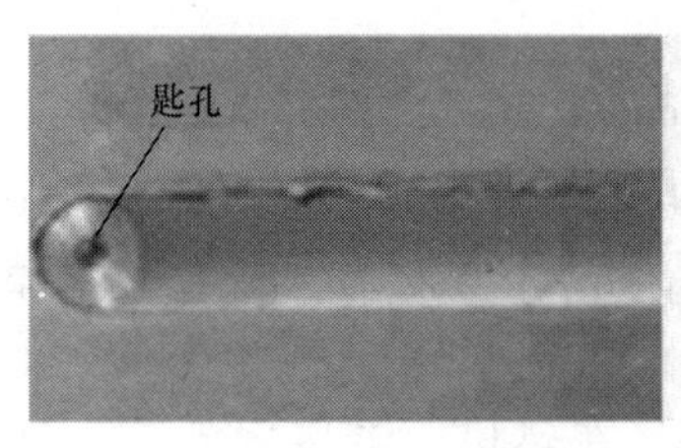

图 8-3 搅拌摩擦焊匙孔缺陷

8.1.2 FSW 术语

FSW 技术所用到的主要术语如下（图 8-4）。

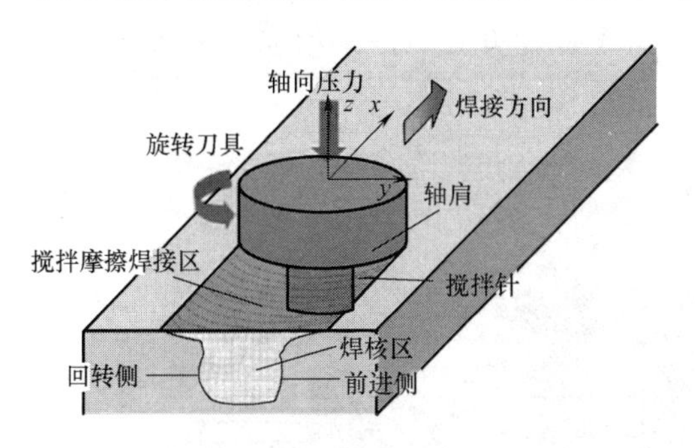

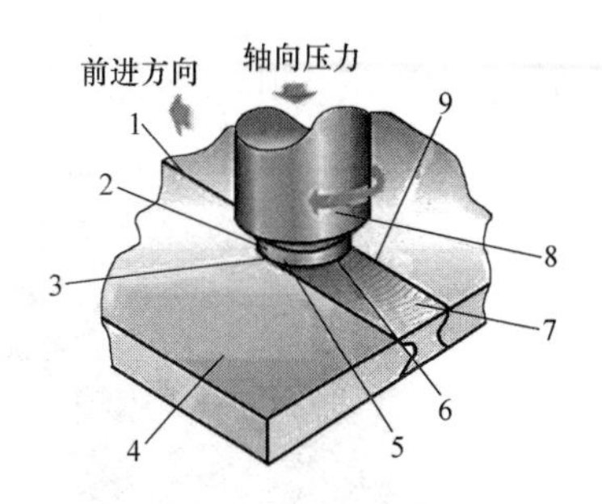

图 8-4 搅拌摩擦焊术语示意

1—接缝 2—搅拌头前沿 3—前进侧 4—母材 5—搅拌针

6—搅拌头后沿 7—焊缝 8—搅拌头旋转方向 9—后退侧

1）搅拌头（pin tool）：FSW 的施焊工具。

2）搅拌头轴肩（tool shoulder）：搅拌头与工件表面接触的肩台部分，主要作用是在焊接过程中产生热量和防止材料溢出，并帮助材料移动到工件周围。

3）搅拌针（tool pin）：搅拌头插入工件的部分，主要作用是使搅拌针周围的材料变形，产生塑性流动，次要作用是产生热量。

4）前进侧（advancing side）：焊接方向和搅拌头轴肩旋转方向一致的接头侧面。

5）后退侧（retreating side）：焊接方向和搅拌头轴肩旋转方向相反的接头侧面。

6）轴向压力（down or axial force）：向搅拌头施加的使搅拌针插入工件和保持搅拌头轴肩与工件表面接触的压力。

FSW 接头宏观断面通常有如下 4 种不同的区域。

1）焊核区（nugget zone，NZ）：在焊接过程中材料在高温变形下发生再结晶，所以又称为动态再结晶区（dynamically recrystallized region），焊核区金属在搅拌头的强烈摩擦作用下发生了显著的塑性变形和完全的动态再结晶，形成了细小、等轴晶粒的微观组织。

2）热机影响区（thermo-mechanically affected zone，TMAZ）：临近搅拌区的外围区域，是搅拌区和热影响区之间的过渡区域，此处金属在搅拌头的热作用和机械作用下发生了不同程度的塑性变形和部分再结晶，形成了由弯曲而拉长晶粒组成的微观组织。

3）热影响区（heat affected zone，HAZ）：在热机影响区的外围，只受热影响而未发生搅拌的区域，该区域金属没有受到搅拌头的机械搅拌作用，只受摩擦热循环的作用。

4）母材区：热影响区以外的金属是未受到任何热机影响的母材区，其微观组织和力学性能均未发生变化。

如图 8-5 所示，接头区上宽下窄，呈 V 状，并在接头中形成一系列同心圆环状结构，很多文献将其称之为“洋葱环”。

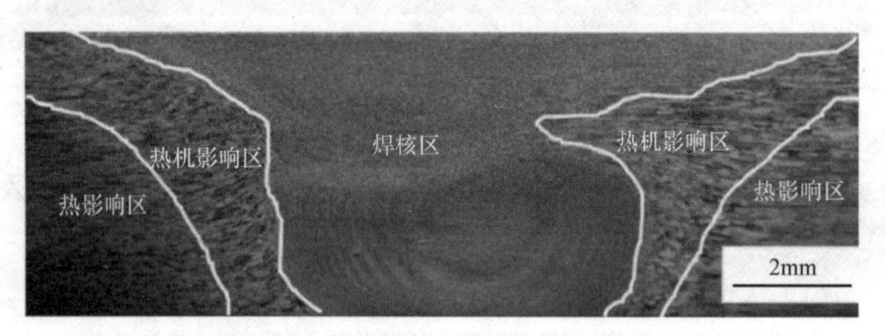

图 8-5　搅拌摩擦焊宏观断面及组织分布

8.1.3　FSW 的接头形式

与传统摩擦焊相比较，FSW 也是一种压焊方法，不同的是传统摩擦焊是利用焊件接触面之间的相对摩擦运动和塑性变形所产生的热量，使接触面及附近区域的材料达到热塑性状态，并产生适当的宏观塑性变形，通过两侧材料间的相互扩散和动态再结晶而完成焊接。

FSW 尽管是基于摩擦焊技术的基本原理，但与常规摩擦焊相比，其不受轴类零件的限制，是长、直接头（平板对接和搭接）的理想焊接方法。目前 FSW 也可焊接筒形零件的环焊缝和纵焊缝，实现了全位置空间焊接，如水平焊、垂直焊、仰焊以及任意位置和角度的轨道焊。表 8-1 给出了多种典型的 FSW 接头形式。

表 8-1　FSW 接头形式

接头形式	焊前	焊后
对接接头	A　B	A　B

（续）

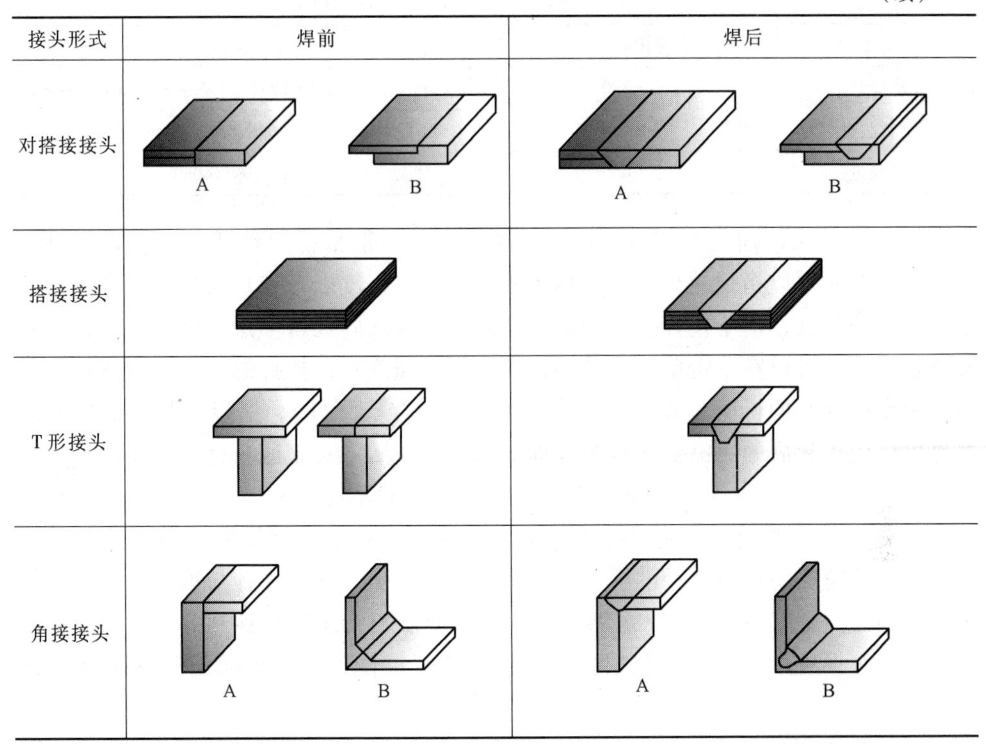

接头形式	焊前	焊后
对搭接接头	A　B	A　B
搭接接头		
T形接头		
角接接头	A　B	A　B

8.1.4　FSW 工艺参数

FSW 实际上是一种机械连接方法，焊接过程具有明显个性化，其规范参数不具有普遍适用性。FSW 焊缝性能首先取决于搅拌工具几何形状，其次是关键工艺参数、被焊材料、板厚度和接头类型等。搅拌摩擦焊工艺参数主要有搅拌头的倾角、旋转速度、插入深度、插入速度、插入停留时间、焊接速度、焊接压力、回抽停留时间、回抽速度等。

（1）搅拌头的倾角　搅拌摩擦焊时，搅拌头通常会向前倾斜一定角度，以便焊接时搅拌头肩部的后沿能够对焊缝施加一定的焊接顶锻力。搅拌头的倾角设计指标一般为±5°，对于薄板（厚度为 1～6mm）搅拌头倾角采用小角度，通常为 1°～2°，对于中厚板（厚度大于 6mm），根据被焊工件的结构和焊接压力的大小，搅拌头的倾角通常采用 3°～5°。

（2）搅拌头的旋转速度　搅拌头的旋转速度与焊接速度相关，但通常由被焊材料的特性决定。对于特定的材料，搅拌头的旋转速度一般对应着一个最佳工艺窗口，在此窗口内旋转速度可以在一定的范围内波动，以便和焊接速度相匹配，实现高质量的焊接。根据搅拌头的旋转速度，可以将其分为冷规范、弱规范和强规范，各种铝合金材料焊接规范分类见表 8-2。

表 8-2 铝合金材料 FSW 搅拌头的旋转速度

规范类别	搅拌头旋转速度/(r/min)	适合铝合金材料
冷规范	<300	2024、2214、2219、2519、2195、7005、7050、7075
弱规范	300~600	2618、6082
强规范	>600	5083、6061、6063

(3) 搅拌头的插入深度　搅拌头的插入深度一般指搅拌针插入被焊接材料的深度，但有时可以指搅拌肩的后沿低于板材表面的深度。对接焊时焊接深度一般等于搅拌针的长度，由于搅拌针的顶端距离底部垫板之间保持一定间隙，搅拌针插入材料表面后还可以在一定范围内波动，所以焊接深度和搅拌针的长度又有较小的差别。考虑搅拌针的长度一般为固定值（可伸缩搅拌头除外），所以搅拌头的插入深度也可以用搅拌肩的后沿低于板材表面的深度来表示。对于薄板材料，此深度一般为 0.1~0.3mm 之间；对于中厚板材料，此深度一般不超过 0.5mm。

(4) 搅拌头的插入速度　搅拌头的插入速度一般指搅拌针插入被焊接材料的速度，其数值主要和搅拌针的类型以及板材厚度有关。在搅拌针与被焊板材接触的瞬间，轴向力会陡增，若插入速度过快，在被焊板材尚未完全达到热塑性状态的情况下，会对设备主轴造成极大损伤，若插入速度过慢则会造成温度过热影响焊接质量。

(5) 插入停留时间　插入停留时间指搅拌针插入被焊材料到达预设插入深度时至搅拌头开始横向移动的时间。插入停留时间主要与被焊材料和板材厚度有关，若停留时间过短，被焊板材尚未完全达到热塑性状态，焊缝温度场未达到平衡状态就开始焊接，会在焊缝出现隧道形孔洞。若停留时间过长，被焊材料过热易于发生成分偏聚，会在焊缝表面出现渣状物，同时在焊缝内部也易出现 S 形黑线，影响焊缝质量。该数值选取原则是：板材薄则停留时间短；被焊材料易于塑性流动则停留时间短；被焊材料对热敏感，过热易于发生成分偏聚则停留时间短。一般停留时间在 5~20s 之间选择。

(6) 焊接速度　搅拌摩擦焊时的焊接速度指搅拌头沿焊缝移动速度，或者被焊接板材相对于搅拌头的移动速度。焊接速度的大小一般由被焊接材料的厚度来决定，另外考虑生产效率及搅拌摩擦焊工艺柔性等其他因素，搅拌摩擦焊的焊接速度可在一定范围内波动。

(7) 焊接压力　搅拌摩擦焊的焊接压力指焊接时搅拌头向焊缝施加的轴向顶锻压力。焊接压力的大小与被焊接材料的强度、刚度等物理特性以及搅拌头的形状和焊接时的搅拌头压入被焊接材料的深度等有关。但对于特定厚度的材料和搅拌头，搅拌摩擦焊的焊接压力一般保持恒定。所以当工件的变形和挠度较大时，搅拌摩擦焊设备的控制方式一般采用恒压控制。

(8) 回抽停留时间　回抽停留时间指搅拌头横向移动停止后，搅拌针尚未从被焊接材料中抽出的停留时间。若回抽停留时间过短，被焊板材热塑性流动尚未完全达到平衡状态，会在焊缝匙孔附近出现孔洞；若停留时间过长，被焊材料过热易于发生成分偏聚，会影响焊缝质量。

（9）搅拌头的回抽速度　搅拌头的回抽速度一般指搅拌针从被焊材料中抽出的速度，其数值主要和搅拌针的类型以及板材厚度有关。若回抽速度过快，被焊板材热塑性金属会随搅拌针的回抽造成的惯性向上运动，从而造成焊缝根部的金属缺失，出现孔洞。

8.1.5 FSW 常见缺陷

FSW 技术虽然具有较大优点，但如果焊接参数选择不当也会产生焊接缺陷，进而影响产品的质量。常见的 FSW 表面缺陷有表面沟槽、飞边、表面起皮、表面鼓皮、背部焊瘤等。

（1）表面沟槽　表面沟槽又称犁沟缺陷，它往往出现在焊缝的上表面，偏向于焊缝的前进边，呈沟槽状。其原因是焊缝周围的热塑性金属流动不充分，无法充分填充搅拌针行进过程中留下的瞬时空腔，从而在焊缝靠近前进边的位置形成表面沟槽。控制措施是增大轴肩直径，增大压力，降低焊接速度。

（2）飞边　飞边出现在焊缝的外边缘，呈波浪形，返回边的飞边往往比前进边大。此种缺陷是由于旋转速度和焊接速度的匹配不当，在焊接过程中下压量过大，会形成大量的飞边，控制措施是优化焊接参数，减少下压量。

（3）表面起皮　表面起皮、起丝呈皮状或丝状，出现在焊缝的表面。该缺陷的产生是由于大量的金属摩擦产热，积累于焊缝的表层金属，使得表层的局部金属达到熔化状态，在焊接过程中逐渐冷却呈皮状或丝状分布于焊缝表面。控制措施是优化焊接参数，降低转速，提高焊接速度。

（4）表面鼓皮　表面鼓皮通常在 FSW 焊后热处理之后出现，位于焊缝表面 0.3mm 以内的杂质鼓包。焊缝鼓包是由于焊缝表面氧化膜夹杂在热处理过程中，由于温度的升高，杂质分解膨胀造成。控制措施是焊前将氧化膜或油污清理干净。

（5）背部焊瘤　背部焊瘤表现为焊缝处的金属向外凸出。形成的原因是搅拌针顶部与焊缝底部的间隙过小，或产品装配时焊缝底部存在较大间隙，导致焊接过程中搅拌针的轴向挤压力挤压底部的金属向焊缝底部凸出，呈现焊瘤状。控制措施是保证被焊材料与工装良好贴合，保证间隙尽量小，稍微减小搅拌针的长度。

另外，由于搅拌摩擦焊工艺的特殊性，在焊接界面的焊缝边缘也容易产生类似裂纹的弱连接区域，该区域会产生严重的应力集中，从而影响接头的疲劳强度。此外，由于焊接条件及其焊接参数选择的不同，也会对焊接质量产生较大的影响，因此还需要对焊接结果进行进一步的分析验证，以确保符合产品的设计要求。

8.2 FSW 机理研究

和传统的电弧焊相比，搅拌摩擦焊本质的差别在于以下两个方面：一是搅拌摩擦焊在表象上是一个摩擦生热过程，虽然焊接温度也受到工艺参数的影响，但始终保持在被焊材料的固相线之下；二是焊接过程中除了有热载荷作用外，还存在搅拌头的机械载荷作用[3]。

上述两方面的差别导致搅拌摩擦焊中出现了一些不同于电弧焊的现象，包括生热过程和焊接温度具有耦合作用，生热和工艺参数之间不是简单的线性关系，焊后残余应力呈现不对称分布，同样夹具条件下薄板的焊后变形方向和电弧焊相反等，这些现象无法用电弧焊研究中的理论和规律进行解释。

从搅拌摩擦焊的实质来看，焊接过程就是搅拌头和被焊材料相互作用的过程，这个相互作用也有两方面效果。一方面搅拌头通过与被焊材料发生摩擦或导致被焊材料发生塑性变形而产生热量，涉及摩擦生热、材料塑性变形生热、材料随温度升高而软化等复杂过程。另一方面搅拌头通过机械搅拌作用使软化的材料产生塑性流动，并对搅拌区材料起到挤压和锻造作用，涉及大变形、复杂应力、高温等极限条件下材料的力学响应，包括应力应变的产生与发展。因此研究搅拌头和被焊材料之间的相互作用，对揭示搅拌摩擦焊的物理本质，探索材料在极限条件下的热学及力学响应，掌握工艺参数对焊接热及力学过程的影响规律等方面都具有重要意义，并能为实际焊接生产中进行工艺优化和质量控制提供科学指导。

8.2.1 FSW 热传导方程

搅拌摩擦焊是焊接金属在搅拌头旋转作用下受热并重新塑造成形的过程，研究搅拌摩擦焊焊接过程中的热传导对后期研究搅拌摩擦焊材料流动、焊接缺陷形成机理和选择合理搅拌摩擦焊工艺参数起着重要的作用。过去大量的试验和理论研究表明，搅拌摩擦焊过程中有两个极其重要的热量来源：一是轴肩与工件之间的相互作用，二是搅拌针与工件之间的相互作用。在搅拌摩擦焊开始时，轴肩与工件之间存在摩擦力，摩擦作用对工件起着预热的作用。在搅拌摩擦焊过程中主要是搅拌针与工件之间相互作用，搅拌针使材料受热软化从而使材料随针转动最终形成焊缝。

裴宪军博士与董平沙教授在总结 FSW 相关研究经验与成果基础上，提出了搅拌摩擦焊轴肩热传导 3D 模型及搅拌针热传导 1D 模型，并通过推导解析公式及有限元仿真计算，与试验测试对比，验证了该模型的正确性，同时提出了搅拌摩擦焊“剪切带”的概念，为搅拌摩擦焊的机理研究提供了指导。

如图 8-6 所示，假设时间 $t=0$ 时搅拌针中心坐标为（0,0,0），搅拌头以速度 V_T 沿 x 方向往前运动，搅拌头与工件之间的热输入可以有如下公式：

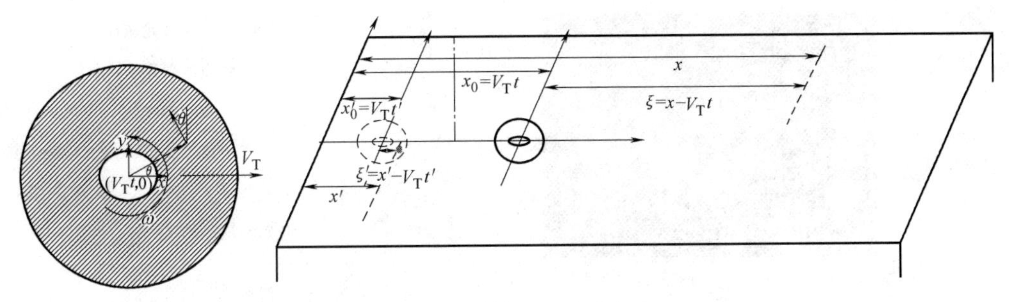

图 8-6 搅拌针运动示意

$$\begin{cases} v_x = V_T - \omega r\sin\theta = V_T - \omega y \\ v_y = \omega r\cos\theta = \omega(x - V_T t) = \omega\xi \\ v(\xi, y) = \sqrt{v_x^2 + v_y^2} \end{cases} \tag{8.1}$$

$$q(\xi, y) = \begin{cases} \beta\mu p_s v(\xi, y) & (R_{pin} \leqslant \sqrt{\xi^2 + y^2} \leqslant R_s) \\ 0 & (\text{否则}) \end{cases} \tag{8.2}$$

$$p_s = \frac{F_z}{\pi(D_S^2 - D_{pin}^2)/4}; \beta = \frac{k_s\sqrt{\alpha_m}}{k_s\sqrt{\alpha_m} + k_m\sqrt{\alpha_s}} \tag{8.3}$$

$$\frac{\partial T}{\partial t} = \frac{k}{c_p\rho}\left(\frac{\partial^2 T}{\partial x^2} + \frac{\partial^2 T}{\partial y^2} + \frac{\partial^2 T}{\partial z^2}\right) \tag{8.4}$$

式（8.1）~式（8.4）中，V_T 为搅拌头前进速度；ω 为轴肩部的角速度；μ 为工件与轴肩之间的摩擦系数；ξ 为局部坐标系中的焊接前进方向坐标，$\xi = x - V_T t$；p_s 为搅拌头的下压力；F_z 为轴肩的轴向力；D_{pin} 和 D_S 分别为搅拌头外径和轴肩直径，在轴肩和工件之间产生的总热 q 通过一个常数 β 计算，k 为热导率，α 为热扩散系数（下标 s、m 分别指轴肩和工件材料）；T 为温度，ρ 为材料密度；c_p 为比热容。通过一系列的公式推导，最终得到如下热传导公式：

$$T(\xi, y, z, t) - T_0 = \int_0^t \frac{\beta}{\rho c_p[4\pi\alpha t'']^{3/2}} \left\{ \int_{-R}^{R} \int_{-\sqrt{R^2 - \xi'^2}}^{\sqrt{R^2 - \xi'^2}} 2\mu p_s \sqrt{(V_T - \omega y')^2 - \omega^2 \xi'^2} \right.$$

$$\left. \exp\left(- \frac{(\xi - \xi' + V_T t'')^2 + (y - y')^2 + z^2}{4\alpha t''} \right) dy' d\xi' \right\} dt'' \tag{8.5}$$

从式中可以看出：搅拌头与工件之间的热传导主要与搅拌头的下压力 p_s、转动速度 ω、搅拌头前进速度 V_T 有关，还与材料的摩擦系数 μ、热导率 k、热扩散系数 α、密度 ρ、比热容 c_p 有关，通过该解析公式可计算温度随时间变化的稳态及瞬态过程。

使用解析公式（8.5）及有限元方法，可求得如图 8-7、图 8-8 所示的焊接过程中轴肩与工件之间的热量分布，这里 V_T = 600mm/min，ω = 1000r/min，F_z =

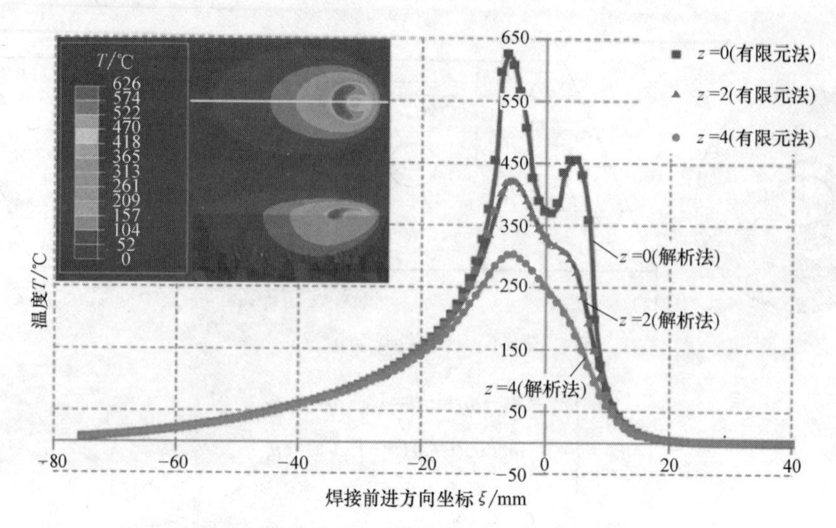

图 8-7 焊接前进方向解析法与有限元法温度值

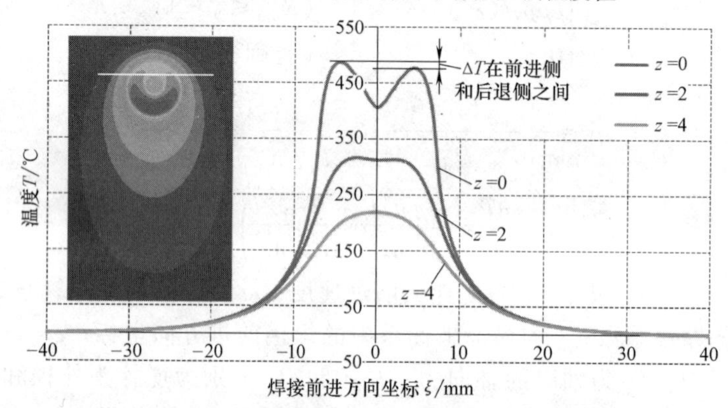

图 8-8 垂直焊接前进方向解析法温度值

14.2kN，D_S = 15mm，D_{pin} = 5mm，模型在 x、y、z 方向的尺寸分别为 250mm、125mm、50mm，单元尺寸为 1mm，深度 z 分别为 0mm、2mm、4mm 三种情况。

从图中可以看到 FSW 过程中温度梯度的变化，其中表面处搅拌头边缘温度最高，可达 626℃，前进侧与后退侧温度峰值也不同，因此搅拌摩擦焊过程是一个温度变化、组织结构转变、应力应变和金属流动四个因素相互作用的复杂过程。其中温度变化起着主要的作用，直接影响到其他因素的改变。研究搅拌摩擦焊过程中热输入随焊接速度的变化趋势，对焊接参数的选择以及焊接中是否产生缺陷和产生什么样的缺陷有着决定性的作用[4]。

8.2.2 FSW 材料流动理论

温度随着时间不断增加，而搅拌针前部的材料流动速度并没有随速度增加，这是由于搅拌针前部材料在开始阶段需要搅拌针摩擦力提供足够的热量使其发生塑性形变，当温度增加到一定值后材料受热软化并发生转动，从而促使材料产生了塑性流动[5]。搅拌针前部材料流动原理如图 8-9 所示，V_{pin} 为搅拌头的转速，V_M 为金属的流动速度。

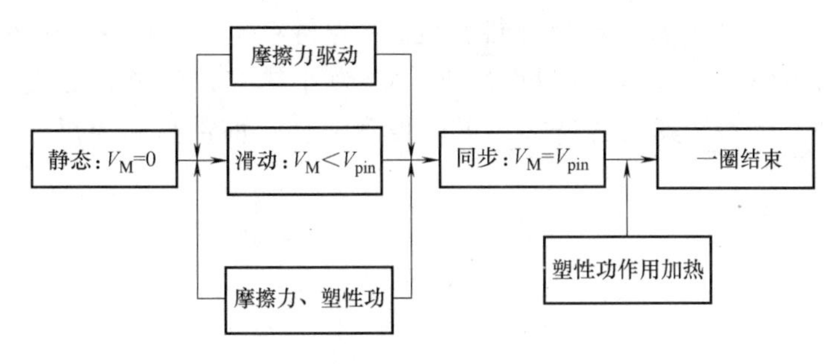

图 8-9　搅拌针前部材料流动原理

在研究搅拌摩擦焊过程时，可以选取搅拌针前部局部区域建立一维模型，图 8-10 中 x 为搅拌头的运动方向，H 为特征热扩散长度。搅拌头旋转与前进运动使得搅拌头前部的材料处于塑性状态并受摩擦力作用具有一定转动速度，此时搅拌针前部材料处于滑动阶段 $V_M<V_{pin}$，当搅拌针前部材料受摩擦力及材料塑性功作用内部温度不断升高，材料最终实现随着搅拌头同速转动。

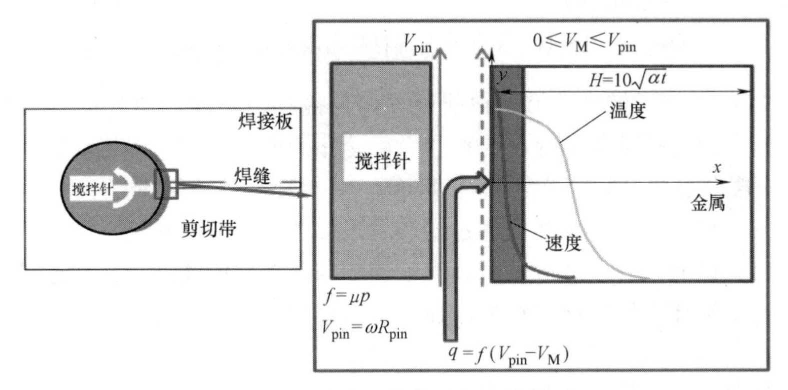

图 8-10　搅拌针前部材料流动模型

通过建立动量守恒方程（8.6）、能量守恒方程（8.7）、应变方程（8.8）及材料本构方程（8.9），依据焊接过程中不同阶段材料的流动边界条件，可计算搅拌针前部材料流动速度 V_M、温度 T 等数值的分布。

$$\rho\frac{\partial v}{\partial t}=\frac{\partial\tau}{\partial x}\tag{8.6}$$

$$\rho c_p\frac{\partial\theta}{\partial t}=k\frac{\partial^2\theta}{\partial x^2}+\tau\frac{\partial\gamma_p}{\partial t}\tag{8.7}$$

$$\frac{\partial\tau}{\partial t}=G\left(\frac{\partial v}{\partial x}-\frac{\partial\gamma_p}{\partial t}\right)\tag{8.8}$$

$$\frac{\partial \gamma_{\mathrm{p}}}{\partial t}=\begin{cases}0 & (\text{弹性}) \\ A\sinh\left(\dfrac{\tau}{\tau_{\mathrm{R}}}\right)^{n}\exp\left(-\dfrac{Q}{R\theta}\right) & (\text{塑性})\end{cases} \tag{8.9}$$

式（8.6）~式（8.9）中，ρ 为材料密度；v 为材料 y 向切向速度；θ 为温度；k 为热导率；τ 为剪应力；γ_{p} 为塑性应变；c_{p} 为比热容；G 为剪切模量；τ_{R}、R、Q、n 为材料常数。计算上述公式，可以得到搅拌针前部材料温度与流动速度图（图 8-11）。

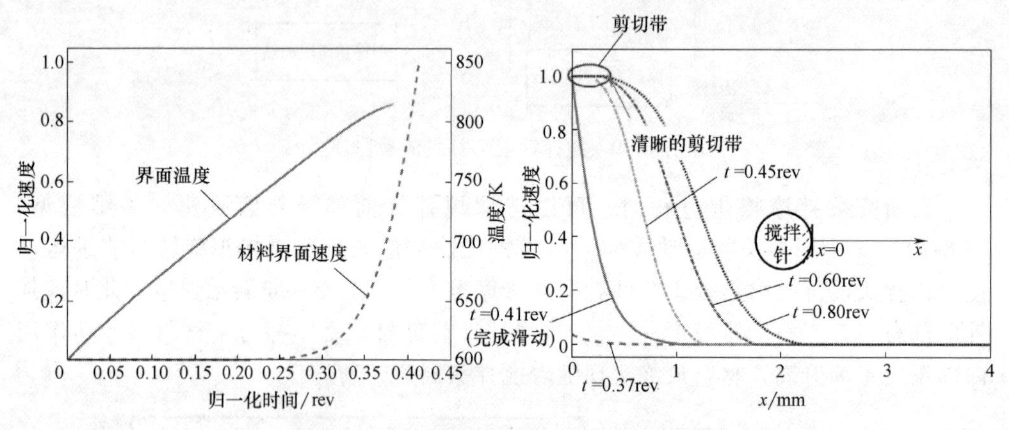

图 8-11　搅拌针前部材料温度与流动速度

由图 8-11 可知，转动后沿 x 轴前进方向与搅拌针不同距离处的材料速度呈单调下降趋势，但搅拌针前部存在与搅拌针转速相同的一定宽度的流动材料，该段的长度为 δ，这里定义为剪切带（shear band）平台宽度。剪切带平台宽度 δ 是非常重要的发现，国外学者在此之前通过试验发现搅拌针前部材料流动区域可以分为转动区域和过渡区域，转动区域的材料流动速度与搅拌针的速度相同，过渡区域的金属转速逐渐由搅拌头转速向母材方向递减，最终趋近于零[6]。

在搅拌针前部的金属可以实现与搅拌针相同的转速时，可以使用 2D 模型研究转动的金属是如何随搅拌头转动到达后方并最终形成焊缝。搅拌摩擦焊的过程如图 8-12、图 8-13 所示，不同的是由于搅拌头的转动，搅拌摩擦焊的金属只从一侧挤出。根据挤压过程建立搅拌摩擦焊材料流动模型，如图 8-13 所示。根据质量守恒定律及材料连续流动性条件可以得到如下推导公式：

$$\begin{aligned} V_{\mathrm{T}}[(R_{\mathrm{pin}}+w_{\theta_1})\sin\theta_1-(R+\omega_{\theta_2})\sin\theta_2] &= Q_{\theta_2}-Q_{\theta_1} \\ &= \omega R_{\mathrm{pin}}(\omega_{\theta_1}-\omega_{\theta_2}) \end{aligned} \tag{8.10}$$

$$w_{\theta}=\frac{R_{\mathrm{pin}}\sin\theta+w_{180^{\circ}}(\omega R_{\mathrm{pin}}/V_{\mathrm{T}})}{(\omega R_{\mathrm{pin}}/V_{\mathrm{T}}-\sin\theta)} \tag{8.11}$$

$$w_{\max}=\frac{2(\pi+1)R_{\mathrm{pin}}}{\omega R_{\mathrm{pin}}/V_{\mathrm{T}}-1} \tag{8.12}$$

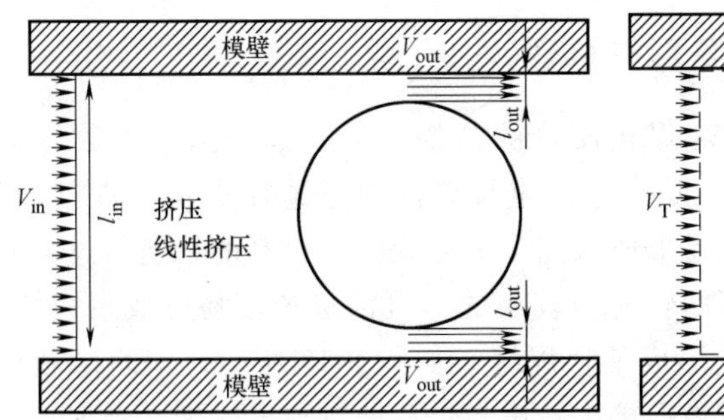

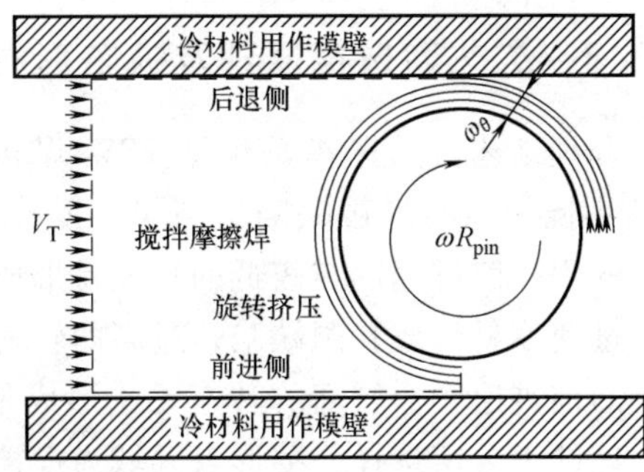

图 8-12 搅拌摩擦焊材料流动 2D 模型示意

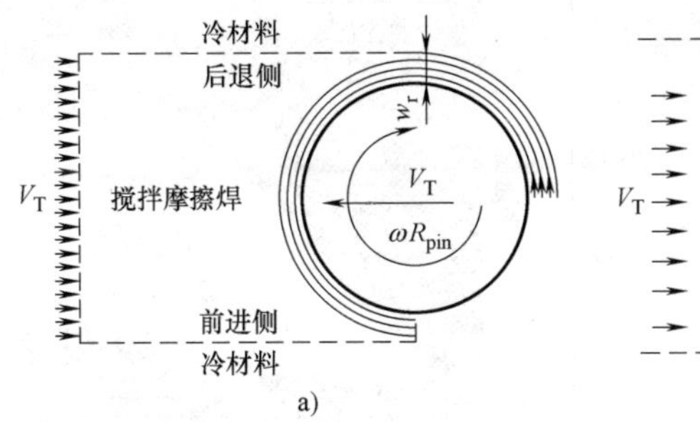

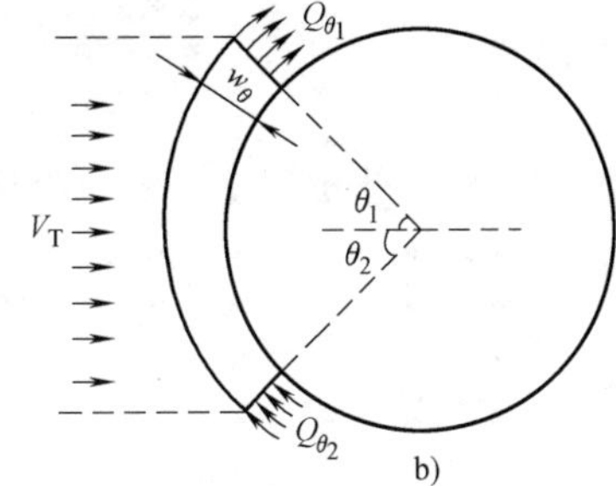

图 8-13 搅拌摩擦焊材料流动模型

式（8.10）~式（8.12）中，w_θ 为 θ 角度处材料流动带的宽度，那么前进侧的材料流动带宽度可记为 $w_{-90°}=w_a$，后退侧的材料流动带宽度可记为 $w_{90°}=w_r$，当 $\theta=90°$时，宽度达到最大值［式（8.12）］。

式（8.10）~式（8.12）的前提是假定在挤压过程中，材料流动带所有材料具有相同的速度 ωR_{pin}，如果能得到好的焊接质量，需要保证 $\delta \geqslant w_{max}$，即剪切带宽度大于材料流动带最大宽度。如图 8-14 所示，当 $\delta \geqslant w_{max}$ 时，代表着搅拌头前部剪切带宽度 δ 大于材料流动带宽度 w_θ，因此材料能够充分流动形成理想焊缝。

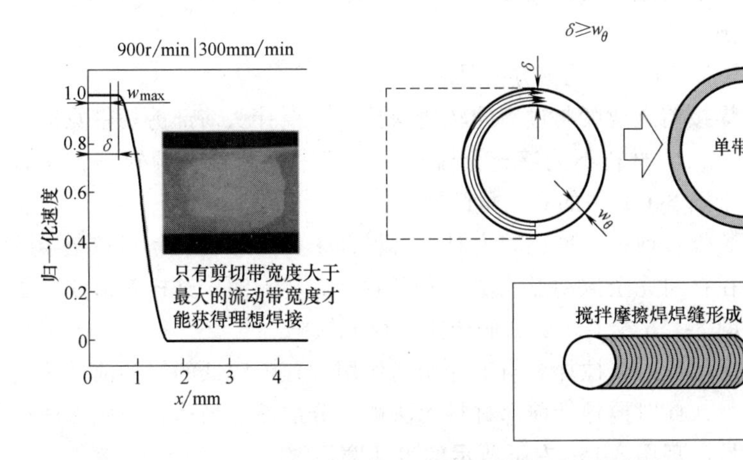

图 8-14 理想的搅拌摩擦焊焊缝形成原理

8.2.3 工艺窗选择原理及缺陷形成机理

合理工艺窗的选择是保证 FSW 焊接质量的前提，不合理的工艺参数将引起 FSW 不同类型的焊接缺陷。例如，搅拌头转速与焊接前进速度决定了焊接质量，过大的焊接前进速度与较低的转速易形成未完全填充缺陷，过高的转速与过大的焊接前进速度易形成孔洞缺陷，过高的转速与较小的焊接前进速度易形成飞边缺陷，过小的前进速度与较高的转速无法形成带状焊缝。如图 8-15 所示，中间区域代表着合理的工艺窗选择，菱形点区域为搅拌头转速与焊接前进速度匹配不合理。

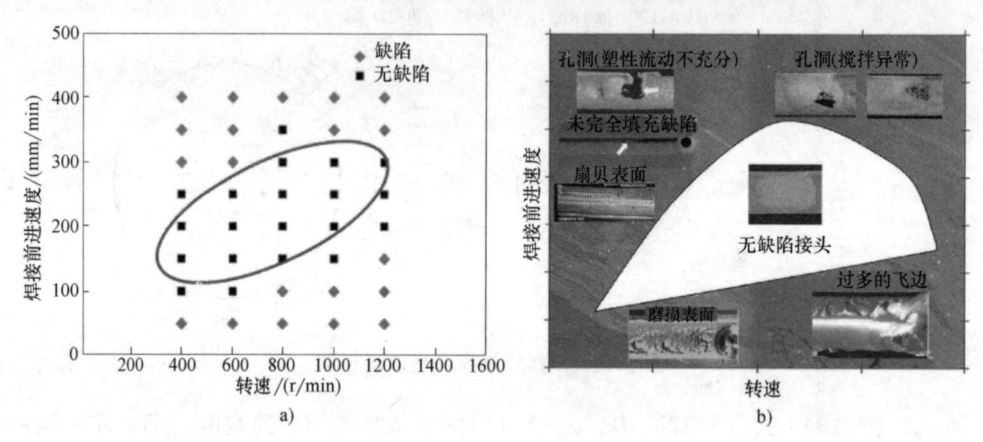

图 8-15 搅拌摩擦焊工艺参数、理想焊缝及焊接缺陷

使用控制变量法计算不同转速情况下焊接模型剪切带宽度 δ。随着转速增加，剪切带宽度逐渐减少，当转速特别大时模型没有明显的剪切带宽度 δ。在相同转速、不同焊接前进速度的情况下，对比焊接模型的剪切带宽度 δ，当焊接前进速度较小时，搅拌针法向力较小，无法提供足够的摩擦力，因此材料无法被加速到与转速相同，当焊接前进速度过大时，搅拌针在一个旋转周期内前进距离超过 δ，产生异常搅拌，导致孔洞缺陷。

给定焊接参数下 δ、w 值工艺窗分析见表 8-3。

当使用过大的焊接前进速度与过高的转速焊接时，搅拌头前部剪切带宽度 δ 小于材料流动带宽度 $w_{\max}$，材料不能够充分流动，焊缝中易出现孔洞缺陷，这时的搅拌摩擦焊质量处于图 8-15b 中的右上角区域。

当转速比较小、焊接前进速度比较大时，材料并未被足够加热，当转至半圈时材料被加速起来，在材料完全流动形成塑性变形时已旋转一圈，这样就形成不了完整焊缝，会出现如图 8-15b 左上角所示的未完全填充缺陷。

当焊接前进速度较低时，搅拌头与工件相互作用过程中较低的焊接前进速度无法提供足够的摩擦力，此时搅拌针前部材料无法被充分加热、加速，因此无法形成正常的环带结构，易出现图 8-15b 左下所示的表面磨损缺陷。

当转速过高，而焊接前进速度过低时，依据热传导模型，此时搅拌头轴肩过高的温度致使工件金属产生局部熔化，形成如图 8-15b 中所示的飞边缺陷。

表 8-3 给定焊接参数下δ、w值工艺窗分析

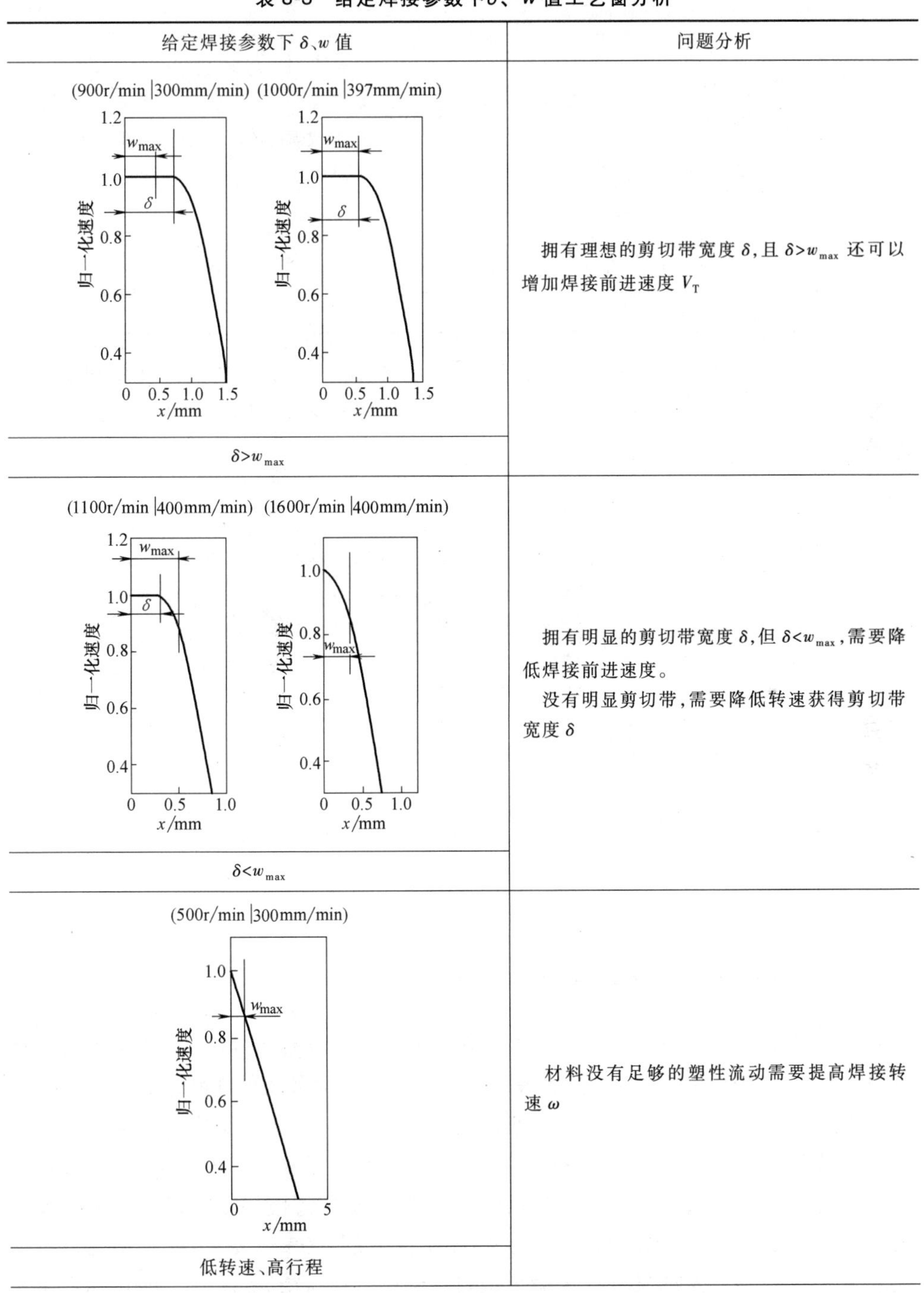

给定焊接参数下 δ、w 值	问题分析
$\delta>w_{max}$	拥有理想的剪切带宽度 δ，且 $\delta>w_{max}$ 还可以增加焊接前进速度 V_T
$\delta<w_{max}$	拥有明显的剪切带宽度 δ，但 $\delta<w_{max}$，需要降低焊接前进速度。 没有明显剪切带，需要降低转速获得剪切带宽度 δ
低转速、高行程	材料没有足够的塑性流动需要提高焊接转速 ω

（续）

给定焊接参数下 δ、w 值	问题分析
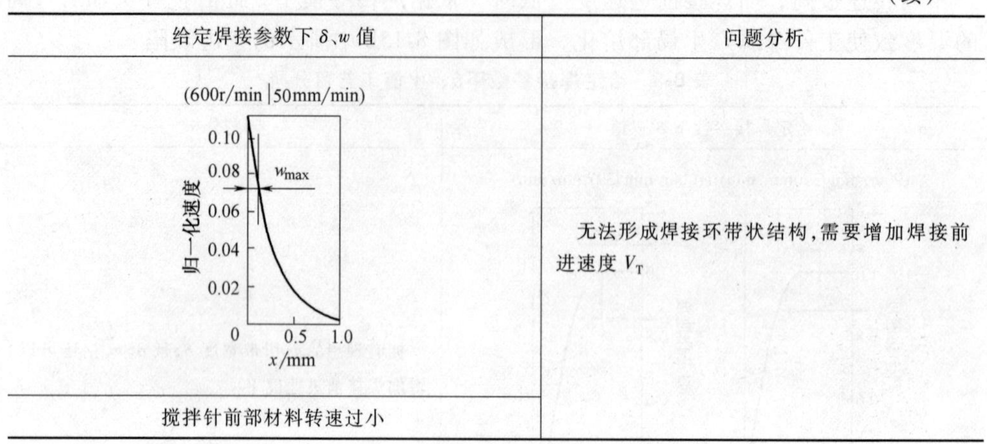	无法形成焊接环带状结构，需要增加焊接前进速度 V_T
搅拌针前部材料转速过小	

通过以上理论推导及计算，可以得到图 8-16 中 A 至 D 四条工艺评定界限，四条界限与以上所提的几类缺陷相对应，这样就为如何确定搅拌摩擦焊工艺评定窗口提供了理论依据。

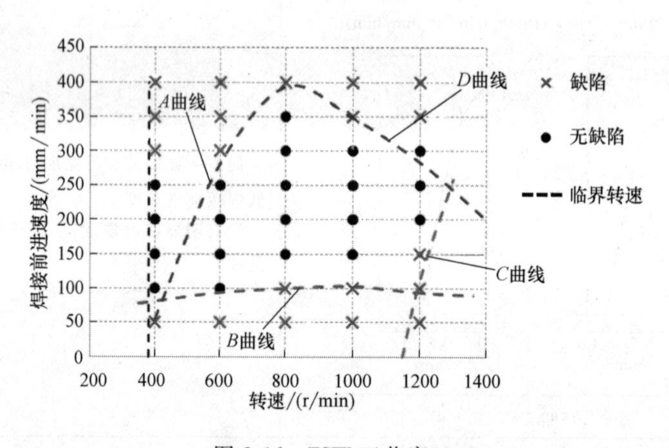

图 8-16　FSW 工艺窗口

8.2.4　FSW 界面原子运动

FSW 技术最新研究发现，搅拌摩擦焊过程中界面原子的运动会产生新的晶体结构，在晶体结构内部的质点都有最适宜的近邻排列而处于低能状态，但在界面上每个质点同时与两侧晶体表面质点进行键合，形成了新的过渡晶体结构。采用加压、加热等特殊工艺方法，已将钢与铝合金（图 8-17）[7]，6061 铝合金与尼龙（图 8-18）材料[8] 进行了连接，试验表明 FSW 形成的过渡层结构稳定，通过 X 射线检测，还发现了 C-O-Al 新的过渡层晶体结构（图 8-19），这一重大发现很可能是未来 FSW 连接技术的又一次革命，但目前关于 FSW 技术界面原子的运动产生机理的研究还处于发展阶段。

图 8-17 FSW 钢与铝的焊接

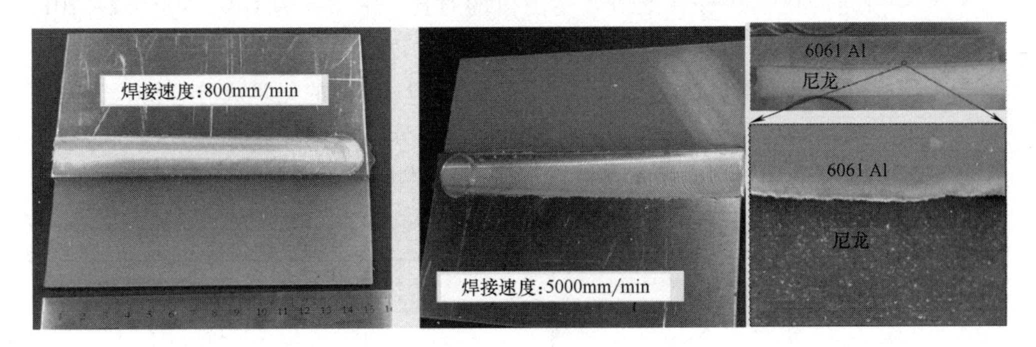

图 8-18 FSW 铝合金与尼龙的焊接

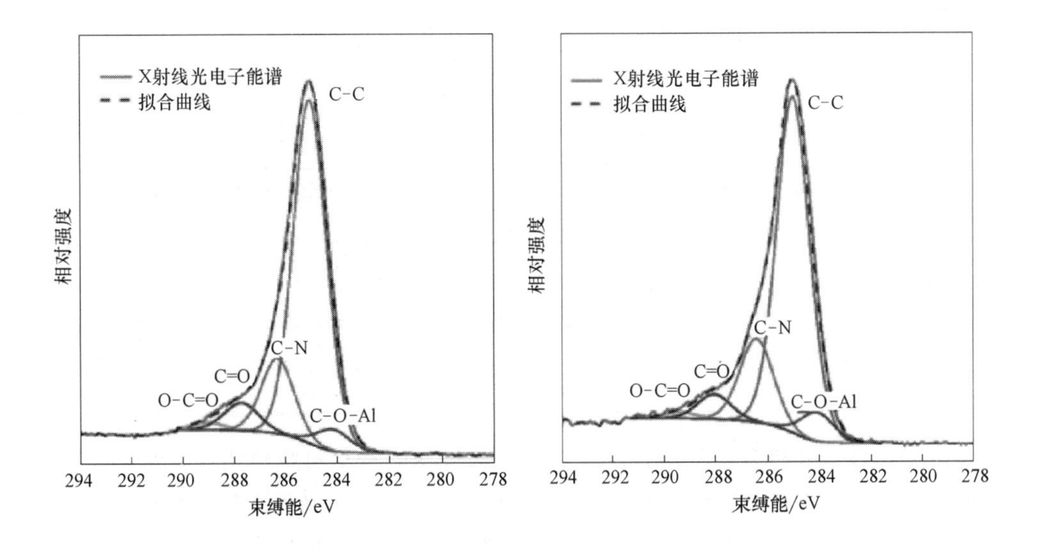

图 8-19 FSW 界面原子的运动产生新过渡层原子

8.3 FSW 接头性能研究

搅拌摩擦焊时焊缝塑性金属的流动是在搅拌头、底板、母材一起形成的封闭环内实现的，由于外围冷却金属对焊缝塑性金属的流动起着一定的约束作用，塑性金属的流动性会影响接头的性能，因此研究 FSW 接头性能及相关规律，对建立完整的搅拌摩擦焊理论及更好地指导搅拌摩擦焊技术的合理应用具有重要意义。

8.3.1 材料检测及焊接

检测试验采用目前应用较广的 5083-H321 及 6061-T6 两种板材，每种板材有对接及搭接两种接头形式，表 8-4 为 GB/T 3190—2020《变形铝及铝合金化学成分》[9] 中规定的化学成分标准值及实测值的对比，表 8-5 为 GB/T 3880.2—2012《一般工业用铝及铝合金板、带材 第 2 部分：力学性能》[10] 中规定的两种材料力学性能标准值及实测值的对比。其中，5083-H321 板材的化学成分合格，但屈服强度略低于国家标准要求，6061-T6 板材的化学成分及力学性能全部合格，屈服强度相差较小，可以进行下一步搅拌摩擦焊试件的焊接。

表 8-4 5083-H321 及 6061-T6 化学成分（质量分数,%）

牌号	板厚/mm	对比	Si	Fe	Cu	Mn	Mg	Cr	Zn	Ti	其他元素		Al
											每个	总计	
5083-H321	6	标准值	0.40	0.40	0.10	0.40~1.00	4.0~4.9	0.05~0.25	0.25	0.15	0.05	0.15	余量
		实测值	0.10	0.20	0.00	0.60	3.96	0.09	0.04	0.01	—	—	—
6061-T6	6	标准值	0.4~0.8	0.70	0.15~0.40	0.15	0.8~1.2	0.04~0.35	0.25	0.15	0.05	0.15	余量
		实测值	0.65	0.40	0.27	0.11	1.1	0.21	0.03	0.00	—	—	—

表 8-5 5083-H321 及 6061-T6 母材力学性能

牌号	板厚/mm	对比	抗拉强度(25℃)/MPa	规定塑性延伸强度(25℃)/MPa	断后伸长率(%)
5083-H321	6	标准值	305~380	215	≥8
		实测值	334.508	207.746	16.32
6061-T6	25.4	标准值	≥290	≥240	≥10
		实测值	331.708	278.289	16.16

由于焊接试验材料为轧制板材，材料运输过程中有塑料膜封装，为保证焊接试件的焊接质量，在焊接前首先对焊接区域打磨，然后进行抛磨，直至表面出现银白色的铝合金基体为止，以减少焊接区域氧化物及其他杂质对焊接接头质量的影响。

首先进行试验板材的正确装夹，经过工艺调试之后采用表 8-6 的焊接参数。为保证焊接过程中设备及操作稳定性，在焊接操作台监控屏中对焊接过程及参数进行监控，以监视整个焊接过程稳定性。焊接完成后对焊缝表面进行检测，表面质量良好，无划伤、未填满、裂纹等表面缺陷，只在焊缝边缘有些搅拌摩擦焊的飞边，通过扁铲剔除即可（图 8-20）。

表 8-6　搅拌摩擦焊焊接参数

合金	结构形式	转速/(r/min)	焊接速度/(m/min)	实际错边/mm	实际组对间隙/mm
5083-H321	对接	700	0.5	<0.3	<0.5
	搭接	700	0.5	—	—
6061-T6	对接	1500	0.6	<0.3	<0.5
	搭接	1500	0.6	—	—

图 8-20　板材装夹及试件焊接

8.3.2　FSW 微观组织

搅拌摩擦焊接头的微观组织状态直接决定了接头的性能，通常在合适的工艺参数下，搅拌摩擦焊接头得到的是锻造组织，比熔焊接头铸造组织的性能要好。根据温度的不同和发生变形程度的不同，通常把搅拌摩擦焊接头分四个区域：焊核区（NZ）、热机影响区（TMAZ）、热影响区（HAZ）和母材（BM）（图 8-21）。

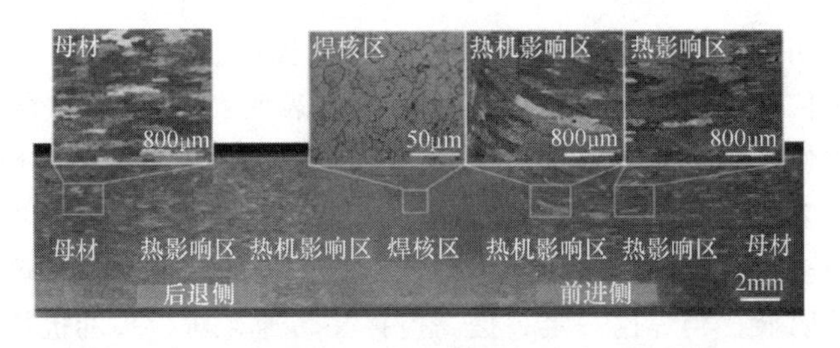

图 8-21　搅拌摩擦焊接头的微观组织状态

在搅拌摩擦焊过程中，焊核区达到了比较高的温度，同时受到搅拌头剧烈的搅拌作用，发生动态再结晶，组织由母材的轧制条状组织转变为细小的等轴晶。热机影响区在焊接过程中也经历了较高的温度和较大的变形，但没有发生再结晶。在靠近焊核区的部分晶粒发生较大变形被拉伸成细长条状，呈现出一定的方向性，反映出搅拌摩擦焊过程中的材料流动性。

焊核区晶粒尺寸在厚度方向上表现出明显的差异，在近焊缝表面的区域，晶粒尺寸比较大。而在靠近焊缝下表面的区域，晶粒尺寸则比较小。两部分之间可以看到明显的分界，而且在过渡区域晶粒比较疏松。沿厚度方向上晶粒尺寸的差异和焊缝区温度的分布有很大关系，在靠近焊缝上表面的部分，因为与轴肩端面的焊接热源距离比较近，温度比较高，在发生动态再结晶之后晶粒有一定程度的长大，而靠近焊缝下表面的部分距离热源比较远，温度比较低，离垫板近，冷却速度也比较快，因而晶粒尺寸比较小。在厚度方向上接头组织的差异必然形成力学性能上的差异，因而在接头受到拉伸时各部分发生的变形和承受的载荷不均匀，造成实际承载面积减少，有效承载厚度要略小于试件名义厚度。

8.3.3 拉伸及弯曲试验

1. 拉伸试验

拉伸试验按照 GB/T 2651—2008《焊接接头拉伸试验方法》[11] 和 GB/T 228.1—2010《金属材料拉伸试验 第一部分：室温试验方法》[12] 进行。拉伸试样及试验结果如图 8-22 所示，焊缝位于试样中间，拉伸方向垂直于焊缝方向，试验温度为室温，试验在 CSS-2220 电子万能拉伸试验机上进行（图 8-23），其最大载荷为 200kN，加载速度为 5mm/min。

从拉伸试验结果可以看出：5083 铝合金搅拌摩擦焊的接头抗拉强度的平均值为 320MPa，与母材的实测值 334.508MPa 相比，接头抗拉强度为母材强度的 95.66%，试件均断于热影响区。6061 铝合金焊接接头抗拉强度的平均值为 230MPa，母材的实测值为 331.708MPa，抗拉强度为母材强度的 69.34%，试件均断于热影响区。上述结果表明在采用 FSW 后，焊缝热影响区抗拉强度会有不同程度的下降，这与焊缝热影响区的材料性能有关，同时也与焊接参数的选择有一定关系。

谢里阳教授团队[13] 对 5mm 厚 2A12 铝合金板进行了搅拌摩擦对焊试验，焊后加工成标准拉伸试样并进行了拉伸试验，结果表明：①2A12 铝合金经搅拌摩擦焊后，大部分焊件的强度都能达到母材强度的 90% 以上，只有部分试件由于接头出现隧道型缺陷导致抗拉强度有所降低，但是也能够达到母材强度的 75% 以上；②当搅拌头转速一定，提高焊速，接头的抗拉强度提高，搅拌头转速越低，接头强度受焊速影响越明显；当焊速一定，提高搅拌头转速，对接头的抗拉强度影响越明显；③不同焊接参数下焊接区弹性模量与母材相比降低了，即焊接过程降低了材料

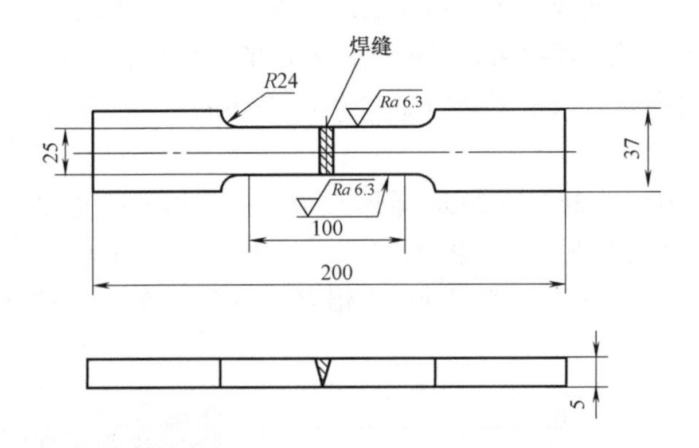

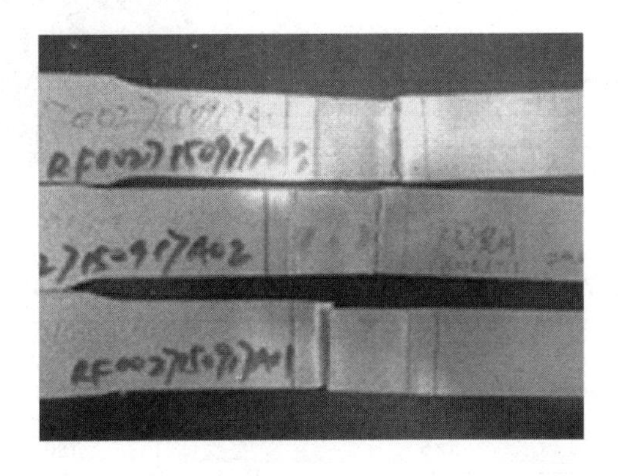

图 8-22　拉伸试样及试验结果

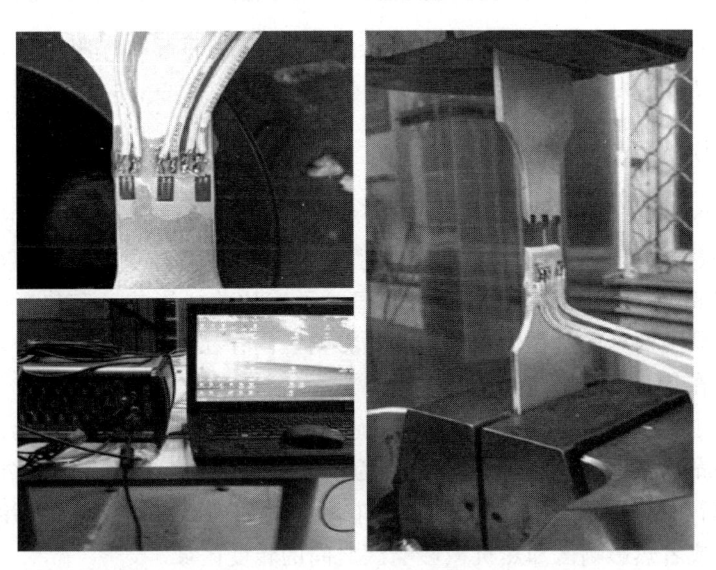

图 8-23　材料拉伸试验

抵抗弹性变形的能力；④焊接区的强度取决于强度最弱区域，后退侧的热影响区是接头强度最薄弱的区域，因此可以推断热影响区的弹性模量最小；⑤焊件不同区域材料的弹性模量之间符合关系 $E_{\mathrm{WN}}>E_{母材}>E_{\mathrm{TMAZ}}\approx E_{\mathrm{HAZ}}$。

2. 弯曲试验

弯曲试验按 GB/T 2653—2008《焊接接头弯曲试验方法》[14] 进行，在 WAE-300 液压试验机上进行。如图 8-24 所示，试样加工成 6mm×25mm×1200mm 的弯曲试样尺寸，分别进行 5083、6061 铝合金焊接接头的弯曲试验，试验结果见表 8-7。

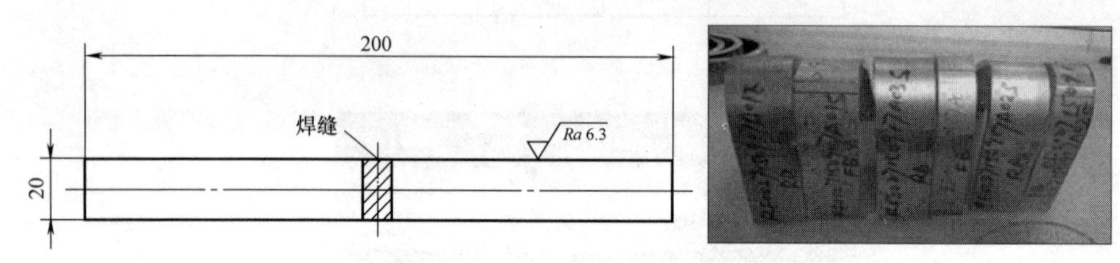

图 8-24 弯曲试样及试验结果

表 8-7 5083 及 6061 铝合金焊接接头弯曲试验结果

试件材料	弯曲方向	原始尺寸/mm	压头直径/mm	弯曲角/(°)	结果
5083-H321	面弯	25×6	48	180	合格
6061-T6		25×6		180	合格
5083-H321	背弯	25×6		180	合格
6061-T6		25×6		100	合格

从表 8-7 可以看出：5083 及 6061 铝合金焊接接头面弯和背弯都达到 180°，均合格。这说明两种材质的焊接接头的弯曲性能良好。

8.3.4 FSW 硬度试验

采用 6082-T6 、6061-T6 两种铝合金材料进行 FSW 对接焊，工艺参数为旋转速度 300r/min、焊接速度为 120mm/min。对 FSW 焊缝处进行硬度测试，显微硬度分布曲线如图 8-25 所示，表明在焊核区的显微硬度比热机影响区和热影响区高，后退侧的显微硬度高于前进侧，在前进侧热影响区内存在一个硬度值极小域，这说明在前进侧存在软化区。

图 8-25 试样为 FSW 焊后横向试样，硬度值为维氏硬度，测试位置为厚度中心线，硬度分布曲线呈现 W 形，状态分别为自然时效及人工时效。试验结果表明：

1）焊后和母材对比，焊缝的硬度值下降 30~40VHN，硬度值最小的区域一般为热影响区或者热影响区和热机械影响区之间的转变区域。

2）人工时效后，焊缝区域可以恢复到和母材相当的水平；由于过时效，热影

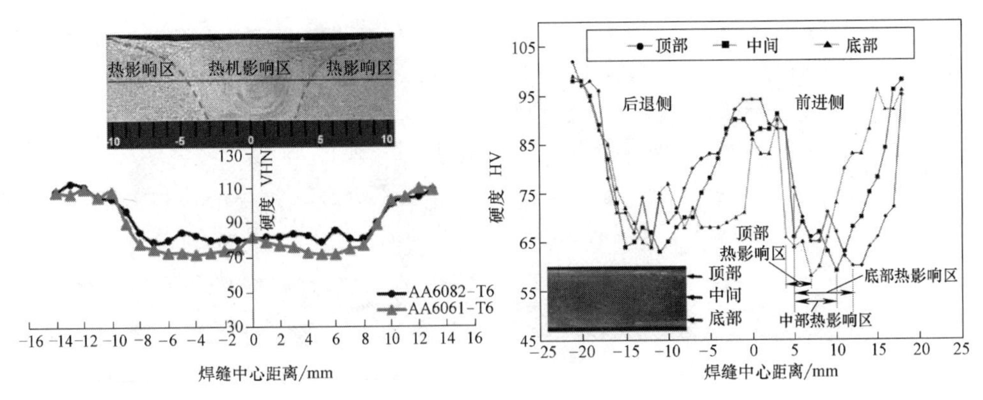

图 8-25 FSW 焊缝处硬度分布曲线

响区的硬度值能恢复到接近但略低于母材的水平。

3）由图可知，热影响区的宽度约为 2mm，进一步证明搅拌摩擦焊的热输入很小，强度损失较少。

8.3.5 FSW 腐蚀试验

腐蚀破坏是焊接结构在使用过程中发生的一种常见破坏形式，可对金属材料造成巨大的直接损失，是材料科学中亟待解决的一个重要问题。改善结构的耐蚀性有助于延长结构的服役寿命，提高结构的可靠性与安全性。影响焊接结构腐蚀破坏的因素较为复杂，其中母材及焊接材料的性能、焊后组织的均匀性及焊后的残余应力状态等因素都会对结构的耐蚀性产生影响。

腐蚀试验分为静态失重试验、动电位极化曲线等方法。静态失重试验（质量法）中的样品处理方法是首先用水磨碳化硅砂布打磨，然后用去离子水冲洗，酒精除油脂，吹风机吹干，置于干燥器中备用。腐蚀介质采用 NaCl 混合溶液，所用 $NaHSO_3$、NaCl 为分析纯试剂，用去离子水进行配制。样品悬挂于盛有室温 NaCl 溶液的长方体状电解池底部，挂片一定时间后，取出样品，首先用蒸馏水配成溶液去除腐蚀产物后，再浸入浓硝酸除去残余的腐蚀产物。

葛继平教授团队[15] 对 5083 铝合金对接接头和母材进行了腐蚀对比试验，焊接参数为旋转速度 300r/min、焊接速度 160mm/min，对板厚 8mm 的 5083 铝合金对接接头和母材进行了静态失重及动电位极化试验。结果表明：5083 铝合金 FSW 接头的腐蚀电位 E_{corr} 大于母材的腐蚀电位 E_{corr}，其腐蚀电流 I_{corr} 值约为母材的五分之一，接头的动电位极化曲线位于母材的动电位极化曲线的左上侧，表明 FSW 接头的耐蚀性要好于母材，对失重后的样品用肉眼观察发现，5083 铝合金 FSW 接头的腐蚀形貌相对比较平坦，5083 铝合金母材的腐蚀形貌比较粗糙，点蚀现象比较严重。图 8-26 所示为 5083 铝合金 FSW 接头和母材的腐蚀形貌。

在 FSW 过程中，接头区在搅拌头的搅拌摩擦作用下产生严重塑性变形，导致

a) 接头

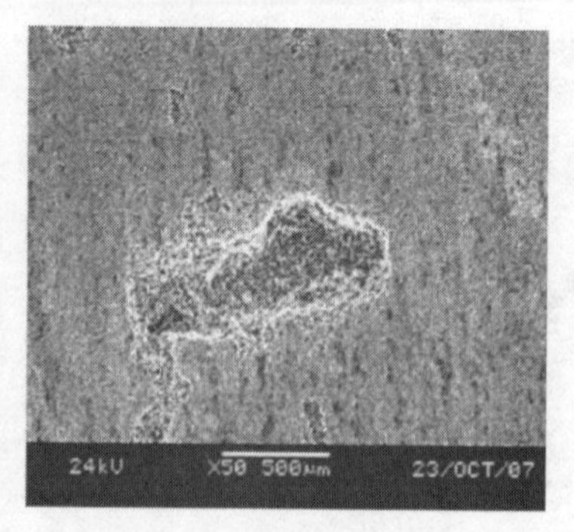

b) 母材

图 8-26　5083 铝合金 FSW 接头和母材的腐蚀形貌

晶粒发生回复再结晶，由母材原始的带状组织转变为细小的等轴晶组织，单位面积内晶粒数目增加，位错密度增加，同时也使得接头区的化学成分均质化。根据经典理论，材料经过严重塑性变形后单位面积内的晶粒的数目增加，单位面积内的晶界数目也增加，位错密度增大，这些晶体缺陷的大量增加导致了晶粒和晶界电化学性能的不均匀性增大，从而使材料的耐蚀能力降低。但从腐蚀学的角度，化学成分均质化，降低了材料形成局部腐蚀原电池的倾向，从而提高了材料的耐蚀性，即化学成分均质化会提高材料耐蚀性。因此材料经过 FSW 后，与母材相比其电化学腐蚀性能的变化，取决于以上两种因素综合作用的结果，即谁占主导地位。假如前者占主导地位，材料的电化学腐蚀性能降低；假如后者占主导地位，材料的电化学腐蚀性能得到提高。

根据试验结果，5083 铝合金 FSW 接头的平均腐蚀速率比 5083 母材的平均腐蚀速率小，其腐蚀电流也比母材的腐蚀电流小，接头的腐蚀电位 E_{corr} 与母材的腐蚀电位 E_{corr} 相比，向正向移动，同时接头的腐蚀形貌均匀，相对比较平坦，但是母材的腐蚀形貌比较粗糙，点蚀现象比较严重。由此得出，接头的电化学腐蚀性能与母材相比得到了提高，这是由于接头的化学成分均质化占主导地位。

8.3.6　FSW 残余应力

与熔化焊类似，铝合金 FSW 接头也存在残余应力，但分布规律有所不同。史清宇教授团队[16] 采用小孔法对 2024-T4 铝合金板材进行搅拌摩擦焊，搅拌头转速为 475r/min、轴肩下压量为 0.5mm，测量了不同焊接速度时 FSW 对接接头的残余应力。测试过程参照 GB/T 31310—2014《金属材料　残余应力测定　钻孔应变法》[17]。根据弹性力学分析的结果，在孔中心距大于 10 倍钻孔半径处，各孔之间测量结果的相互干扰已经很小。在试验中钻孔半径为 0.75mm，取中心距为 10mm 的两个孔可以认为没有相互干扰，测试点到试件边缘的最近距离也为 10mm。对于焊接接头来说，可以认为焊缝中间区域处于稳定区，该区域任意横截面上残余应力的分布都可以代表焊接接头残余应力的分布情况，因此对每个焊接参数下的试板取测点，如图 8-27 所示，沿 x 方向依次取 $x=45$mm、$x=55$mm 的测点为 A 组，$x=65$mm、$x=75$mm 的测点为 B 组进行测量，取两组数据平均值来表征接头残余应力分布规律。

以钻孔应变平均值作为附加应变，对焊接接头残余应力测试结果进行修正，得到焊接速度为 300mm/min 的接头的 A、B 两组结果的平均值，如图 8-28 所示。

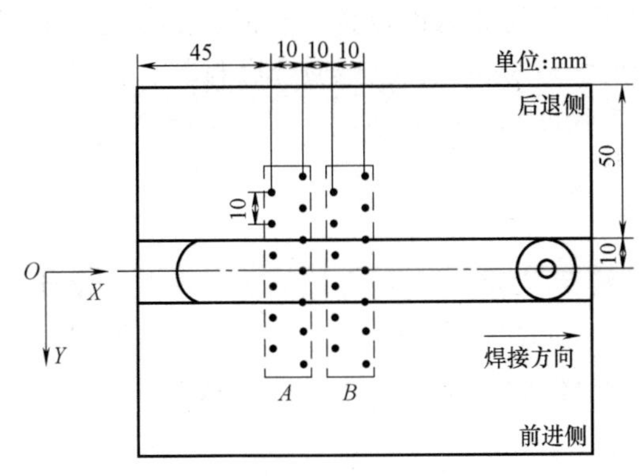

图 8-27　残余应力测点位置示意

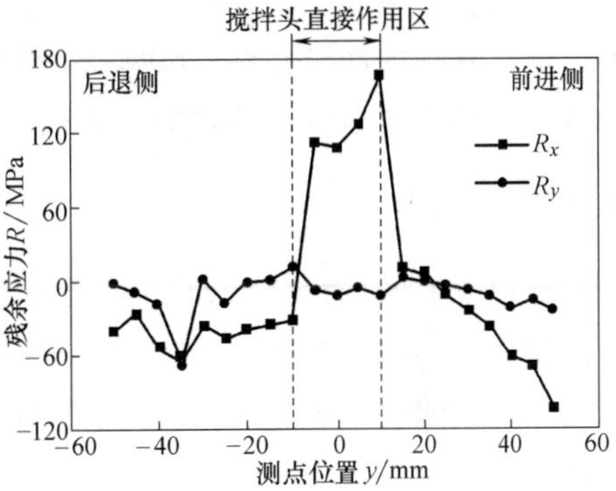

图 8-28　A、B 两组测点残余应力结果的平均值

A 组、B 组的结果表现出高度的一致性：横向残余应力与纵向残余应力相比很小。纵向残余应力分布在焊缝附近表现为较高的拉应力，在轴肩作用区域之外迅速下降并转变为压应力。纵向残余应力在焊缝两侧不对称分布，高应力区前进侧的拉应力高于后退侧。两组测试结果的纵向残余应力峰值都出现在前进侧距焊缝中心 10mm 处，即轴肩直径边缘处，分别为 166.2MPa 和 162.8MPa，其平均值为 164.5MPa，约为焊接前母材屈服强度的 43.9%。与 2024 铝合金熔焊接头残余应力相比，搅拌摩擦焊接头残余应力明显地存在非对称性，前进侧纵向拉应力高而后退侧相对较低。试验条件下得到的纵向拉应力峰值（164.5MPa）也比熔焊（200MPa）小很多，这可能与搅拌摩擦焊过程中的热输入和搅拌头的搅拌及锻造作用有关。采用小孔法对 2024 铝合金搅拌摩擦焊接头的残余应力分布进行研究，得到搅拌摩擦焊接头残余应力分布特点如下：

1）焊接残余应力以纵向应力为主，横向应力相对很小。纵向应力的高应力区集中在轴肩作用区，在轴肩作用区之外应力值迅速降低并转变为压应力。

2）纵向残余应力在焊缝两侧呈不对称分布，在拉应力区，前进侧应力值较高，后退侧应力值较低。纵向残余应力峰值出现在前进侧轴肩作用边缘处，焊接速度为 300mm/min 时峰值在 164.5MPa 左右，比熔焊接头残余应力要小。

3）不同的工艺参数下，搅拌摩擦焊接头的残余应力分布存在相同的特征，但在其他参数相同的情况下，焊接速度越高，焊缝区域的纵向拉应力值越高，而在离焊缝较远的区域纵向压应力值越小。

8.4 FSW 疲劳试验

8.4.1 试验材料

对 5083-H321、6061-T6 铝合金母材以及对接和搭接搅拌摩擦焊的试件，开展了疲劳试验及失效分析。5083-H321 为 Al-Mg 系列防锈铝合金，该铝合金可达到中等强度，其耐蚀性能良好。6061-T6 铝合金为 Al-Mg-Si 系锻铝型合金材料，该材料经过固溶热处理和时效处理后，可达到中等强度和很高的塑性，应用范围广泛。

8.4.2 试样

根据 GB/T 3075—2021《金属材料　疲劳试验　轴向力控制方法》[18] 设计制作试样，保证试样在中间部位断裂，获得有效数据，提高试验成功率。根据试验要求，设计了 5083-H321、6061-T6 两种材料的母材、对接和搭接三种试样，如图 8-29～图 8-31 所示。

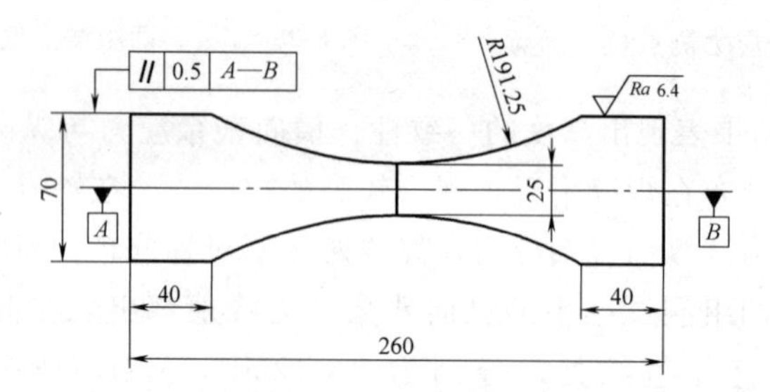

图 8-29　母材试样的形状和尺寸（单位：mm）

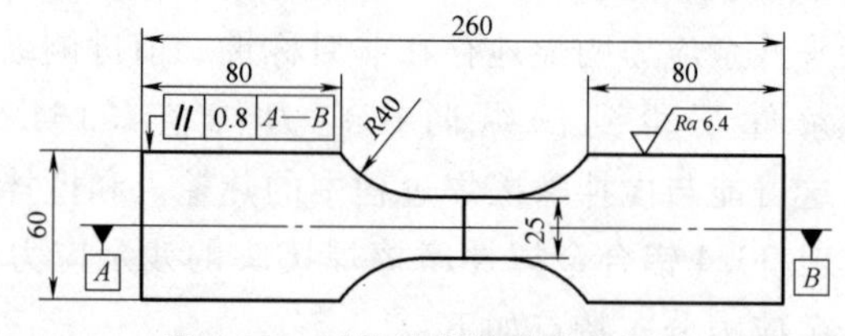

图 8-30　对接试样的形状和尺寸

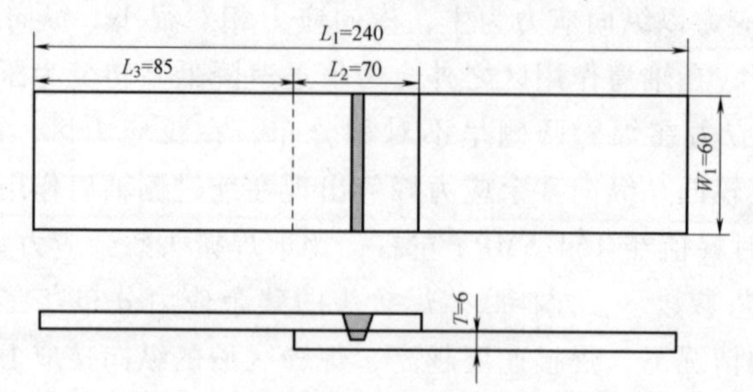

图 8-31　搭接试样的形状和尺寸

8.4.3 试验设备和加载条件

试验设备：母材试样采用 Amsler 250 HFP 5100 高频疲劳试验机，对接及搭接试样采用 Instron8802 中频疲劳试验机。

加载方式：对称循环加载，应力比 $R=-1$，正弦波力控加载。

加载频率：高频疲劳试验机频率为（117±1）Hz，中频疲劳试验机频率为（15±1）Hz。

试验环境：空气湿度为 50%～60%；室温为 15～25℃。

8.4.4 试验要求

1）试验前对试样进行全面检查，确保无任何损伤及变形。在试样上涂写试验编号，对装夹位置画线标记，测量试样厚度、宽度等尺寸，按编号做好记录。

2）在对试样装夹时，应保证装夹位置一致且夹紧，确保夹头中线与试样中线对中一致。在对搭接接头进行试验时，在试样两端垫与试样相同厚度的 6mm 垫板，保证受力中心在试样中线处，防止装夹过程中产生偏心。

3）在载荷控制条件下进行试验，记录载荷幅值、变化范围值、载荷比及失效循环次数。

4）每 100 次循环记录 1 次加载载荷值及位移变化值，计算加载过程的试样刚度值，并绘制循环次数（X 轴）与刚度值（Y 轴）曲线，用以判定试验达到失效的循环次数。

5）试验后对断口进行高分辨率照相，对断口喷防锈液保护，并保存好失效样本，以供日后参考。

6）计算名义应力变化范围，按不同应力等级记录达到失效的循环次数。

8.4.5 试验停止条件

在试验初始 200～300 个循环周期后，当载荷和位移基本稳定，记录稳定的初始最大位移值（$+\delta_0$）和最小位移值（$-\delta_0$）。根据试样刚度对不同载荷的反应不同，最大位移和最小位移的绝对数值会有差异。试样失效的标准定义为绝对位移值增长到初始绝对稳定位移值的 2 倍，如图 8-32 位置 2 所示，这个失效准则也对应试样刚度（载荷幅值/位移幅值）降低 50%。试验时需及时观察可能出现裂纹的位置，如焊根处及热影响区，当试验停止后，需在试样上标出断裂位置，并记录循环次数。

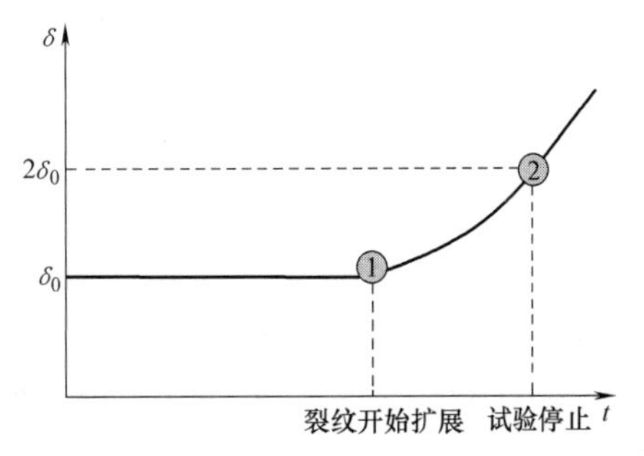

图 8-32 试验停止时间与绝对位移

8.4.6 最小二乘法数据统计

根据疲劳试验数据进行 S-N 曲线的拟合，采用最小二乘法进行数据统计分析。最小二乘法是一种数学优化技术，它通过最小化误差的二次方和寻找数据的最佳函数匹配。利用最小二乘法可以简便地求得未知的数据，并使得这些数据与实际数据之间误差的二次方和为最小。

考虑函数 $y=a+bx$，其中 a 和 b 是待定常数，如果（x_i，y_i）在一直线上，可以认为变量之间的关系为线性，但一般来说，这些点不可能在同一直线上，计算值与实际值产生的偏差，要求偏差越小越好，用总偏差计算，偏差的二次方和为最小，可以保证每个偏差都不会很大，用这种确定系数 a、b 的方法，称为最小二乘法。最小二乘法拟合试验数据的算法如下：

$$\begin{cases} \lg N = a + b\lg S \\ y = a + bx \\ b = \dfrac{l_{xy}}{l_{xx}} \\ a = \bar{y} - b\bar{x} \\ \bar{x} = \dfrac{1}{n}\sum\limits_{i-1}^{n} \lg S_i \\ \bar{y} = \dfrac{1}{n}\sum\limits_{i-1}^{n} \lg N_i \\ l_{xx} = \sum\limits_{i-1}^{n} (\lg S_i - \bar{x})^2 \\ l_{xy} = \sum\limits_{i-1}^{n} (\lg S_i - \bar{x})(\lg N_i - \bar{y}) \end{cases} \tag{8.13}$$

标准差为

$$\sigma = \sqrt{\frac{\sum\limits_{i=1}^{n} (\lg N_i - \bar{y}_i)^2}{n-1}} \tag{8.14}$$

最终的 S-N 曲线为

$$a = \lg C_0,\ b = -m,\ \lg N = a \pm \mathrm{d}\sigma + b\lg \Delta S$$

$$N = \frac{10^{\lg C_0 \pm \mathrm{dlg}\sigma}}{\Delta S^m} \tag{8.15}$$

8.4.7 名义应力试验数据

对 5083-H321、6061-T6 铝合金母材以及对接和搭接搅拌摩擦焊的试样开展疲劳试验，其中对母材进行的疲劳试验共取得70件有效结果（5083-H321共28件，6061-T6共42件），采用名义应力变化范围取得的数据如图8-33所示，母材名义应力拟合曲线参数N见表8-8；对焊缝进行的疲劳试验共取得122件有效试验结果（5083-H321搭接28件，对接23件；6061-T6搭接39件，对接32件），采用名义应力变化范围取得的数据如图8-34所示，FSW名义应力拟合曲线参数N见表8-9。

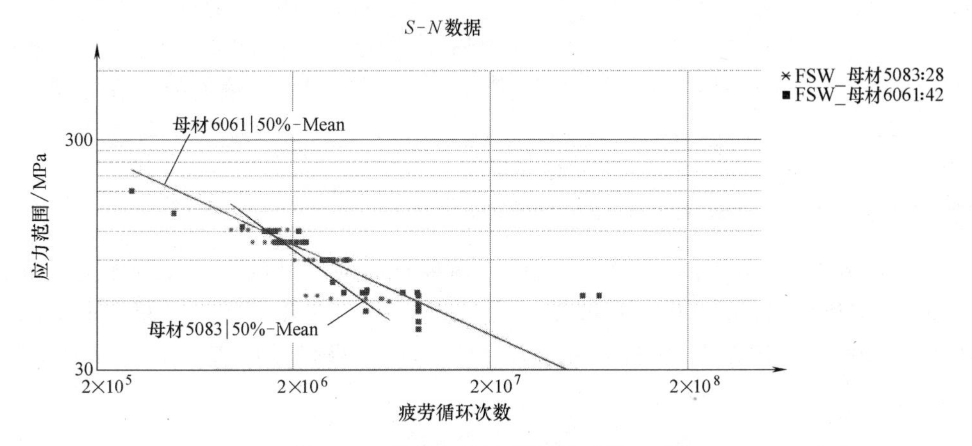

图8-33　母材疲劳试验数据（共70件）

表8-8　母材名义应力拟合曲线参数 $N=(C_d/\Delta\sigma)^{1/h}$

统计依据	母材5083-H321		母材6061-T6	
	C_d	h	C_d	h
中值	949807.0	0.6251	33768.7	0.3938
$+2\sigma$	1339127.8		52460.4	
-2σ	673672.3		21736.8	
$+3\sigma$	1590066.7		65386.8	
-3σ	567355.6		17439.6	

表8-9　FSW名义应力拟合曲线参数 $N=(C_d/\Delta\sigma)^{1/h}$

统计依据	对接5083-H321		搭接5083-H321		对接6061-T6		搭接6061-T6	
	C_d	h	C_d	h	C_d	h	C_d	h
中值	1436.4	0.1791	676.0	0.2383	16195.4	0.3542	1159.4	0.2594
$+2\sigma$	1809.6		911.5		22134.7		1835.6	
-2σ	1140.2		501.3		11849.8		732.3	
$+3\sigma$	2031.1		1058.5		25877.0		2309.6	
-3σ	1015.8		431.7		10136.1		582.0	

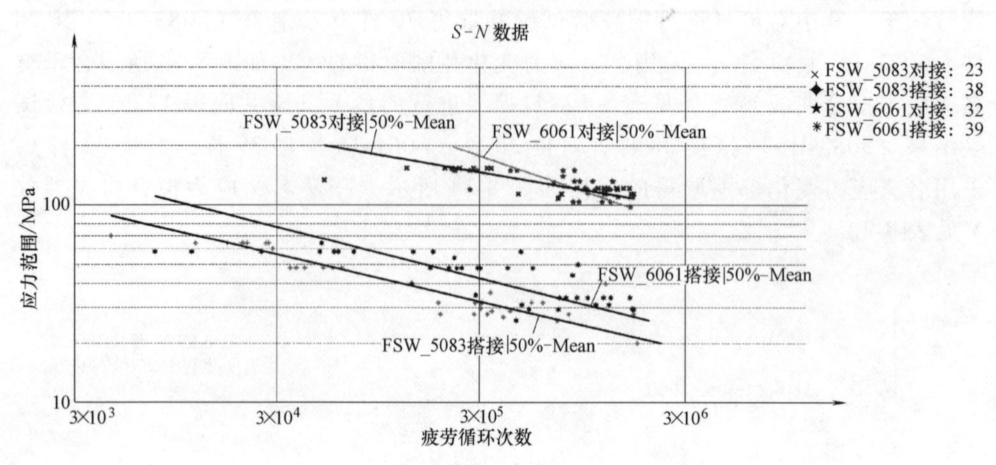

图 8-34 焊缝疲劳试验数据（共 122 件）

名义应力变化范围的结果统计表明，两种材料的母材试样抗疲劳能力最高，5083-H321 和 6061-T6 对接焊试样抗疲劳能力接近，二者略低于母材，而 5083-H321 和 6061-T6 搭接焊试样抗疲劳能力最低，这与焊缝处局部应力的分布有很强的相关性。

8.4.8 断口形貌

通过选取以下两组典型的疲劳断口进行观察，其中试样 A 和试样 B 分别为铝合金 5083-H321 和 6061-T6 的对接接头，试样 C 和试样 D 分别为铝合金 5083-H321 和 6061-T6 的搭接接头（图 8-35）。

可以看到搭接和对接接头都有明显的疲劳裂纹源区、裂纹扩展区以及瞬时断裂区。从宏观形貌图中可以看出，搭接接头的疲劳裂纹源区位置都是位于底板上表面的两端靠近焊缝的部位，并且断裂裂纹朝着上表面方向发展，这是因为对于 6061-H321 和 5083-T6 铝合金搭接接头，在搭接面处靠近焊缝的位置易存在钩状缺陷（图 8-36a），接头的残余应力和应力集中程度也更高，会直接导致接头的疲劳性能下降。

对于 FSW 对接接头，少部分疲劳断裂发生在前进边软化区，这表明 FSW 焊缝表面的飞边缺陷会对疲劳寿命产生严重的影响（图 8-36b）。大多数试样在焊缝根部的中心位置发生疲劳断裂，这是由于对接接头的根部均存在尺寸不一的弱连接或者未焊透缺陷，从而导致了疲劳裂纹在该处萌生、扩展并且最终导致试样的断裂失效。

铝合金 FSW 对接接头的根部未焊透缺陷（图 8-36c），也是由铝合金 FSW 自身的工艺特性所决定的，在搅拌摩擦焊的过程中，为确保轴肩与工件表面紧密贴合，搅拌针的长度稍小于工件的厚度，即实际的 FSW 焊缝厚度比工件的厚度小 3%～6%，因此在根部出现了未焊透缺陷。还有一些裂纹出现在焊缝中心，铝合金前进

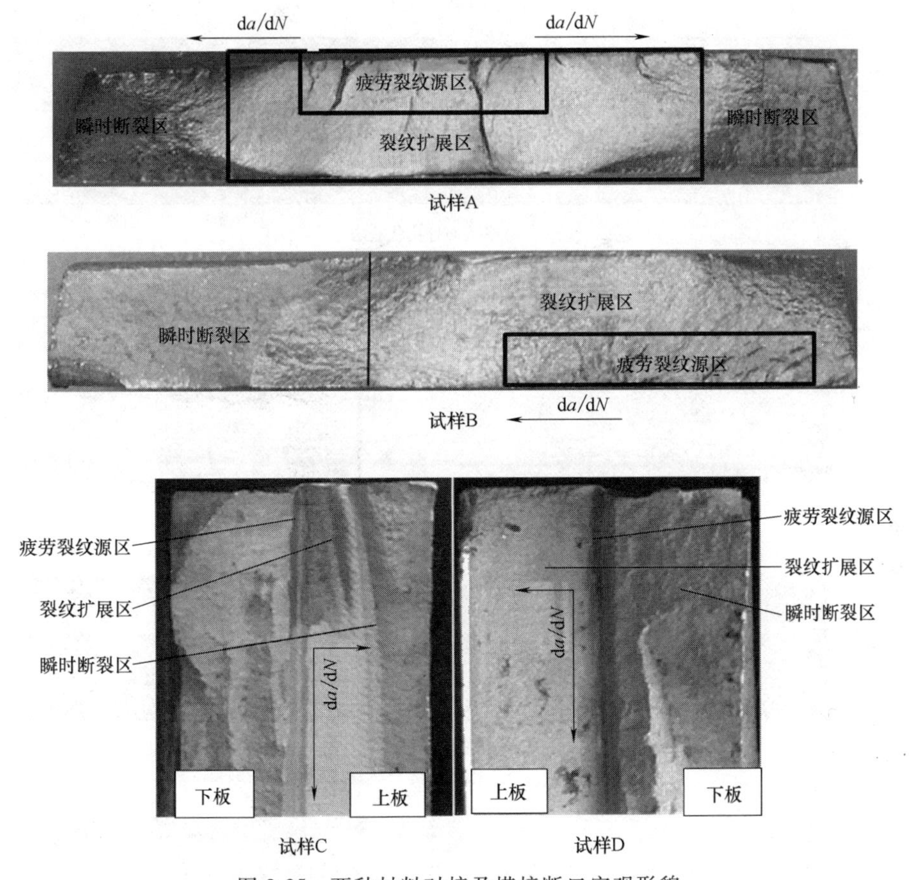

图 8-35　两种材料对接及搭接断口宏观形貌

侧焊缝金属与母材之间融合较差，焊缝区金属会出现剥落的情况（图 8-36d），形成了类似于弱连接的缺陷，这将对接头疲劳性能产生一定的影响。对接接头的宏观裂纹扩展方向也有一定的规律，大多数疲劳裂纹起始位置都在焊缝的表面或者亚表面，其扩展方向都是由裂纹源呈放射状向四周扩展，宏观裂纹首先会扩展到焊缝的另一表面，与此同时，疲劳裂纹也沿着横向向焊缝两端扩展，如果裂纹源位于焊缝的其中一端，那么疲劳裂纹就会沿着横向向另外一端扩展。

8.4.9　断口电镜扫描

为了进一步了解疲劳破坏的机理，对铝合金 6061 和 5083 的 FSW 搭接和对接接头疲劳断裂试样进行了扫描电镜观测。根据试验观测到焊后 FSW 接头的组织存在差异，接头可划分为四个比较典型的区域，即母材区、热影响区、热机影响区以及焊核区。母材区的组织都有一定的纤维走向，存在明显的轧制痕迹；热机影响区的组织受到了摩擦热以及搅拌针的间接的搅拌作用，而产生了较为显著的扭曲变形；而热影响区仅仅受到摩擦热的作用，内部的晶粒比较粗大；焊核区的组织为细

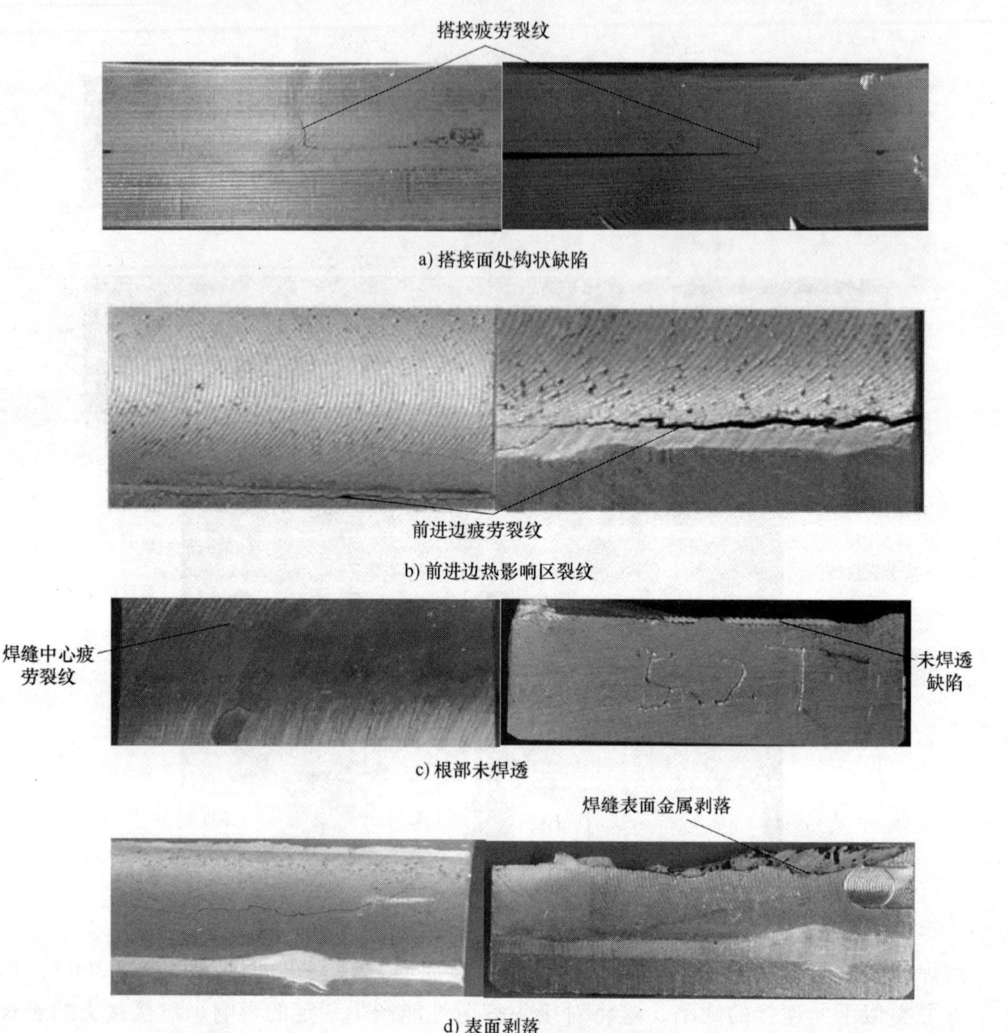

a) 搭接面处钩状缺陷

b) 前进边热影响区裂纹

c) 根部未焊透

d) 表面剥落

图 8-36　疲劳试样断裂位置及缺陷

小、均匀的等轴重结晶的晶粒。

图 8-37a 所示为 6061 铝合金 FSW 搭接接头，应力比 $R=-1$ 时的疲劳断口微观形貌。由图 8-37b 可以看出，断口呈现出了沿晶断裂的特征。晶粒的微观形貌如图 8-37e 所示。疲劳裂纹经历了多重起裂，且裂纹源起始位置均位于上板的底部，对应于搭接接头钩状缺陷处。裂纹源为搭接处表面缺陷，这些位置的局部应力集中程度较高，易于疲劳裂纹的萌生。裂纹形成以后向四周扩展，并且伴随有放射状棱线。随着裂纹扩展渐渐远离上板底部，疲劳裂纹逐渐分成两个不同的部分，较光滑的是裂纹扩展区，在该区可以观察到疲劳裂纹的扩展脊线，而瞬时断裂区比较粗糙且伴随着较为明显的疲劳撕裂脊，如图 8-37c 所示。疲劳断口上可以观察到一条较为明显的疲劳弧线，弧线的内部指向疲劳裂纹源区。疲劳裂纹在向外扩展的过程中

由于受应力状态（包括应力的持续时间、应力大小）、断裂方向、载荷交变、裂纹扩展速度明显变化以及外在环境的影响等，都可能在疲劳断口上留下这种弧形的迹线。裂纹扩展区表现为韧性断裂的特征，如图 8-37d 所示。在瞬时断裂区里可以观察到很多等轴韧窝存在，这是韧性断裂特征，并且韧窝较浅不存在第二相粒子，如图 8-37e 所示。

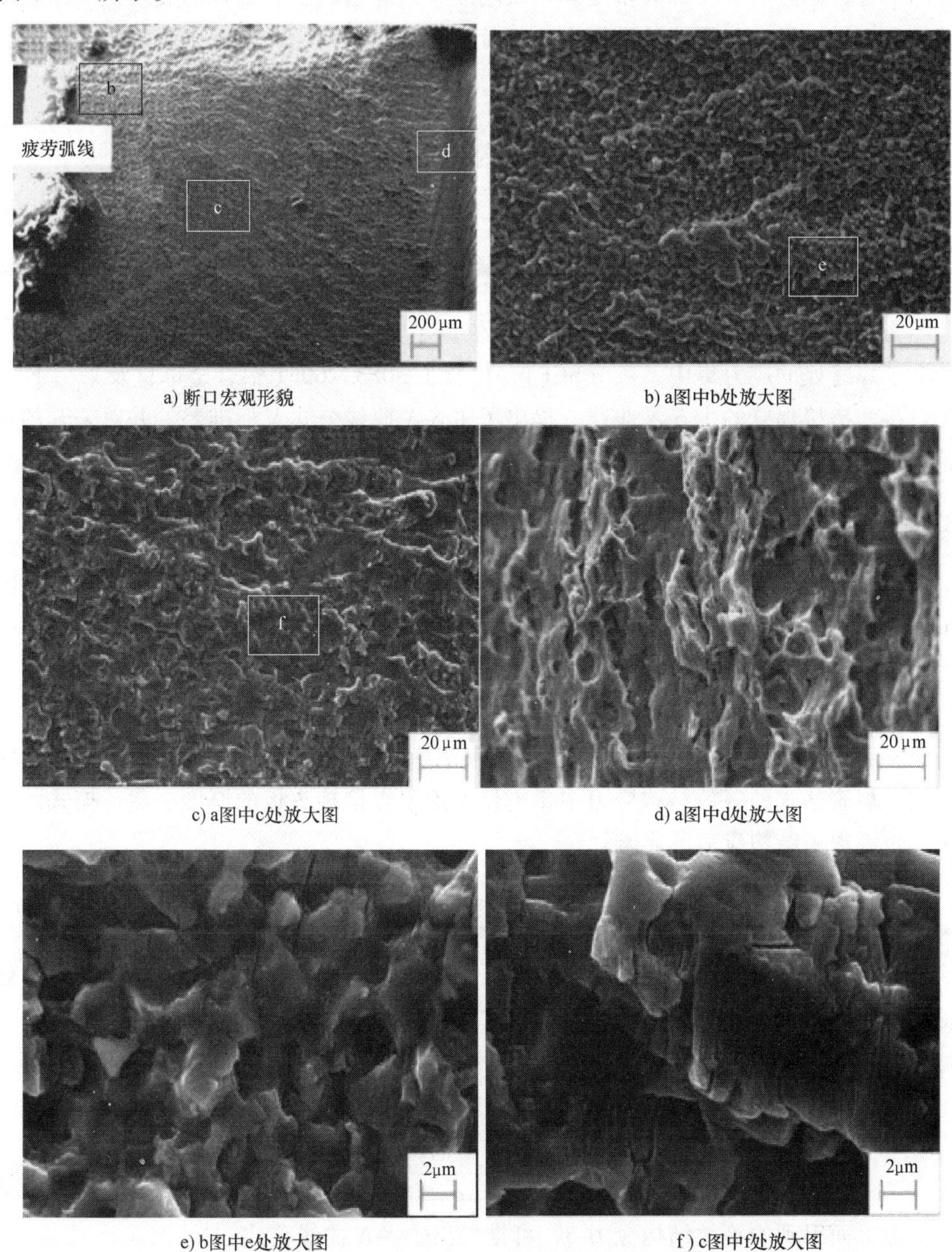

a) 断口宏观形貌　b) a图中b处放大图

c) a图中c处放大图　d) a图中d处放大图

e) b图中e处放大图　f) c图中f处放大图

图 8-37　6061 试样疲劳断口微观形貌

通过对5083和6061铝合金疲劳断口进行分析研究，FSW搭接接头的疲劳裂纹都起始于下板两端的搭接面处的钩状缺陷，并且扩展方向是由下板上表面朝着上板的最外表面扩展，与此同时在横向上，裂纹由两端向着中间扩展。5083和6061铝合金搅拌摩擦焊接头在不同位置断裂时的断口形貌各不相同，若裂纹起始位置在焊缝的中心，此时的裂纹源大多是焊根缺陷或者未焊透缺陷，断口的裂纹扩展区表面都比较光滑，且疲劳辉纹数量较少，疲劳辉纹之间的间距比较规则，整体表现为塑性断裂。当裂纹的起始位置在焊缝两侧附近时，裂纹源大多是飞边和沟槽缺陷，此时断口表面更容易观察到疲劳辉纹，且表面形貌比较粗糙。在瞬时断裂区，两种铝合金材料的断裂方式都呈现出塑性断裂的特征。

8.5 FSW主*S-N*曲线研究

为进一步研究FSW疲劳试验数据，依据主*S-N*曲线法原理，采用结构应力法计算了焊缝处的应力集中系数（SCF），拟合了5083、6061铝合金母材及采用FSW的对接和搭接焊缝的主*S-N*曲线，提出了主*S-N*曲线公式及标准差，并对公开的试验数据进行整理分析，校核了该主*S-N*曲线公式的合理性及适用性。

8.5.1 主*S-N*曲线的定义

以试样疲劳寿命次数N的对数值为横坐标（X轴），以等效结构应力变化范围ΔS的对数值为纵坐标（Y轴），表示一定循环特征下，试样的疲劳强度与疲劳寿命之间关系的曲线，称为等效结构应力-寿命曲线，也称为主*S-N*曲线[19]。

如第3章所述，等效结构应力是基于断裂力学裂纹扩展表达式，由积分获得的一个参数［式（8.16）］，是用于疲劳寿命计算的主要参数，在这个基于断裂力学裂纹扩展表达式的等效结构应力中，不仅考虑了焊接接头板的厚度、载荷模式的影响，也考虑了结构应力的影响。

$$\Delta S=\frac{\Delta\sigma_s}{t^{(2-m)/2m}I(r)^{1/m}} \tag{8.16}$$

式中，t为板厚；$I(r)$是弯曲度比r的无量纲函数；$m=3.6$。以上参数有对应的修正算法，可以针对厚度的影响、载荷模式的影响及应力比的影响单独修正计算。

$$I(r)^{\frac{1}{m}}=\frac{1.23-0.364r-0.17r^2}{1.007-0.306r-0.178r^2} \tag{8.17}$$

$$r=\frac{|\Delta\sigma_b|}{|\Delta\sigma_s|}=\frac{|\Delta\sigma_b|}{|\Delta\sigma_m|+|\Delta\sigma_b|} \tag{8.18}$$

由上面得到的等效结构应力S，可推导出主*S-N*曲线公式：

$$N=(C_d/\Delta S)^{1/h} \tag{8.19}$$

8.5.2　应力集中系数及应力换算

应力集中系数SCF是结构应力与名义应力的比值，对于复杂结构没办法得到解析解时，通常用有限元方法进行计算。通过应力集中系数SCF，可以对不同的应力类型进行换算，对结构应力集中系数、膜应力集中系数、弯应力集中系数，换算公式如下：

$$\mathrm{SCF}=\frac{\sigma_s}{\sigma} \tag{8.20}$$

式中，σ 为名义应力；σ_s 为结构应力。

膜应力集中系数为 $\mathrm{SCF_m}$，弯应力集中系数为 $\mathrm{SCF_b}$，总应力集中系数 $\mathrm{SCF}=\mathrm{SCF_m}+\mathrm{SCF_b}$。

结构应力 σ_s 与名义应力 σ 换算关系：$\sigma_s=\sigma\mathrm{SCF}=\sigma\ (\mathrm{SCF_m}+\mathrm{SCF_b})$。

8.5.3　SCF计算

对5083-H321、6061-T6两种材料的对接和搭接试样的SCF进行计算，首先要进行名义应力计算，然后进行结构应力计算。如图8-38所示，对接试样的厚度为6mm，当载荷为10000N时，计算 A 截面处的名义应力 σ：

$$\sigma=\frac{F}{A}=\frac{F}{bt}=\frac{10000}{60\times6}\mathrm{MPa}=27.78\mathrm{MPa}$$

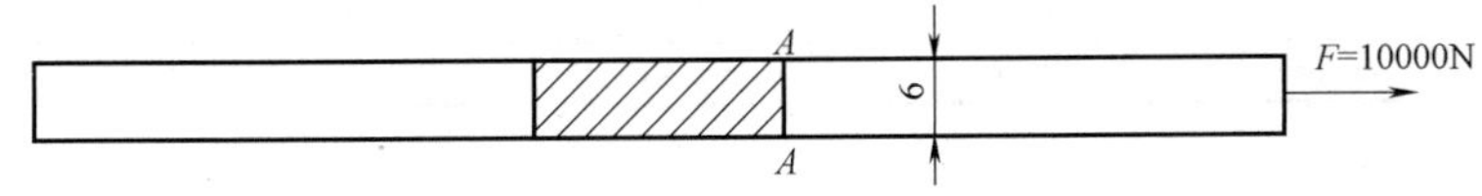

图8-38　对接试样简化图

如图8-39所示，搭接接头的厚度分别为6mm，当载荷为10000N时，计算 A 截面处的名义应力 σ：

$$\sigma=\frac{F}{A}=\frac{F}{bt}=\frac{10000}{60\times6}\mathrm{MPa}=27.78\mathrm{MPa}$$

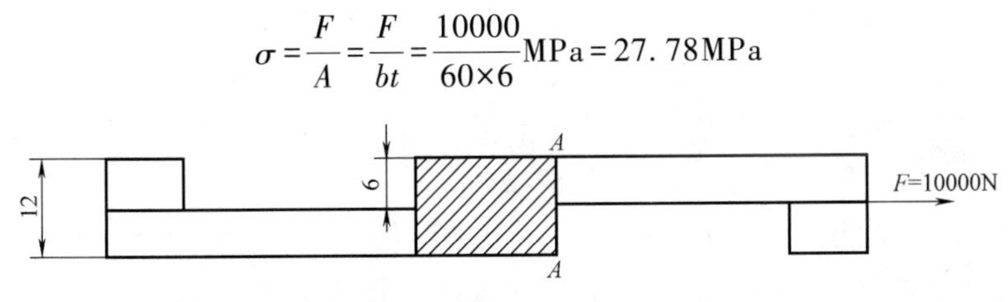

图8-39　搭接接头试件简化图

通过建立焊接试样有限元模型，加载试验载荷与约束条件，可以得到试样焊缝处的结构应力数值。由于试样具有对称性，因此采用二分之一模型进行计算。基于试样有限元计算结果，可以得到沿焊缝长度方向的焊缝处结构应力分布，最终可以得到沿焊缝长度方向的应力集中系数（SCF），模型及计算结果如图8-40、图8-41所示，SCF计算结果见表8-10。

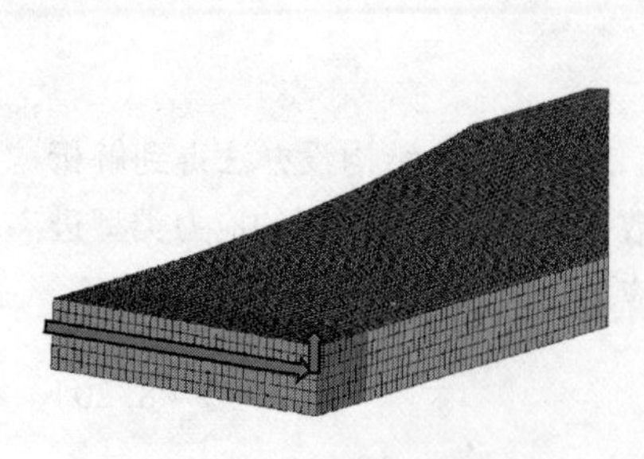

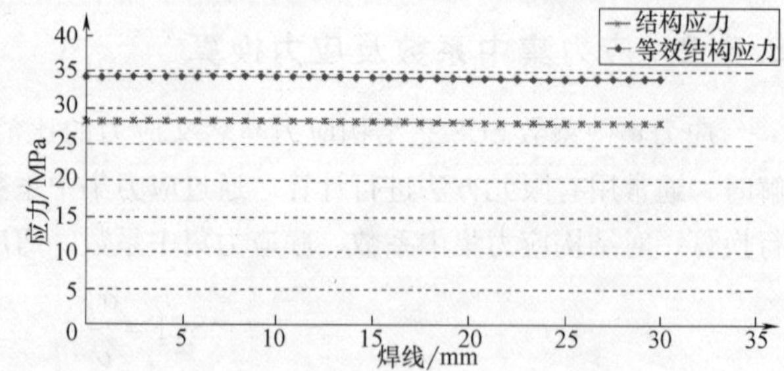

图 8-40　对接焊试件沿焊缝方向结构应力分布

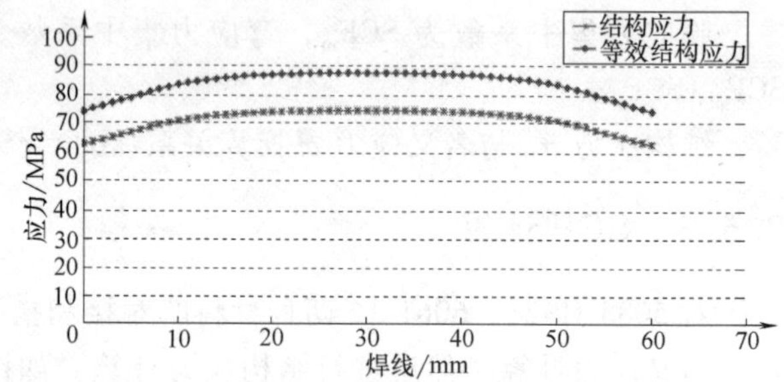

图 8-41　搭接焊试样沿焊缝方向结构应力分布

表 8-10　焊缝 SCF 值（应力集中系数）

焊缝形式	名义应力/MPa	结构膜应力/MPa	结构弯曲应力/MPa	SCF_m	SCF_b	SCF
对接	27.78	28.30	0	1.019	0	1.019
搭接	27.78	20.24	55.36	0.729	1.993	2.722

8.5.4　主 *S-N* 曲线拟合

主 *S-N* 曲线拟合数据采用 5083-H321、6061-T6 铝合金母材以及对接和搭接搅拌摩擦焊试样的疲劳试验数据，其中母材的疲劳试验共取得 70 件有效结果（5083-H321 共 28 件，6061-T6 共 42 件），焊缝的疲劳试验共取得 122 件有效试验结果（5083-H321 搭接 28 件，对接 23 件；6061-T6 搭接 39 件，对接 32 件）。依据主 *S-N* 曲线法及数理统计分析法分析有效试验数据，得到图 8-42、图 8-43 所示的主 *S-N* 曲线，相关曲线的参数见表 8-11 及表 8-12。

上述主 *S-N* 曲线拟合数据表明，采用等效结构应力统计的 5083-H321 及 6061-T6 铝合金母材的主 *S-N* 曲线分布在同一区间，标准差为 0.2157，5083-H321 及 6061-T6 两种材料对接和搭接搅拌摩擦焊试样的主 *S-N* 曲线也分布在同一区间，标准差为 0.4615，可以采用上述主 *S-N* 曲线的参数进行疲劳寿命计算。另外，数据分析表明，采用等效结构应力得到的主 *S-N* 曲线数据对接和搭接的区别不明显，5083-H321 与 6061-T6 两种材料的差别也不明显。由此可见，高强度铝合金 6061-T6 并没有表现出比 5083-H321 更好的疲劳性能，这表明铝合金静载强度提高并不能明显提高 FSW 接头的疲劳强度，这一结论与熔焊疲劳性能基本一致。

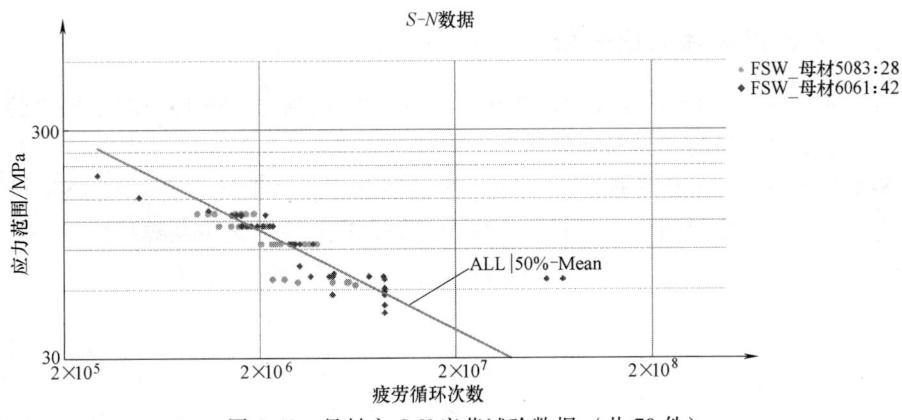

图 8-42　母材主 S-N 疲劳试验数据（共 70 件）

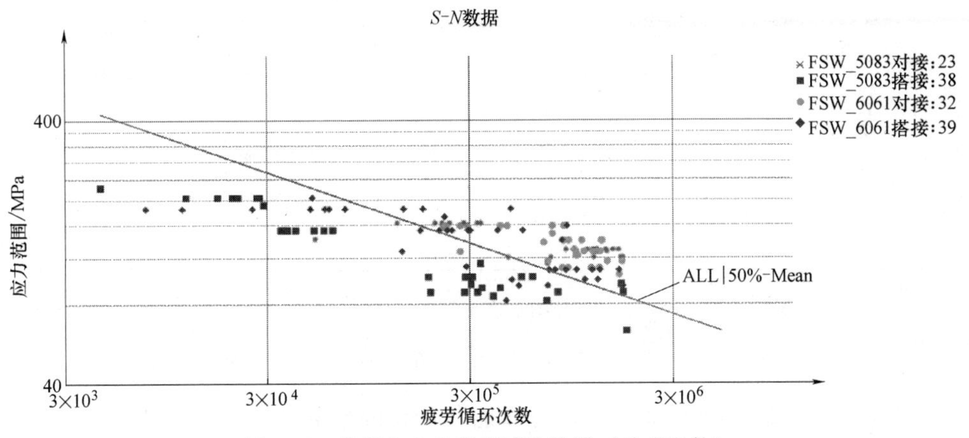

图 8-43　焊缝主 S-N 疲劳试验数据（共 122 件）

表 8-11　母材主 S-N 拟合曲线参数 $N=(C_d/\Delta S)^{1/h}$

统计依据	全部数据	
	C_d	h
中值	64497.1	0.4353
$+2\sigma$	99386.0	
-2σ	41855.8	
$+3\sigma$	123372.2	
-3σ	33718.1	

表 8-12　FSW 接头主 S-N 拟合曲线参数 $N=(C_d/\Delta S)^{1/h}$

统计依据	全部数据	
	C_d	h
中值	4222.5	0.2693
$+2\sigma$	7483.1	
-2σ	2382.7	
$+3\sigma$	9961.8	
-3σ	1789.8	

8.5.5 主 *S-N* 曲线对比分析

为了进一步分析 FSW 接头的疲劳性能，对 FSW 数据与 ASME 标准中提供的钢材与铝合金材料熔焊的主 *S-N* 曲线进行了对比（图 8-44），对比结果表明，FSW 中值主 *S-N* 曲线介于钢与铝熔焊的中值主 *S-N* 曲线之间，证明铝合金材料 FSW 的抗疲劳能力明显高于熔焊铝合金材料的抗疲劳能力，这与应力集中及焊接区组织性能有较强的相关性，另外也与焊接缺陷及残余应力的分布等因素有关。

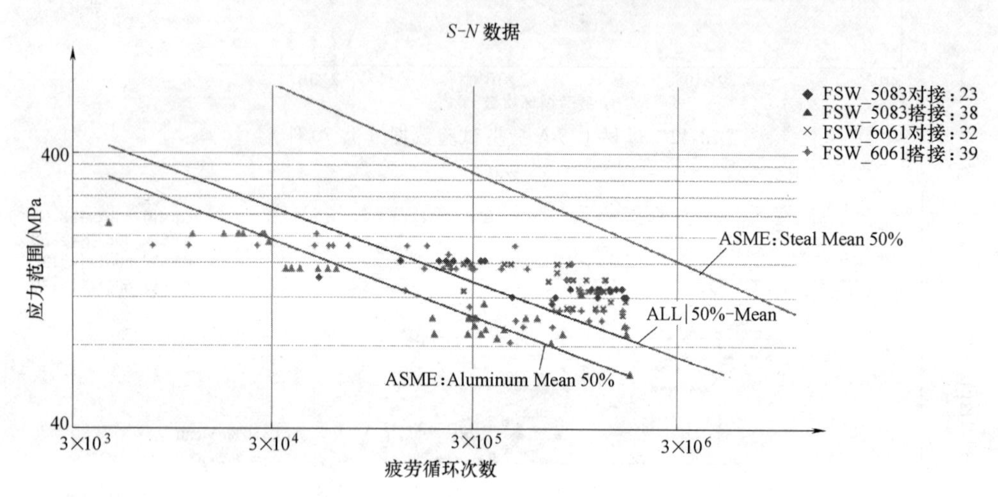

图 8-44 FSW 中值主 *S-N* 曲线与钢与铝熔焊的中值主 *S-N* 曲线对比

同时，还对比了 FSW 接头的疲劳性能与母材的疲劳性能（图 8-45），并分别采用名义应力法及等效结构应力法进行了对比分析。结果表明：当采用名义应力法进行统计分析时，母材的疲劳寿命与对接 FSW 疲劳寿命接近，但明显高于搭接 FSW

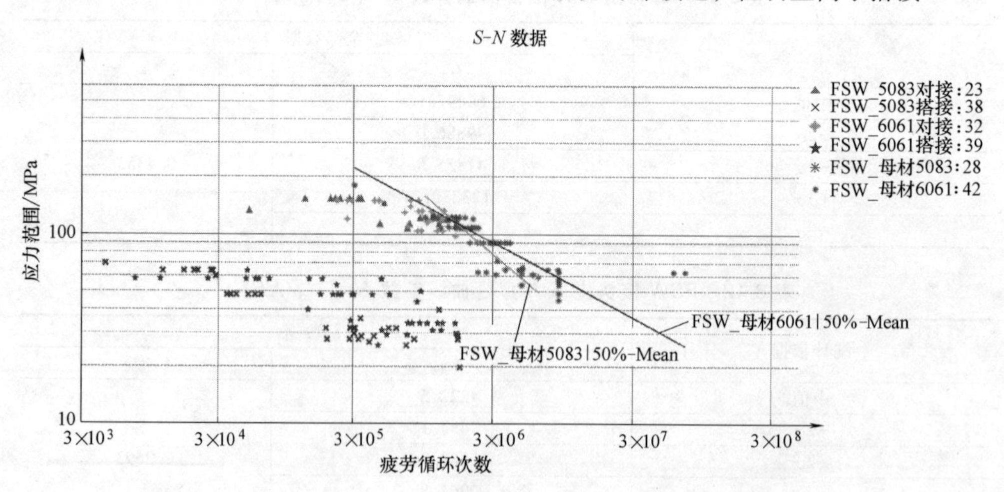

图 8-45 采用名义应力的 FSW 接头疲劳寿命与母材的疲劳寿命数据对比

的疲劳寿命。但是当采用等效结构应力分析时，FSW 接头疲劳寿命与母材的疲劳寿命数据对比（图 8-46），分布区间并不明显，母材的疲劳寿命只略好于 FSW 接头的疲劳寿命，这进一步表明，采用等效结构应力法进行疲劳寿命分析时，FSW 接头的疲劳寿命已经接近母材的疲劳寿命，这也证明了 FSW 结构的优势与工程应用价值。

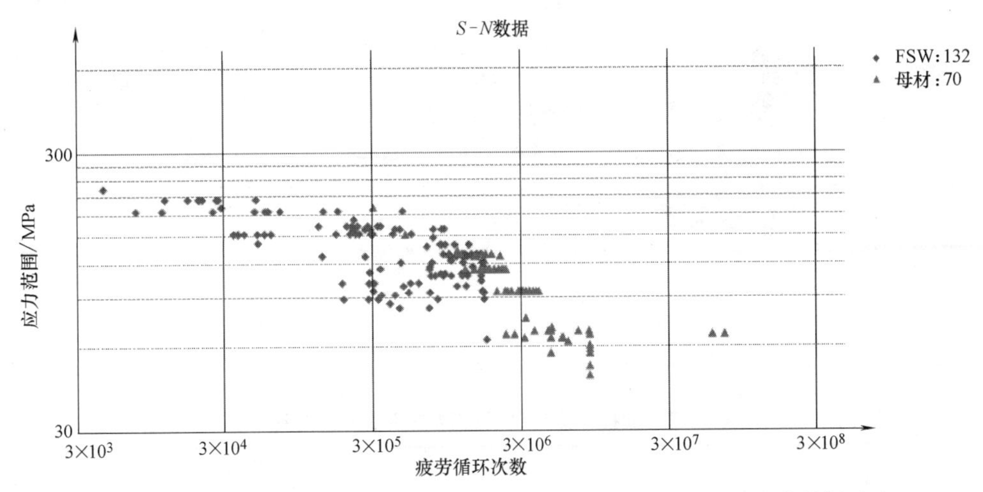

图 8-46 采用等效结构应力的 FSW 接头疲劳寿命与母材的疲劳寿命数据对比

8.5.6 *S-N* 曲线实例验证

为了验证表 8-11 中母材主 *S-N* 拟合曲线参数及表 8-12 中 FSW 接头主 *S-N* 拟合曲线参数，采用 6005 铝合金的搭接弯曲试验、对接拉伸试验进行了对比分析。首先采用 6005 铝合金搭接焊缝进行了弯曲疲劳试验，共进行了两组试验，载荷分别为 0.4~4kN、0.425~4.25kN，为保证试验精度，加载频率设置为 1Hz，试样及试验加载如图 8-47 所示。

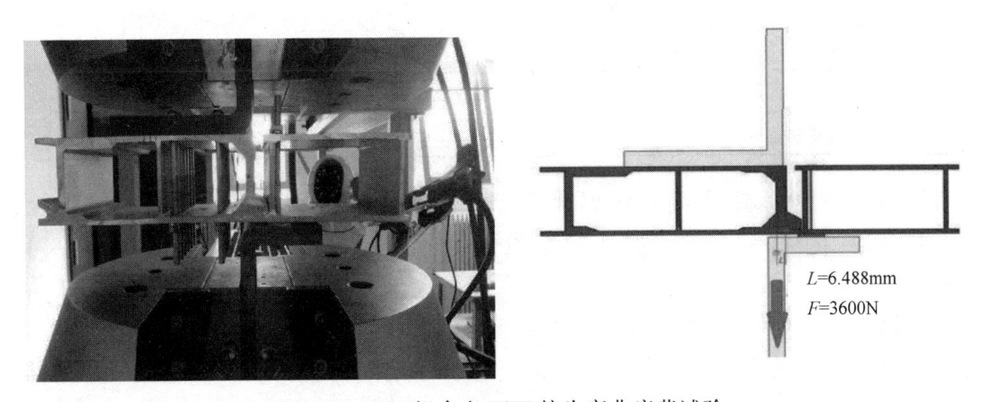

图 8-47 6005 铝合金 FSW 接头弯曲疲劳试验

接头处截面的名义应力变化范围计算如下，通过计算得到最大主应力、结构应力、等效结构应力，6005 铝合金搭接接头结构应力分布如图 8-48 所示，弯曲疲劳试验结果与评估寿命对比见表 8-13 及表 8-14。

$$\Delta\sigma=\frac{\Delta M}{W}=\frac{\Delta M}{\frac{1}{6}lh^2}=\frac{6.488\times3600}{\frac{1}{6}\times100\times3\times3}\text{MPa}=156.82\text{MPa}$$

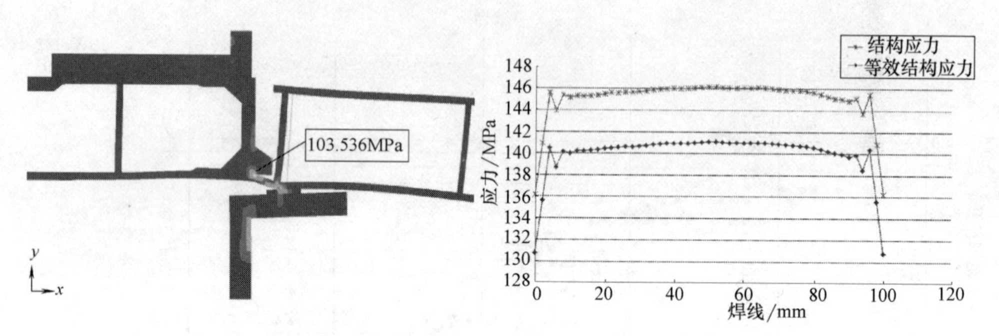

图 8-48　6005 铝合金搭接接头结构应力分布

表 8-13　试样 1 疲劳试验结果与评估寿命对比

应力类型	应力值/MPa	50% S-N 曲线疲劳评估寿命/万次	载荷范围/kN	试验疲劳寿命/万次
名义应力变化范围 $\Delta\sigma$	156.8	48.5317	0.4～4.0	44.6048
有限元最大主应力变化范围 $\Delta\sigma_{max}$	103.5	156.4338		
结构应力变化范围 $\Delta\sigma_s$	146.2	21.1510		
等效结构应力变化范围 ΔS	141.1	30.2715		

表 8-14　试样 2 弯曲疲劳试验结果与评估寿命对比

应力类型	应力值/MPa	50% S-N 曲线疲劳评估寿命/万次	载荷范围/kN	试验疲劳寿命/万次
名义应力变化范围 $\Delta\sigma$	166.6	40.9118	0.425～4.25	19.4606
有限元最大主应力变化范围 $\Delta\sigma_{max}$	110.1	131.7403		
结构应力变化范围 $\Delta\sigma_s$	155.3	17.7495		
等效结构应力变化范围 ΔS	149.9	24.1807		

然后采用 6005 铝合金对接焊缝进行了拉伸疲劳试验，共进行了两组试验，两组载荷均为 0.3～30kN，加载频率设置为 10Hz，试样及试验加载如图 8-49 所示。

根据铝合金对接焊试件加载及约束（图 8-50），计算出接头处截面的名义应力，通过计算得到的最大主应力、结构应力、等效结构应力，6005 铝合金对接接头结构应力分布如图 8-55 所示、对接试样疲劳试验结果与评估寿命对比见表 8-15。

图 8-49　对接焊缝试件及疲劳试验

图 8-50　6005 铝合金对接焊试件加载及约束

$$\sigma_{\mathrm{m}} = \frac{F}{A} = \frac{F}{bt} = \frac{30000}{5\times60}\mathrm{MPa} = 100\mathrm{MPa}$$

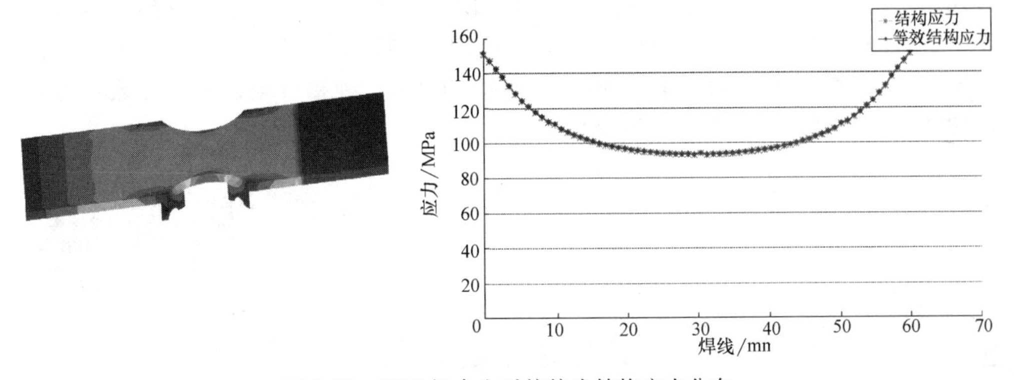

图 8-51　6005 铝合金对接接头结构应力分布

表 8-15　对接试样疲劳试验结果与评估寿命对比

应力类型	应力值/MPa	50% S-N 曲线疲劳评估寿命/万次	载荷范围/kN	试验疲劳寿命/万次
名义应力变化范围 $\Delta\sigma$	99.0	177.8354	0.3~30	试样 1:34.944 试样 2:23.944
有限元最大主应力变化范围 $\Delta\sigma_{\max}$	147.6	57.5864		
结构应力变化范围 $\Delta\sigma_{\mathrm{s}}$	149.5	19.8236		
等效结构应力变化范围 ΔS	150.1	24.0612		

通过上述统计数据的对比，在弯曲及拉伸两类疲劳试验中，采用等效结构应力变化范围及50%主 *S-N* 曲线参数计算得到的寿命结果与疲劳试验结果最为接近，例如，在弯曲试验时试样 1 的计算结果为 30.2715 万次，与之对应的试验疲劳寿命为 44.6048 万次；试样 2 的计算结果为 24.1807 万次，与之对应的试验疲劳寿命为 19.4606 万次。在拉伸试验时计算结果为 24.0612 万次，与之对应的两次试验疲劳寿命分别为 34.944 万次、23.944 万次。但采用名义应力法时，如果应力梯度变化不大，并且选择的 *S-N* 曲线数据与试验能够对应时，效果尚可，如第一类弯曲试验就能得到与试验对应良好的结果；但当应力梯度较大时，计算结果与试验结果误差较大，如拉伸试验（表 8-15）的结果，而目前通常采用有限元计算得到的最大主应力变化范围的结果并不可靠，这与有限元单元尺寸的大小有关，也与应力梯度的变化有关。由上可知，通过与试验数据的对比，50%主 *S-N* 曲线拟合参数可靠，能够得到与试验较为接近的结果，因此可以依据表 8-12 中 FSW 接头主 *S-N* 拟合曲线参数，对 5 系、6 系铝合金 FSW 焊缝采用等效结构应力法进行疲劳寿命评估。另外，考虑到结构设计的可靠性与安全性，在采用 FSW 技术进行结构设计时，建议采用表 8-12 中-2σ 的 FSW 接头主 *S-N* 拟合曲线参数进行疲劳寿命计算。

8.5.7 主 *S-N* 曲线适用性验证

为了进一步验证表 8-12 中 FSW 接头主 *S-N* 拟合曲线参数的适用性，通过搜集查找国内高校的有关疲劳试验文献，并将文献中的 FSW 接头的试验数据录入数据库中，采用等效结构应力法对比了相关疲劳试验数据，试验数据中包含了对接、搭接 FSW 焊缝，材料有 6082-T6、6005A、2024-T351 三种铝合金，将上述数据与本研究的试验数据进行了对比，如图 8-52 所示。

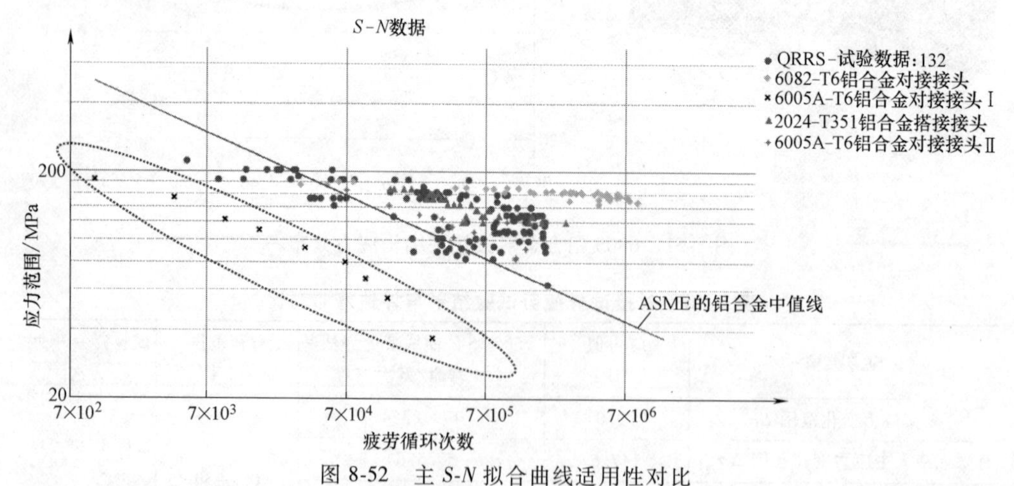

图 8-52　主 *S-N* 拟合曲线适用性对比

通过图 8-52 的对比可见，仅有昆明理工大学的试验数据较低与其他试验数据有一定误差，可能与文献中介绍的试样中存在钩状缺陷有关，此缺陷是一个尖锐的缺口形状（图 8-53），应力集中严重，相当于一个预先存在的裂纹，但是否还与其他因素有关，有待于进一步研究。

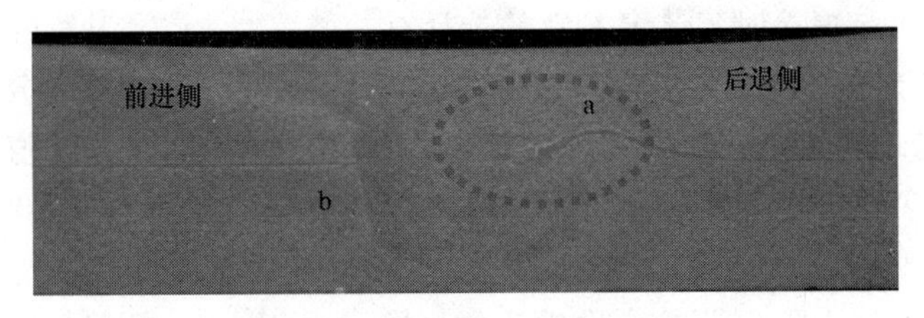

图 8-53　FSW 焊缝钩状缺陷

而另外的试验数据与本研究中的试验数据基本在同一分布区域，山东大学试验数据略好，因此可以表明，本研究中提供的主 *S-N* 曲线数据也可以适用于 6082-T6、6005A 两种材料的 FSW 焊缝评估，这也进一步证明了采用等效结构应力法进行疲劳寿命评估的适用性及优势。

8.6　小结

1）FSW 技术是通过高速旋转的搅拌头插入待焊金属之间，并使搅拌工具以一定速度向前运动，通过轴肩及搅拌针的旋转把母材加热到塑性状态，而搅拌头向前移动，挤压、搅拌塑性材料，使塑性材料形成一个稳定的流场，随着搅拌头的移动，在搅拌头移过的部位，温度逐渐冷却凝固形成焊缝。该技术具有质量好、精度高、绿色环保、操作简单等特点，应用领域广泛。

2）FSW 接头宏观断面通常有 4 种区域：焊核区、热机影响区、热影响区、母材区。焊核区金属在搅拌头的强烈摩擦作用下发生了显著的塑性变形和完全的动态再结晶，形成了细小、等轴晶粒的微观组织；热机影响区金属在搅拌头的热作用和机械作用下发生了不同程度的塑性变形和部分再结晶，形成了由弯曲而拉长晶粒组成的微观组织；热影响区金属没有受到搅拌头的机械搅拌作用，只受摩擦热循环的作用；母材区的微观组织和力学性能均未发生变化。

3）FSW 过程是一个温度变化、组织结构转变、应力应变和金属流动四个因素相互作用的复杂过程。通过 FSW 的热传导及流动模型，得到了搅拌针前部与搅拌针转速相同的具有一定宽度的流动材料，并定义为剪切带平台宽度，当剪切带平台宽度大于材料流动带最大宽度时，将得到合理的工艺窗参数。剪切带模型充分解释了搅拌摩擦焊焊缝成形的相关机理、焊缝缺陷的形成原因及评估搅拌摩擦焊工艺参数的正确方法。

4）通过 5083-H321 及 6061-T6 两种板材及对接、搭接两种接头形式的强度试验，5083 铝合金搅拌摩擦焊的焊接接头抗拉强度的平均值为 320MPa，试件均断于热影响区，抗拉强度为母材强度的 95.66%。6061 铝合金焊接接头抗拉强度的平均值为230MPa，试件均断于热影响区，抗拉强度为母材强度的69.34%。结果表明：在采用FSW后，热影响区抗拉强度要有不同程度的下降，这与热影响区的材料性能有关，同时也与焊接时工艺窗参数的选择有关。

5）6082-T6和6061-T6铝合金材料FSW对接接头的显微硬度分布曲线呈现明显的W形，与母材对比，焊缝的硬度值下降约30~40VHN，硬度值最小的区域为热影响区，或者在热影响区和热机影响区之间的转变区域。通过5083铝合金FSW接头与母材的平均腐蚀速率对比，FSW接头的耐电化学腐蚀性能与母材相比得到提高，这是由于接头的化学成分均质化的影响。采用小孔法对铝合金FSW接头的残余应力分布进行研究，得到FSW焊接残余应力以纵向应力为主，横向应力相对很小，纵向残余应力峰值出现在前进侧轴肩作用边缘处，比熔焊接头残余应力小。

6）对5083-H321、6061-T6铝合金母材以及对接、搭接搅拌摩擦焊的试样进行了疲劳试验，名义应力变化范围的结果统计表明，两种材料的母材试样抗疲劳能力最高，5083和6061对接焊试样抗疲劳能力接近，二者略低于母材，而5083-H321和6061-T6搭接焊试样抗疲劳能力最低，这与焊缝处局部应力的分布有很强的相关性。FSW名义应力拟合曲线参数N见表8-16。

表8-16 FSW名义应力拟合曲线参数 $N=(C_d/\Delta\sigma)^{1/h}$

统计依据	对接5083-H321		搭接5083-H321		对接6061-T6		搭接6061-T6	
	C_d	h	C_d	h	C_d	h	C_d	h
中值	1436.4	0.1791	676.0	0.2383	16195.4	0.3542	1159.4	0.2594
$+2\sigma$	1809.6		911.5		22134.7		1835.6	
-2σ	1140.2		501.3		11849.8		732.3	
$+3\sigma$	2031.1		1058.5		25877.0		2309.6	
-3σ	1015.8		431.7		10136.1		582.0	

7）通过5083-H321、6061-T6铝合金对接、搭接搅拌摩擦焊的试样疲劳试验数据，采用等效结构应力法首次拟合了上述材料的主S-N曲线，数据拟合度良好。对FSW试样的数据与ASME标准中提供的钢材料与铝合金材料熔焊的主S-N曲线进行了对比，结果表明：FSW中值主S-N曲线介于钢与铝熔焊中值主S-N曲线之间，证明铝合金材料FSW接头的抗疲劳能力明显高于熔焊接头的抗疲劳能力，这与应力集中及焊接区组织性能有较强的相关性，另外也与焊接缺陷及残余应力的分布等因素有关。

8）采用弯曲及拉伸两类疲劳试样对主S-N曲线参数进行验证，采用等效结构应力变化范围及50%主S-N曲线参数计算得到的疲劳寿命结果与疲劳试验结果最为接近，弯曲试验试样1的计算结果为30.2715万次，与之对应的试验疲劳寿命为44.6048万次；试样2的计算结果为24.1807万次，与之对应的试验疲劳寿命为19.4606万次。拉伸试验计算结果为24.0612万次，与之对应的两次试验疲劳寿命分别为 34.944 万次、23.944 万次。通过与试验数据的对比，50%主 *S-N* 曲线拟合参数可靠，能够得到与试验较为接近的结果，因此可以依据 FSW 主 *S-N* 拟合曲线参数，对 5 系、6 系铝合金 FSW 焊缝基于等效结构应力法，采用一条主 *S-N* 曲线进行疲劳寿命评估。

9）通过对 FSW 焊接机理、力学性能、疲劳特性等开展的相关研究工作，能为 FSW 技术的应用提供理论指导与工艺方案参考，特别是 5 系、6 系铝合金 FSW 接头主 *S-N* 拟合曲线的提出，为采用该类材料的 FSW 产品的抗疲劳设计与评估提供科学依据，并为采用 FSW 技术开发相关产品奠定了良好基础。

参 考 文 献

[1] 王国庆，赵衍华．铝合金的搅拌摩擦焊接 [M]．北京：中国宇航出版社，2010.

[2] 柯黎明，邢丽，刘鸽平．搅拌摩擦焊工艺及其应用 [J]．焊接技术，2000，29 (2)：7-8.

[3] GIBSON B, LAMMLEIN D, PRATER T, et al. Friction stir welding: Process, automation, and control [J]. Journal of Manufacturing Processes, 2014, 16 (1): 56-73.

[4] PADHY G K, WU C S, GAO S. Friction stir based welding and processing technologies-processes, parameters, microstructures and applications: A review [J]. Journal of Materials Science Technology, 2018, 34 (1): 1-38.

[5] HEIDARZADEH A, MIRONOV S, KAIBYSHEV R, et al. Friction stir welding/processing of metals and alloys: A comprehensive review on microstructural evolution [J]. Progress in Materials Science, 2020, (100): 100752.

[6] HABIBI M, HASHEMI R, TAFTI M F, et al. Experimental investigation of mechanical properties, formability and forming limit diagrams for tailor-welded blanks produced by friction stir welding [J]. Journal of Manufacturing Processes, 2018, 31: 310-323.

[7] TANAKA T, MORISHIGE T, HIRATA T. Comprehensive analysis of joint strength for dissimilar friction stir welds of mild steel to aluminum alloys [J]. Scripta Materialia, 2009, 61 (7): 756-759.

[8] SAHU S K, M AHTO R P, PAL K. Investigation on mechanical behavior of friction stir welded nylon-6 using temperature signatures [J]. Journal of Materials Engineering Performance, 2020, 29 (3): 5238-5262.

[9] 全国有色金属标准化技术委员会．变形铝及铝合金化学成分：GB/T 3190—2020 [S]．北京：中国标准出版社，2020.

[10] 全国有色金属标准化技术委员会．一般工业用铝及铝合金板、带材 第 2 部分　力学性能：GB/T 3880. 2—2012 [S]．北京：中国标准出版社，2012.

[11] 全国焊接标准化技术委员会．焊接接头拉伸试验方法：GB/T 2651—2008 [S]．北京：中国标准出版社，2008.

[12] 全国钢标准化技术委员会．金属材料　拉伸试验 第 1 部分　室温试验方法：GB/T 228. 1—2021 [S]．北京：中国标准出版社，2021.

[13] 王磊，谢里阳，李莉，等. 搅拌摩擦焊焊接过程对材料弹性模量的影响 [J]. 焊接技术，2009，38（8）：22-25.

[14] 全国焊接标准化技术委员会. 焊接接头弯曲试验方法：GB/T 2653—2008 [S]. 北京：中国标准出版社，2008.

[15] 赵亚东，沈长斌，刘书华，等. 5083铝合金搅拌摩擦焊焊缝的电化学腐蚀行为 [J]. 大连交通大学学报，2008，29（4）：68-71.

[16] 李亭，史清宇，李红克，等. 铝合金搅拌摩擦焊接头残余应力分布 [J]. 焊接学报，2007，28（6）：105-108.

[17] 全国钢标准化技术委员会. 金属材料　残余应力测定 钻孔应变法：GB/T 31310—2014 [S]. 北京：中国标准出版社，2014.

[18] 全国钢标准化技术委员会. 金属材料　疲劳试验 轴向力控制方法：GB/T 3075—2021 [S]. 北京：中国标准出版社，2021.

[19] 兆文忠，李向伟，董平沙. 焊接结构抗疲劳设计：理论与方法 [M]. 北京：机械工业出版社，2017.